21世纪高等院校设计专业教材

Rhino3d 计算机辅助产品设计

况宇翔编著

江西美术出版社
全国百佳出版单位

主　编：包礼祥　罗时武

副主编：李　民

编　委：黄松涛　彭建斌　况宇翔　陈　敏

韩吉安　刘　卷　张相森

图书在版编目（CIP）数据

Rhino3d计算机辅助产品设计 / 况宇翔编著. -- 南昌 ：江西美术出版社, 2016.8
ISBN978-7-5480-4304-1

Ⅰ. ①R… Ⅱ. ①况… Ⅲ. ①产品设计－计算机辅助设计－应用软件 Ⅳ. ①TB472-39

中国版本图书馆CIP数据核字(2016)第099060号

项目负责：李　佳

责任编辑：陈　军　李　佳　许越敏　金　祺

责任印制：张维波　谭　勋

装帧设计：先锋设计+郭　阳　林思同

书　　名：Rhino3d计算机辅助产品设计
编　　著：况宇翔
出　　版：江西美术出版社
社　　址：南昌市子安路66号　邮编：330025
电　　话：0791-86566241、86566113
网　　址：www.jxfinearts.com
经　　销：新华书店
印　　刷：江西印刷股份有限公司
版　　次：2016年8月第1版
印　　次：2016年8月第1次印刷
开　　本：787 × 1092　1/16
印　　张：9.25
ISBN：978-7-5480-4304-1
定价：48.00元

序XUYAN言

设计行业发展到今天，计算机像纸、笔一样是设计师不可或缺的设计工具，计算机甚至已经不单扮演辅助绘图工具的角色，还成为帮助设计师完成设计构思、设计决策和评价的助手。就工业设计专业来说，目前所有产品设计研发工作流程都已经可以由计算机辅助完成，因此计算机辅助产品设计技能是基础的专业技能之一，当然不同的工作可能用到不同的辅助设计软件。本教材力求深入浅出、循序渐进，以介绍产品设计领域最常用软件Rhinoceros5.0的应用为主要内容，重点讲解使用Rhinoceros软件辅助产品设计的工作流程及方法，结合具有代表性的产品设计实例，同时注意对Rhinoceros软件扩展功能加以介绍，帮助读者全面学习和掌握计算机辅助产品设计三维表现方面的相关技能。

本教材分为三个主要部分，上篇首先介绍计算机辅助产品设计的现状及发展趋势、Rhino3d中的工作流程、基本的软件操作方法；中篇通过若干典型产品设计案例实践，帮助读者了解和熟悉不同产品的建模思路；下篇是对Rhino3d工作环境下常用插件的介绍，也是对辅助设计能力的拓展，包括渲染插件keyshot、建模插件T-splines、浮雕插件Rhinoart、动画插件bongo等。

目录

第一章 计算机辅助产品设计现状及发展趋势 / 4

1.1 计算机辅助产品设计的现状 / 5
1.2 计算机辅助产品设计的发展趋势 / 5
1.3 产品设计师应具备的计算机辅助设计技能 / 5
1.4 Rhinoceros 概述 / 6

第二章 Rhino操作界面与模型管理 / 8

2.1 视窗 / 9
2.2 建模辅助 / 11
2.3 图层 / 13
2.4 工具列 / 14
2.5 图块和群组 / 17

第三章 物件的创建、编辑和分析 / 18

3.1 点的创建和编辑 / 19
3.2 线的创建和编辑 / 19
3.3 面的创建和编辑 / 24
3.4 实体的创建和编辑 / 30
3.5 物件的分析 / 36

第四章 文件和图纸的注解、标注与输出 / 38

4.1 注解 / 39
4.2 标注 / 40
4.3 输出 / 41
4.4 基本渲染 / 42

第五章 Rhino3d辅助设计工作流程 / 44

5.1 建模 / 45
5.2 动画 / 47
5.3 渲染 / 49

第六章 果汁机建模 / 54

6.1 造型分析与建模思路 / 55
6.2 建模流程 / 56

第七章 净水机建模 / 62

7.1 造型分析与建模思路 / 63
7.2 建模流程 / 64

第八章　血糖仪建模 / 74

8.1　造型分析与建模思路 / 75
8.2　建模流程 / 76

第九章　美容仪建模 / 86

9.1　造型分析与建模思路 / 87
9.2　建模流程 / 88
9.3　美容仪渲染图 / 92

第十章　手持电刨建模 / 94

10.1　建模思路 / 95
10.2　建模流程 / 95
10.3　建模着色效果 / 100

第十一章　渲染插件keyshot / 102

11.1　keyshot概述 / 103
11.2　渲染工作流程 / 103
11.3　手机渲染实例 / 103
11.4　智能手表渲染实例 / 105

第十二章　建模插件T-splines / 110

12.1　T-splines概述 / 111
12.2　T-splines建模方法 / 112

第十三章　浮雕插件Rhinoart / 116

13.1　Rhinoart概述 / 117
13.2　Rhinoart工作流程 / 118
13.3　浮雕实例一之装饰石浮雕 / 121
13.4　浮雕实例二之犀牛标志浮雕 / 123

第十四章　动画插件bongo / 128

14.1　Bongo概述 / 129
14.2　Bongo工作流程 / 129
14.3　Bongo面板介绍 / 130
14.4　产品动画实例一之移动和旋转U盘 / 130
14.5　建模实例二之手电筒爆炸图动画 / 133
14.6　Bongo动画实例三之机械手臂画图 / 136

第一章　计算机辅助产品设计现状及发展趋势

本章教学目标

本章是对计算机辅助产品设计的基本现状和发展趋势的情况简介，还有初学同学应该明确的学习理念和对设计师而言的常用软件工具。限于本书主题和篇幅不能尽言，需要学生找相关资料加以学习。本章的主要内容如下：

1.计算机辅助产品设计的现状

2.计算机辅助产品设计的发展趋势

3.产品设计师应具备的计算机辅助设计技能

4.Rhino3D概述

1.1 计算机辅助产品设计的现状

近几十年来，是计算机图形学研究飞速发展的时期。计算机辅助设计是计算机图形学研究重要且热门的领域之一，众多的图形学研究成果被应用到计算机辅助设计领域来。因此，计算机辅助设计已经变得日益普及，甚至到了不可或缺的程度。可以这样说，几乎所有的设计行业都已经进入了可以摆脱纸张进而实现全数字化设计的时代。

产品设计也不例外，就当前从产品设计通常的设计阶段而言，包括产品设计调查、设计草图构思、二维和三维效果图的绘制、产品结构设计、产品制造、产品展示与推广在内的所有环节，几乎都有功能强大的计算机软件可以胜任。

因此，当前所成熟的产品设计师，工作中都至少熟练掌握一种以上的计算机辅助设计工具，而且多数情况下远不止一种。初级的设计师们在求职过程中，对计算机辅助设计工具的应用能力通常也是被考察的重要能力之一，不具备计算机辅助产品设计能力的年轻设计师，已经很难胜任所在企业的工作职位了。可见，计算机辅助产品设计的发展已经深入人心，而且极大地提高了设计师们的工作效率。计算机辅助产品设计工具已经成了设计师们工作时的重要助手。

1.2 计算机辅助产品设计的发展趋势

从产品设计本身角度看，随着计算机辅助产品设计、人工智能、多媒体和虚拟现实技术的进一步发展，使得计算机对设计过程有着更深的认识，尤其是现在人工智能技术已经不断发展达到新的高度。相信在不远的将来，计算机辅助产品设计将不再是停留在辅助设计师绘制图纸，而是逐步进化到帮助设计师完善设计思维，甚至独立完成设计构思，提供可行的设计解决方案。

从整个产品设计与制造的发展趋势看，并行设计、协同设计、智能设计、虚拟设计、敏捷设计和全生命周期设计等设计方法代表了产品设计模式的发展方向，这些研究将不再是停留在理论层面和实验室。将来产品设计模式在信息化的基础上，必然朝着数字化、集成化、网络化和智能化的方向发展。随着大数据和云计算能力的提升，将来的产品设计调查、设计构思和设计决策中，计算机都将扮演重要的角色，全方位地帮助产品设计师完成各项工作。随着3D打印技术的成熟、3D打印材料研究的不断深入和成本的降低，与此密切相关的计算机辅助产品设计就将顺利迈向计算机辅助产品快速制造的坦途。

1.3 产品设计师应具备的计算机辅助设计技能

就当前技术条件而言，产品设计师应具备的计算机辅助设计技能很多，根据设计工作所处的不同阶段，产品设计师需要用到的计算机工具有所不同。

在设计调查和问题分析阶段，可能需要用到MindManager（思维导图）等辅助问题思考和分析的工具。MindManager是一个创造、管理和交流思想的通用标准，其可视化的绘图软件有着直观、友好的用户界面和丰富的功能，可以帮助设计师有序地组织思维、资源和项目进程。MindManager也是一个易于使用的项目管理软件，能很好提高项目组的工作效率和小组成员之间的协作性，而且可以同微软的office软件无缝集成，快速将数据导入或导出到Microsoft Word、PowerPoint、Excel和Visio中。

在设计构思和创意快速表现阶段，Autodesk Sketchbook、Painter等快速手绘工具软件就能发挥重要作用，帮助设计师快速便捷地将心中所想的问题和解决方案用视觉化的语言呈现出来。Autodesk Sketchbook手绘系列软件，是由Autodesk公司推出的数字化手绘问题解决方案，面向的用户对象也主要是从事插画、娱乐、平面艺术、工业设计、汽车设计、制造及建筑行业的专业人员。这款软件通常体积较小，可移植性好，已经有适用于不同操作系统的多个不同版本，能够很好地模拟各种绘图中常用的工具如铅笔、针管笔、马克笔、笔刷、喷笔、橡皮等，也提供了一些诸如图层之类的常用辅助工具。常用的衍生版本有以下几种，分别是Sketchbook designer、Sketchbook Pro、Sketchbook mobile。

在二维效果图表现或展板设计阶段，adobe公司的illustrator和Photoshop都是帮助产品设计师实现目标的利器。这两个工具软件已经不用过多地介绍，尤其Photoshop这款平面图像处理软件几乎可以说是家喻户晓。Illustrator矢量绘图软件可以方便地绘制各种轮廓和图形，photoshop的优势在于其强大的图像编辑功能可以优化创意设计手绘和illustrator绘制的二维效果图。

在工程设计阶段，Rhino3d、PTC Creo、SolidWorks等快速三维建模和工程制造软件，提供了高精度数字化建模的工具，可以帮助设计师实现从二维图纸到三维虚拟产品的无缝对接。有了这些工具帮助，还能够有效缩短设计到制造的距离，提升设计与制造的效率。

1.4 Rhino3d概述

Rhino3d是美国Robert McNeel & Associates公司开发的基于PC的强大专业3D造型软件，其设计团队是原ALIAS Design Studio程序设计师，这个软件已被广泛地应用于工业设计、动画制作、建筑设计等领域，这是一款超强的三维建模工具。早期推出的Rhino3d大小才几十兆，硬件要求也很低。尽管体积小，但它包含了所有的NURBS建模功能，用它建模运行速度非常流畅，能输出obj、DXF、IGES、STL、3dm等不同格式，并适用于几乎所有3D软件，所以设计师和工程师们经常用它来建模，然后导出高精度模型到其他三维软件使用。

与此同时，它还是一个相对而言更“平民化”的高端软件，它不像Maya、ProE等动画或工程软件那么昂贵，让企业或设计师能以相对更低的价格获得正版软件。随着个人电脑价格的降低，运行辅助设计软件的硬件条件已经不再是障碍，发展到现在的Rhino3d5.0版，软件的体量也逐渐变得更大，当然功能也更丰富更强大了。有各种扩展插件极大地丰富了Rhino3d的功能和应用领域，例如建模插件Tsplines、渲染插件vray和keyshot、材质插件Auxperkerstudio、动画插件bongo、珠宝建模插件TechGems、参数化建模插件Grasshopper等，不胜枚举。

总而言之，Rhino3d自开发以来就一直被工业设计师们关注和应用，它已经成为了设计人员最称手的工具之一。作为产品设计专业的学生，尤其应掌握该软件的具体应用，在Rhino3d使用过程中所积累的基础知识和建模经验，是可以快速地被迁移到其他的三维建模类软件当中的。

课程实训

单元课题实训

1.你怎么看待计算机辅助产品设计的重要性?

2.你还知道哪些产品设计师常用的软件工具，请与同学展开相关讨论。

要求与提示

对于辅助工具软件的学习应建立起正确的学习观念，掌握高效的学习方法，同时应该关注更多最新的发展趋势，了解辅助设计的新功能和新技术。

第二章　Rhino操作界面与模型管理

本章教学目标

从本章开始，将具体介绍Rhino3D软件的使用和功能。首先来介绍一下它的工作界面和模型管理。其中将涉及以下几个方面的内容：

1.视窗

2.建模辅助

3.图层

4.工具列

5.图块

2.1 视窗

Rhino视窗是Rhino的主要建模工作区，是Rhino建模工作操作最为频繁的区域。

2.1.1 视窗简介

如图2.1所示的视窗布局，各工作区域意义如下：

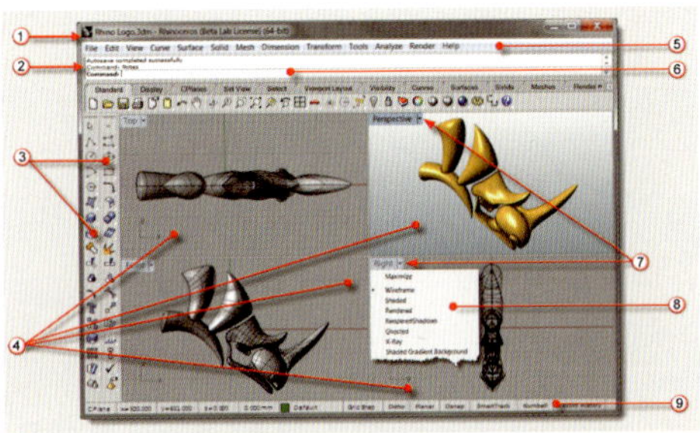

图2.1 视窗布局

①视窗标题列

显示打开的模型的文件名称与大小。

②指令历史视窗

显示执行过的指令与提示记录，你可以复制指令历史记录的文字，再贴到指令行、巨集编辑器、按钮的巨集栏位或其他可以接受粘贴文字的程序。按鼠标右键可以弹出快显功能表。

③工具列

有图示的按钮，可以用来执行指令。

④工作视窗

显示 Rhino 的工作环境，包括物件、工作视窗标题、背景、工作平面格线、世界坐标轴图示。

⑤功能表

依功能将 Rhino 的指令归类。

⑥指令提示

显示指令的动作提示，可以输入指令名称或选择选项。按鼠标右键可以弹出快显功能表。

⑦工作视窗标题

在工作视窗标题按鼠标右键，该工作视窗会变为使用中的工作视窗，但不会取消选取物已选取的物件。

⑧工作视窗功能表

在工作视窗标题按鼠标右键或按右侧的倒三角形可以弹出工作视窗功能表。

⑨状态列

显示目前的坐标系统、光标所在的位置与各种状态列面板。状态列位于 Rhino 视窗的下缘。

2.1.2 视窗基本操作

Rhino默认四个视窗布局，分别是顶视图（Top）、正视图（Front）、右视图（Right）、透视图（Perspective）。

单击某个视图标签时，视图标签将高亮显示，表示这个绘图区被激活。建模时常会

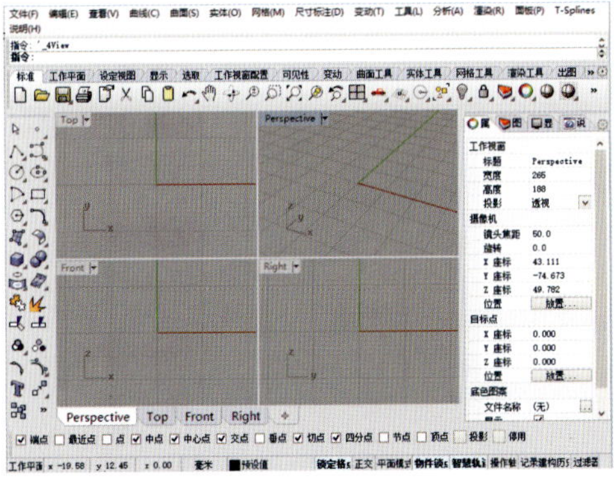

图2.2 四视窗状态

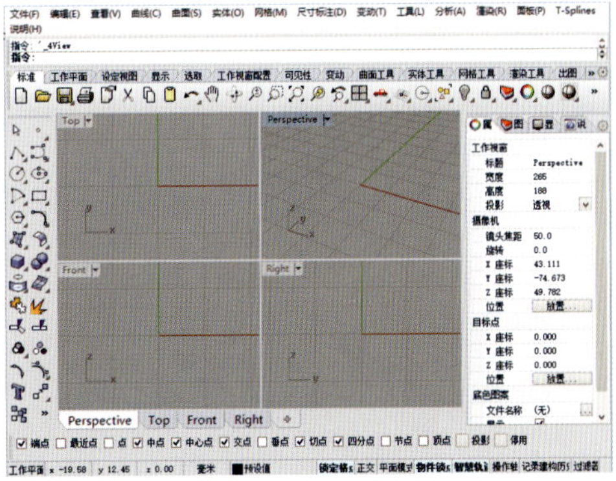

图2.3 单视窗最大化

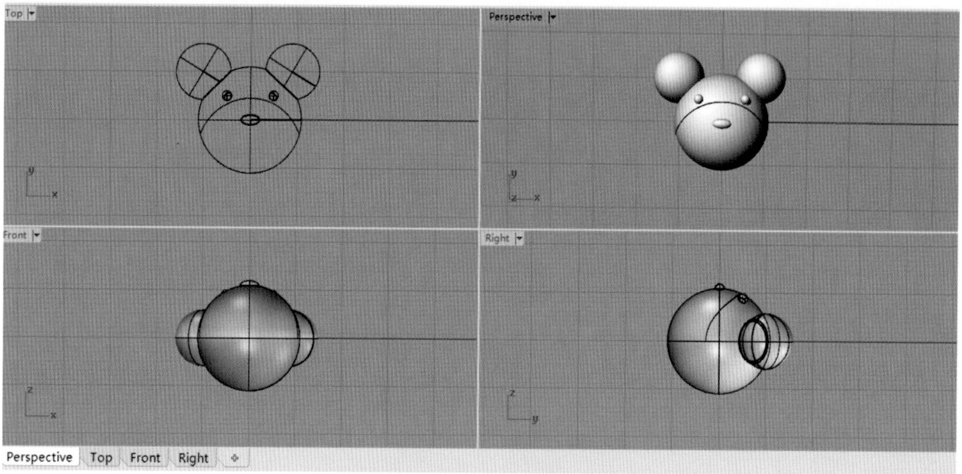

图2.4 不同的显示模式

需要将透视视图放到最大，会经常在几个视图区进行转换。可以将视图标签置于底部，方便在几个视图之间进行切换。双击视图标签时，该视图将最大化，占据出工具栏之外的整个屏幕空间。再双击一次标签，则返回四视图模式。在视窗的分界线上还可以移动鼠标拖曳以控制各视窗的面积大小。

在视图标签上点击右键，我们可以对这个视图完成相应的各种设置，例如设置显示模式、视图模式、工作平面等。

2.1.3 显示视图标签

打开标准工具栏上的视窗图标集（关于视窗配置的所有命令都在这里），点击工作视窗标签控制列按钮或在指令栏输入ViewportTabs打开，在命令行选择“显示”标签，就展开工作视窗标签。

工作视窗就会增加一栏视窗标签控制列，可以方便地在各个视窗之间进行切换。

2.1.4 视窗显示模式

Rhino提供了多种显示模式，右键单击视图标签，用户可以视需要选择使用。

如图2.4是同一模型在几种常用显示模式下的显示状态。

线框模式：是所有3D软件都具有的显示模式，最为常用，占用系统资源最小，但一旦模型复杂度高时显得杂乱，可用性不好。

着色模式：最为常用的模式，根据视角将不可见的线条消隐，有高光效果。

渲染模式：不显示线和点，可以预览模型初步渲染效果。

X光模式：显示包括正常视角下不可见的所有曲面和线条，就像X光照射下的透视效果。

2.1.5 工作平面

每个工作视窗内都带有一个工作平面，视窗中的场景格线就是工作平面。打开工作平面工具列，所有关于工作平面的命令都在这里，可以对工作平面进行设置。

工作平面中的格线可以在菜单栏的“工具”——“选项”中进行设置，如图2.5所示

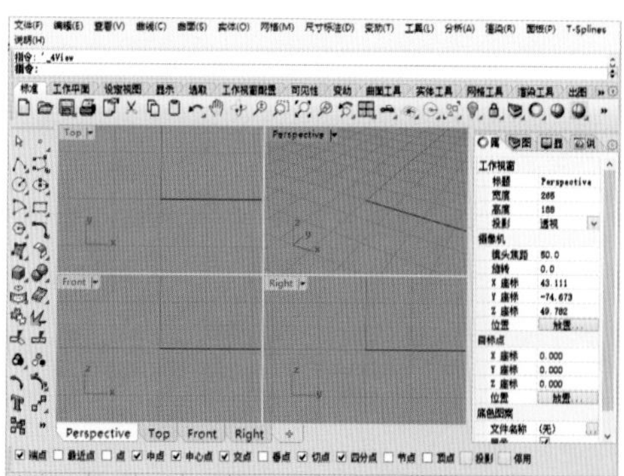

图2.5 选项视窗

的窗口中对格线单位、格线密度、格数和锁定间距等加以设置后可以得到所需的工作平面格线。

Rhino视窗还有很多自定义功能，如设置浮动视窗、背景图、帧平面、多视窗，这些功能比较少用，在此就不多叙述了，还请大家对这些功能进行一一摸索。

2.2 建模辅助

2.2.1 操作轴打开与关闭

Gumball指令：在物件上显示可以对物件做移动、缩放、旋转的操作轴，可在指令提示框输入Gumball打开或关闭，也可以在工作视窗底部的状态列打开或关闭。

2.2.2 操作轴控制

先按住 Ctrl 再拖曳操作轴的原点或移动、旋转、缩放控制项可以改变操作轴的位置与方向。

1.操作轴的控制项

①平移控制项

②自由移动的原点

③功能表热点

2.移动控制项

④移动 X

⑤移动 Y

⑥移动 Z

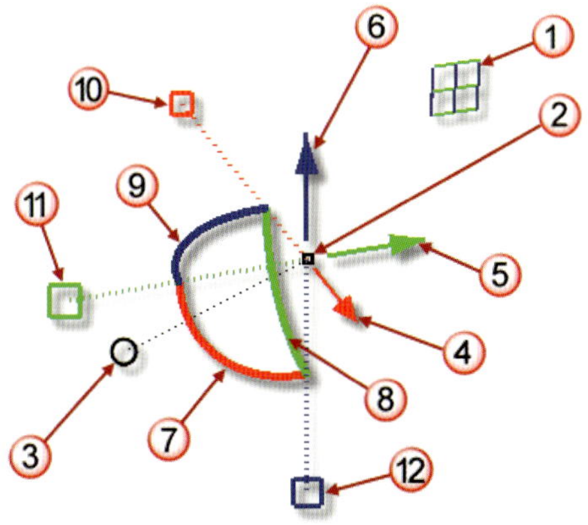

图2.6 操作轴控制

3.旋转控制项

⑦旋转 X

⑧旋转 Y

⑨旋转 Z

4.缩放控制项

⑩缩放 X

⑪缩放 Y

⑫缩放 Z

2.2.3 物件控制

1.移动、旋转、缩放物件

按住操作轴的移动、旋转、缩放控制项并拖曳。

2.在任何操作时复制物件

步骤：按住操作轴的移动、旋转、缩放控制项。

开始拖曳。

敲击Alt启用复制模式。

再敲击一次Alt取消复制模式。

3.设定移动距离、旋转角度、缩放比

步骤：按住操作轴的移动、旋转、缩放控制项。

在数值栏位输入移动距离、旋转角度或缩放比的数值，将设定套用至选取的物件。

4.输入数值时复制

步骤：按住Alt，点选操作轴的移动、旋转或缩放控制项。

在数值栏位输入移动距离、旋转角度或缩放比的数值，将设定套用给物件的复本。

5.使用距离与角度限制

Rhino 的距离与角度限制可与操作轴配合使用。

步骤：开始拖曳物件。

输入一个数值，按Enter。

数值会输入到指令行，并启动距离限制或角度限制。

拖曳物件。

在箭头的方向限制移动的距离。

角度限制是以输入的角度作为缩定间隔，可以锁定数个方向。

6.挤出曲线或曲面

步骤：以操作轴的方向箭头移动平面的曲线或曲面。

按住Ctrl键。

放开鼠标左键。

7.挤出特定距离

步骤：开始拖曳平面的曲线或曲面。

按住鼠标左键时输入距离，按Enter。

数值会输入到指令行，并启动距离限制。

按住Ctrl，同时放开鼠标左键。

2.2.4 建模辅助选项

常用的设置方式有以下一些：

1.在Rhino界面右下方状态列中相应位置鼠标左键或右键设置；

2.在指令提示框输入命令进行设置；

①打开格点锁定：请参考：Grid Snap、SnapSize、SetSnap。

②正交锁定间隔——度：请参考：Ortho、OrthoAngle、SetOrtho。

③打开平面模式：请参考：Planar、SetPlanar。

④停用物件锁点：请参考：NoSnap。

⑤投影物件锁点至工作平面：请参考：ProjectOsnap。

⑥锁点于锁定的物件：请参考：SnapToLocked。

3.通过工具——选项——建模辅助设置。

2.2.5 物件锁点

1.物件锁点可以将鼠标标记锁定在物件上的某一点，如：直线的端点或圆的中心点。

当 Rhino 提示你指定一个点时，你可以打开不同的物件锁点模式将鼠标标记锁定至其他物件上的某一点。物件锁点启用时，将鼠标光标移动至其他物件的某个可以锁定的点附近时，鼠标标记会吸附至该点。

2.物件锁点可以持续性使用，也可以单次使用。你可以在物件锁点列同时启用数种持续性的物件锁点模式，所有物件锁点模式的特性都很类似，却可以锁定物件的不同位置。

端点物件锁点可以锁定曲线的端点。启用这个锁点模式时，将鼠标光标移动至曲线的端点附近，鼠标标记会吸附至曲线的端点。

3.多重物件锁点

可以同时启用不同的物件锁点模式，鼠标标记会自动以不同的物件锁点锁定不同类型的点。

4. 显示物件锁点列

步骤：按状态列上的物件锁点。

勾选或清除不同物件锁点模式的核取方块。

5.关闭全部持续性物件锁点

按停用。注意停用物件锁点只是暂时性的停用，停用取消后，之前使用的所有物件锁点的启用状态不会改变。

6.清除所有持续性物件锁点

步骤：在停用上按鼠标右键。

按住Alt键可以暂时停用物件锁点。

当所有物件锁点被停用时，按Alt键可以暂时启用物件锁点。

2.2.6 选取物件

选取物件的基本方法：

1.选取单一物件

在物件上按鼠标左键。

在其他位置按鼠标左键取消选取该物件。

2.框选物件（以框选选取物件时，只有完全落于框选方框之内的物件才会被选取。）

由左向右拖曳出实线的方框做框选。

3.跨选物件（以跨选选取物件时，完全落于跨选方框之内的物件与被跨选方框触及的物件都会被选取。）

由右向左拖曳出虚线的方框做跨选。

附注：需要永远使用框选或跨选可以在选项>鼠标页面的鼠标群组选取设定。

4.加选与减选物件

加选：

按住Shift再点选物件，或使用框选或跨选。

减选：

按住Ctrl再点选物件，或使用框选或跨选。

选取物件的副物件

许多指令都可以选取物件的副物件来执行，例如：

组成多重曲面的个别曲面

曲面的边缘曲线

控制点

网格顶点、面、边界、边缘

群组里的物件

选取副物件

Ctrl + Shift + 鼠标左键点选、框选或跨选。

取消选取副物件

Ctrl + 鼠标左键点选、框选或跨选。

2.3 图层

图层可以用来组织物件，可以同时对一个图层中的所有物件做同样的变更，例如：关闭一个图层可以隐藏该图层中的所有物件、变更一个图层中所有物件的显示颜色、一次选取一个图层中的所有物件。

使用图层可以方便对物体的区分和控制，可以使用图层面板中的工具管理文件中的所有图层。

1.显示快捷图层清单

在状态列的图层上按鼠标左键，弹出图层操作面板。在图层控制面板，可以完成新建、删除、打开/关闭显示、锁定/解除锁定、图层颜色及设定当前图层等各项操作。

2.打开图层面板

在状态列的图层上按鼠标右键。

3.图层工具列选项

新图层

新图层以递增的尾数自动命名，你可以使用鼠标右键的快显功能表或选取一个图层再点选图层名称或按 F2 键的方式编辑图层名称，在图层名称反白后即可输入新的图层名称。注意位于同一层的图层名称不可重复。编辑图层名称时按 Tab 键可以储存图层名称再建立另一个新图层，让你可以快速建立数个图层。

新子图层

在选取的图层之下建立子图层。将一个圆层拖放至另一个图层可以使被拖放的图层变成子图层。同样，同一个父图层下的子图层的名称不可重复。

4.图层属性

选中物体，即可在图层工具栏中对该物体进行属性上的变化，可以改变显示颜色，也可以隐藏物体。

①隐藏图层

②更改图层

③设置选中物件图层

④更改图层颜色

⑤锁定图层（可以看到，不能对该图层进行动作）

在Rhino界面下方有一个图层管理便捷显示区域，在那可查看和编辑选中物件图层。

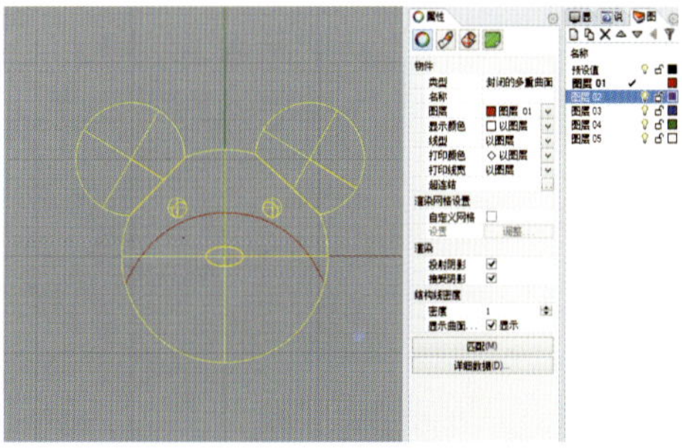

图2.7 图层属性

2.4 工具列

Rhino工具面板上有两类按钮：①右下角有小三角形按钮；②右下角没有小三角形按钮

如果按钮右下角有小三角形，表示这个工具有一系列相关工具集，我们鼠标左键或右键长按这个按钮可以将工具集浮动出来。如果右下角没有小三角形，则只是单个的工具。

另外，左键单击和右键单击对于某些图标来说，其作用是不一样的，当我们鼠标停在某个工具按钮上时，可以看到左键和右键的含义，要注意区分。

2.4.1 标准工具列

下面是标准工具列主要工具的功能：

Cancel（取消） 取消目前执行的指令与取消选取物件。	全部取消 关闭点、曲率图形、环境贴图分析、斑马纹分析、移动 UVN、曲率分析与取消选取物件。
Point（单点） 建立一个点物件。 连结至点工具列	Points（多点） 连续建立数个点物件。
Polyline（多重直线） 建立一条由数个直线线段组成的多重直线。 连结至直线工具列	Lines（线段） 建立数条连续但未组合的直线线段。
Curve（控制点曲线） 以放置控制点的方式建立曲线。 连结至曲线工具列	CurveThroughPt（通过数个点的曲线） 建立通过数个点物件的曲线。
Circle（圆：中心点、半径） 以中心点与半径画圆。 连结至圆工具列	
Ellipse（椭圆：从中心点） 建立一条封闭的椭圆形曲线。 连结至椭圆工具列	
Arc（圆弧：中心点、起点、角度） 从中心点、起点、角度建立圆弧。 连结至圆弧工具列	
Rectangle（矩形：角对角） 指定两个对角点建立一个矩形。 连结至矩形工具列	
Polygon（多边形：中心点、半径） 以设定的边数建立一个多边形。 连结至多边形工具列	
Fillet（曲线圆角） 修剪或延伸两条曲线的端点，再以一个圆弧连接两条曲线的端点。 连结至曲线工具工具列	

SrfPt（指定三或四个角建立曲面） 以三或四个角点建立曲面。 连结至建立工具列	
FilletSrf（曲面圆角） 在两个曲面之间建立半径固定的圆角曲面。 连结至曲面工具工具列	
Box（立方体：角对角、高度） 建立一个立方体。 连结至建立实体工具列	
BooleanUnion（布尔运算联集） 将数个物件结合成为一个物件。 连结至实体工具工具列	
Project（投影曲线） 将曲线或点物件往工作平面的方向投影至物件上。 连结至从物件建立曲线	
Mesh（转换曲面/多重曲面为网格） 从 NURBS 曲面或多重曲面建立网格物件。 连结至网格工具工具列	MeshToNURB（转换网格为多重曲面） 将网格物件的每一个网格面转换为 NURBS 平面。
Join（组合） 将曲线以端点、曲面以边缘组合建立一个物件。	
Explode（炸开） 将组合在一起的物件打散成为个别的物件。	ExtractSrf（抽离曲面） 抽离多重曲面的个别曲面。
Trim（修剪） 以一个物件修剪另一个物件。	Untrim（取消修剪） 移除曲面的修剪边缘。
Split（分割） 以一个物件分割另一个物件。	Split（以结构线分割曲面） 以曲面的结构线分割曲面。
Group（群组） 将物件组成可以一次选取的集合。 连结至群组工具列	
Ungroup（解散群组） 取消物件的群组状态。	
PointsOn（打开编辑点） 显示曲线或曲面的控制点。 连结至点的编辑工具列	
PointsOff（关闭点） 关闭控制点或编辑点。	
EditPtOn（打开点） 显示曲线上由节点平均值计算得到的点。	PointsOff（关闭点） 关闭控制点或编辑点
TextObject（文字物件） 以 TrueType 字型建立文字曲线、曲面或多重曲面。	

Move（移动） 将物件从一个位置移动至另一个位置。 连结至变动工具列	
Copy（复制） 复制物件。	Copy（原地复制物件） 将选取的物件在同样的位置建立复本。
Rotate（2D旋转） 将物件绕着与工作平面垂直的中心轴旋转。	Rotate3D（3D旋转） 将物件绕着 3D 轴旋转。
Scale（三轴缩放） 在工作平面的 X、Y、Z 三个轴向上以同比例缩放物件。 连结至缩放工具列	
Scale2D（二轴缩放） 在工作平面的 X、Y 方向上等比例缩物件。	
Dir（分析方向） 显示与编辑物件的方向。 连结至分析工具列	
Flip（反转方向） 反转曲线的方向或曲面、网格的法线方向。	
Array（矩形阵列） 以栏、列、层的方式等间距复制物件。	
Align（对齐物件） 以物件的边框方块对齐物件。 连结至对齐工具列	
FlowAlongSrf（沿着曲面流动） 将物件从来源曲面对变（Morph）至目标曲面。 连结至变形工具列	
Check（检查物件） 回报物件资料结构的错误。 连结至检测工具列	
Block（图块定义） 以选取的物件建立图块。	
History（建构历史设定） 记录一个指令的输入物件与结果物件之间的连结关系，当输入物件变更时，结果物件也会跟着改变。 连结至建构历史工具列	

2.4.2 自定义工具

在菜单栏选择：工具——工具列配置—编辑—新增工具列，就可以得到一个空白工具列。

按住 ctrl，鼠标光标指向工具按钮，就可以把这个工具拖进我们的新工具集，这样就可以创建自己最常用的工具集。

2.5 图块和群组

Block（图块）指令，以选取的物件建立图块定义，同时将选取的物件转为图块引例。

1.图块的用途

建立零件资料库。

更新图块定义可以同时更新所有该图块的引例。

复制一般物件会使文件变大，先将物件定义为图块再复制可避免文件变大。

使用BlockManager指令可以检视模型中的图块定义。

使用Insert指令可以将图块定义插入到模型空间中成为图块引例，插入图块引例时你可以设定缩放比及旋转角度。

2.在模型里建立图块定义

先选取物件。指定图块的基准点。此点为图块引例的定位点及缩放、旋转的基准点，图块定义的基准点会被放置一个点物件，可以使用 PointsOn 指令显示这个点。输入图块定义的名称。

3.Insert（插入）指令

插入储存在模型里的图块或导入外部文件。

步骤：选择图块名称或按文件插入外部文件。

在插入对话框中设定选项。

注意当插入的文件与目前的文件含有同样名称的图层但位于不同的父图层之下时，该图层的阶层关系会被修改到与目前的文件符合。

4.BlockManager（图块管理员）指令

管理模型里的图块定义，在图块管理员对话框中设定图块属性。

课程实训

单元课题实训

1.建一个简单产品模型并尝试用操作轴控制其位置、旋转和缩放；

2.建一个有多个零件的产品模型，并尝试用图层对其进行管理；

3.设置一个自定义工具栏。

要求与提示

这些关于操作界面的工具看似用处不大，但是熟练掌握之后，有益于提高计算机辅助产品设计的工作效率，提高模型建构的质量，因此同样需要认真学习。

第三章　物件的创建、编辑和分析

本章教学目标

任何复杂的图形，都是由点、线、面等基本而简单的图形元素所组成。在Rhino3D中，如果要根据操作者的想法构建三维模型，就必须对这些最基本的组成元素进行了解和学习，通过他们的操作来绘制更为复杂的图形对象。然后通过一些简单的命令对它们进行编辑和分析。

本章将涉及以下几个方面的内容：

1.点的创建和编辑；

2.线的创建和编辑；

3.面的创建和编辑；

4.实体的创建和编辑；

5.物件的分析。

3.1 点的创建和编辑

3.1.1 点的相关概念

在Rhino中，点分为两种：独立存在的点对象和曲线、曲面的控制点。

在指令栏输入point命令可创建点对象，一般利用点对象作为参考点或锁点；而控制点则属于曲线与曲面，并不独立存在。通过调整控制点位置可调整曲线与曲面的形态。

3.1.2 点的创建工具

在指令栏输入Point或单击工具列中【点】工具，在视图中单击即可创建点对象。

3.1.3 控制点与编辑点

控制点也叫控制顶点。按F10或在指令栏输入PointsOn，可显示曲线的控制点，按F11关闭曲线的控制点。控制点位于曲线的外面，用来控制曲线的形态。

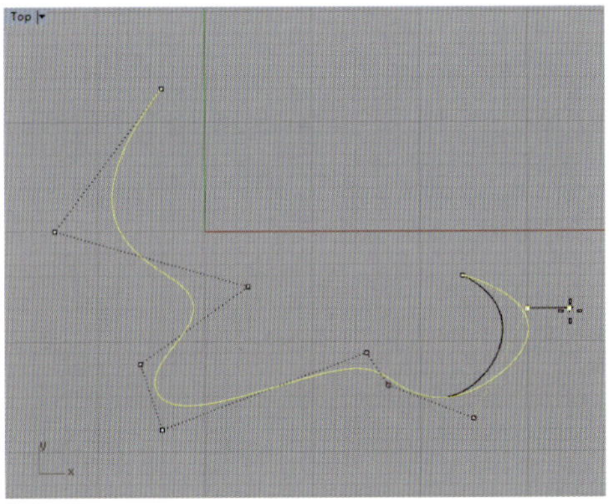

图3.1 控制点

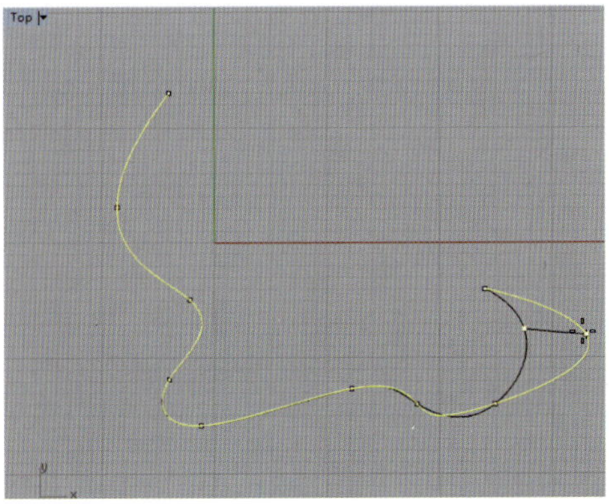

图3.2 编辑点

编辑点：在指令栏输入EditPtOn，可显示曲线的编辑点。编辑点位于曲线上，也可以通过调整编辑点来改变曲线的形态。

通常使用控制点来调整曲线，因为控制点影响的曲线形态的范围较小，而编辑点影响的曲线形态的范围较大。如果只需要对曲线的局部形态进行调整，利用控制点会容易很多。如图所示为控制点与编辑点影响曲线形态的范围比较。

3.2 线的创建和编辑

线又是构建面的基础，线的质量直接影响由其生成的面的质量，所以掌握如何创建高质量的线是非常重要的。

阶数是Rhino中非常重要的一个概念。其实数学上的名称为次数、幂。例如，直线是一次曲线（即一阶曲线）；圆、抛物线是二次曲线（即二阶曲线）。

要构建一条曲线首先要有足够的控制点，控制点的数目视曲线的阶数而定，例如，3阶的曲线至少需要4个控制点，5阶的曲线至少需要6个控制点。曲线阶数与构成曲线所需的最少控制点的数目的关系为：

阶数=N−1（N：构成曲线所需的最少控制点的数目）

Rhino中默认的曲线阶数为3。曲线的阶数对曲线的影响如下：

（1）曲线的阶数关系到一个控制点对于一条曲线的影响范围。越高结束的曲线的控制点对曲线形状的影响力越弱，但影响范围越广。

（2）越高阶数的曲线的内部连续性会越好。但是提高曲线阶数并不一定会提高曲线内部的连续性，但降低曲线阶数一定会使曲线内部的连续性变差。

3.2.1 直线的创建工具

1.直线：在指令栏输入Line，建立单一线段直线。

选项意义说明：

（1）两侧：在起点的两侧画出物件，建立的物件长度为原指定的长度的两倍。

（2）法线：画出一条与曲面垂直的直线。

（3）指定角度：画出一条与基准线呈指定角度的直线。

（4）与工作平面垂直：画出一条与工作平面垂直的直线。

（5）四点：以两个点指定直线的方向，再以两个点画出直线。

（6）角度等分线：以指定的角度画出一条角度等分线。

（7）与曲线垂直：画出一条与其他曲线垂直的直线。

（8）与曲线正切：画出一条与其他曲线正切的直线。

（9）延伸：以直线延伸一条曲线。

2.连续线段：在指令栏输入Lines，画出数条连续但未组合的直线线段。

选项意义说明：

（1）封闭：将最后一条线段的终点放置在第一条线段的起点。

（2）复原：复原上一个动作。

3.逼近数个点的直线：在指令栏输入LineThroughPt，画出一条逼近数个点的直线。

4.多重直线：在指令栏输入Polyline，画出一条由数条直线线段或圆弧线段组合而成的多重直线或多重曲线。

选项意义说明：

（1）自动封闭：当鼠标光标靠近曲线起点时自动封闭曲线。

（2）封闭：封闭曲线，这个选项只有在指定了三个点以后才会出现。

a导线：打开动态的正切或正交轨迹线，让建立圆弧与直线混合的多重曲线时更方便。

b长度：设定下一个线段的长度，这个选项只有在模式=直线时才会出现。

c模式：设定下一个画出的线段为直线或圆弧。

d直线：下一个画出的是直线线段。

e圆弧：下一个画出的是圆弧线段。

f方向：指定下一个圆弧线段起点的正切方向。

g中心点：指定圆弧的中心点。

h持续封闭：建立曲线时指定了两个点以后曲线会自动封闭，你可以继续指定更多的点，曲线会持续维持封闭状态。

i复原：复原上一个动作。

3.2.2 曲线的创建工具

在Rhino中，通过定位一系列的控制点来绘制曲线，通过调整控制点可以改变曲线的形态。如图3.3和图3.4所示为曲线构成的示意图。

①控制点；

②外壳（连接控制点之间的虚线。对于曲线的形态与质量没有影响，可帮助观察控制点。）；

③编辑点。

1.圆弧：在指令栏输入Arc，画出一条圆

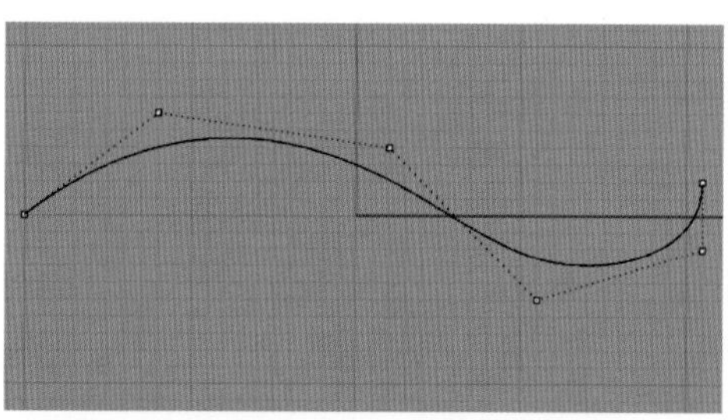

图3.3 控制点和外壳

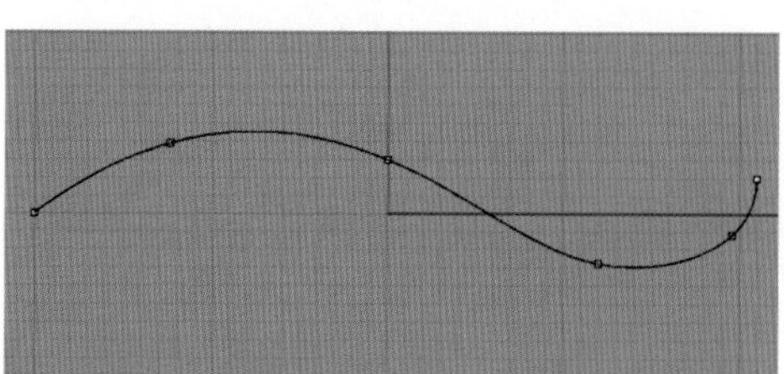

图3.4 编辑点

弧曲线。

选项意义说明：

（1）可塑形的：建立一条逼近圆弧的NURBS曲线。

（2）延伸：以指定圆弧终点的方式将曲线以圆弧延伸。

（3）长度：输入正或负的数值，或指定两点设定圆弧的长度。

（4）起点：从圆弧的起点开始画圆弧。

（5）切点：画出一个与两条曲线正切的圆弧，并可设定圆弧的半径。

（6）倾斜：在其他工作视窗或使用垂直模式指定倾斜圆弧起点，再指定圆弧的定位。

2.双曲线：在指令栏输入Hyperbola，建立一条双曲线。

选项意义说明：

（1）预设值：以中心点、焦点、终点画出一条双曲线。

（2）从系数：以双曲线方程序的 A 与 B 系数定义曲线。

（3）从焦点：从两个焦点开始画双曲线。

（4）从顶点：从顶点开始画双曲线。

（5）两侧分支：画出对称的两条双曲线

（6）显示渐近线：画出双曲线时显示渐近线回馈图形。

3.抛物线：在指令栏输入Parabola，画出一条抛物线。

选项意义说明：

（1）标示焦点：在焦点的位置放置点物件。

（2）单侧：只画出一半的抛物线。

（3）焦点：指定焦点、方向与端点的位置。

（4）顶点：指定顶点、焦点与端点的位置。

4.控制点曲线：在指令栏输入Curve，以放置控制点的方式建立曲线。

选项意义说明：

（1）自动封闭：当鼠标光标靠近曲线起点时自动封闭曲线。

（2）阶数：设定曲线或曲面的阶数。（建立阶数较高的曲线时，控制点的数目必须比阶数大 1 或以上，得到的曲线的阶数才会是你设定的阶数。

（3）持续封闭：建立曲线时指定了两个点以后曲线会自动封闭，你可以继续指定更多的点，曲线会持续维持封闭状态。

（4）封闭：使曲线平滑地封闭，建立周期曲线。

（5）尖锐封闭：使曲线头尾相接形成锐角，建立非周期曲线。

（6）复原：复原上一个动作。

5.控制杆曲线：在指令栏输入HandleCurve，画出 2D 绘图程序常见的贝兹曲线。

选项意义说明：

（1）Alt 键：按住 Alt 键建立一个锐角点。

（2）Ctrl 键：按住 Ctrl 键移动最后一个曲线点的位置，放开 Ctrl 键继续放置控制杆点。

（3）自动封闭：当鼠标光标靠近曲线起点时自动封闭曲线。

（4）封闭：使曲线平滑地封闭，建立周期曲线。

（5）尖锐封闭：使曲线头尾相接形成锐角，建立非周期曲线。

（6）持续封闭：建立曲线时指定了两个点以后曲线会自动封闭，你可以继续指定更多的点，曲线会持续维持封闭状态。

（7）复原：复原上一个动作。

6.弹簧线：在指令栏输入Helix，建立一条弹簧线。

选项意义说明：

（1）垂直：画出一条轴线与工作平面垂直的弹簧线。

（2）环绕曲线：画出一条环绕曲线的弹簧线。

（3）直径/半径：切换使用半径或直径。

（4）模式：显示目前为主的模式。

（5）圈数：输入圈数，螺距会自动调

整，变更设定可以即时预览。

（6）螺距：输入螺距（每一圈的距离），圈数会自动调整，变更设定可以即时预览。

（7）反向扭转：反转扭转方向为逆时针方向，变更设定可以即时预览。

7.螺旋线：在指令栏输入Spiral，画出一条螺旋线。

选项意义说明：

（1）直径/半径：按这个选项可以切换使用半径或直径。

（2）模式：显示目前为主的模式。

（3）圈数：输入圈数，螺距会自动调整，变更设定可以即时预览。

（4）螺距：输入螺距（每一圈的距离），圈数会自动调整，变更设定可以即时预览。

（5）反向扭转：反转扭转方向为逆时针方向，变更设定可以即时预览。

（6）平坦：画出一条平面的螺旋线。

（7）垂直：画出一条轴线与工作平面垂直的螺旋线。

（8）环绕曲线：画出一条环绕另一条曲线的螺旋线。

3.2.3 线的编辑工具

Rhino提供了多种曲线编辑工具以满足用户多样的需求。灵活运用曲线编辑工具可以提高模型质量及建模速度。

1.调整曲线形态

一般来说，很少能一次就将曲线绘制得非常精准，一般是先绘制初始曲线，这个阶段主要是绘制出大概的形态，重点是控制控制点的数量与分布。然后再显示曲线的控制点，通过调整控制点来改变曲线的形态到所需的状态。

2.延伸曲线：在指令栏输入Extend，延长一条曲线。

选项意义说明：

（1）型式：

a原本的：直线、多重直线与末端为直线的多重曲线会以直线延伸；圆弧与末端为圆弧的多重曲线会以同样半径的圆弧延伸；其他类型的曲线会平滑地延伸。

b圆弧：以正切的圆弧延伸原来的曲线。

c直线：以正切的直线延伸原来的曲线。

d平滑：以曲率连续延伸原来的曲线。

（2）延伸长度：正数值将曲线延长，负数值将曲线缩短。

（3）复原：复原上一个动作。

3.连接曲线：在指令栏输入Connect,延伸或修剪两条曲线，使两条曲线的端点相接。

选项意义说明：

（1）组合：组合得到的曲线。

（2）圆弧延伸方式：

a圆弧：以正切的圆弧延伸输入的曲线。

b直线：以正切的直线延伸输入的曲线。

4.衔接曲线：在指令栏输入Match，将一条曲线的端点移至另一条曲线或曲面边缘的端点，并以设定的连续性与它连接。

选项意义说明：

（1）连续性：设定衔接的连续性。

（2）维持另一端：避免曲线衔接后破坏了另一端与其他曲线之间的连续性。

（3）与边缘垂直：使曲线衔接后与曲面边缘垂直。

（4）平均曲线：衔接的两条曲线都会被调整。

（5）组合：组合得到新曲线。

（6）合并：合并选项只有在使用曲率选项衔接时才可以使用，两条曲线在衔接后会合并成单一曲线。如果你移动合并后的曲线的控制点，原来的两条曲线衔接处可以平滑地变形，而且这条曲线无法再炸开成为两条曲线。

5.混接曲线：在指令栏输入Blend，在两条曲线之间建立平滑的混接曲线。

选项意义说明：

（1）垂直：连续性=正切或曲率时，你可以使用设定的连续性建立与曲面边缘垂直的混接曲线。

（2）以角度：连续性 = 正切或曲率时，可以使用与曲面边缘垂直以外的角度建立混接曲线。

（3）连续性选项：设定混接的连续性。

6.可调式混接曲线：在指令栏输入BlendCrv，在两条曲线或曲面边缘之间建立可以动态调整连续性的混接曲线。

选项意义说明：

（1）曲线：以曲线与边缘的方向混接。

（2）边缘：限制只能选取边缘，以与边缘垂直的方向混接。

（3）点：指定要混接至的点。

（4）控制功能键：预设的情形下，混接曲线的控制杆会与曲面边缘垂直，按住 Alt 并移动控制杆上的控制点可以调整控制杆的角度。

预设的情形下，混接曲线两端的控制点是可以分别调整的，按住 Shift 时可以做对称性的调整。

7.曲线圆角：在指令栏输入Fillet,在两条曲线或曲面边缘之间建立可以动态调整连续性的混接曲线。

选项意义说明：

（1）曲线：以曲线与边缘的方向混接。

（2）边缘：限制只能选取边缘，以与边缘垂直的方向混接。

（3）点：指定要混接至的点。

（4）控制功能键：预设的情形下，混接曲线的控制杆会与曲面边缘垂直，按住 Alt 并移动控制杆上的控制点可以调整控制杆的角度。

在预设的情形下，混接曲线两端的控制点是可以分别调整的，按住 Shift 时可以做对称性的调整。

8.曲线斜角：在指令栏输入Chamfer,修剪或延伸两条曲线的端点，再以一条直线连接两条曲线的端点。

选项意义说明：

（1）距离显示：两条曲线交点至修剪点的距离。

（2）组合：组合得到的曲线。

（3）修剪：以结果曲线修剪输入的曲线。

（4）圆弧延伸方式：当用来建立圆角或斜角的曲线是圆弧，而且无法与圆角或斜角曲线相接时，以直线或圆弧延伸原来的曲线。

9.偏移曲线：在指令栏输入Offset，以等距离偏移复制一条曲线。

选项意义说明：

（1）距离显示：设定偏移距离。

（2）角：设定角的连续性的处理方式。

（3）通过点：指定偏移曲线的通过点，而不使用输入数值的方式设定偏移距离。

（4）公差：设定曲线偏移的公差。输入 0 使用预设的公差。

（5）两侧：将曲线往两侧偏移。

（6）与工作平面平行：否—在曲线平面上偏移曲线（仅适用于平面曲线），是—往与工作平面平行的方向偏移。

（7）加盖：将原来的曲线与偏移曲线的两端封闭。

3.2.4 线的质量与检测

曲面通常是由曲线为基础构建的，曲面质量的好坏很大程度上取决于基础曲线的质量。可以从以下几个方面来评价曲线的质量与构建高质量的曲线。

1.连续性

曲线的质量可以通过曲线连续性来界定，连续性用来描述曲线或曲面间的光顺程度，即光滑连接。曲线连续性越高，曲线质量越好。连续性包括曲线内部的连续性与曲线间的连续性。

在实际使用过程中，曲线阶数一般不超过10，常用3~5阶曲线。对于复杂的曲线，常采用分段绘制，然后将各段曲线相互连接起来，并在连接处保持一定的连续性。

在Rhino常用的连续性有位置连接（G0）、相切曲线（G1）、曲率连续（G2）。对于绝大部分的建模过程来说，G2连续已经可以满足需求了。

（1）位置连接（G0）

两条曲线的端点或两个曲面的边缘重合即可构成G0连续，是最简单的连续方式。

（2）相切曲线（G1）

G1连续在满足G0连续的基础上，还满足两条曲线在相接端点的切线方向一致或两个曲线在相接边缘的切线方向一致，在两条曲线或两个曲面之间没有锐角或锐边。

（3）曲率连续（G2）

G2连续是用的最多的一种连续方式，G2连续在满足G1连续的基础上，还满足两条曲线在相接端点（两个曲面在相接边缘）处的曲率半径也要相同。

2.曲线连续性的检测工具

Rhino提供了G0-G2曲线连续性的检测工具。选择【打开曲率图形】工具（工具列——分析方向——打开曲率图形）和【两条曲线的几何连续性】工具（工具列-分析方向-两条曲线的几何连续性）可以检测曲线间的连续性。

3.曲线控制点与曲线质量

曲线的控制点的数量与分布直接影响着曲线的质量。

在保证曲线形态需要的情况，曲线控制点的数目越少，曲线质量越高，调整其形态对内部连续性的影响越小。在绘制曲线时，要尽量控制控制点的数目，尽量减少不必要的控制点，当调整局部形态不能满足要求时，可以在该处添加控制点。

3.3 面的创建和编辑

Rhino是以nurbs为核心的曲面建模软件，这和其他实体建模软件有很大的不同，Rhino在构建自由形态的曲面方面具有灵活、简单的优势。

3.3.1 面的相关概念

1.曲面的标准结构

Rhino曲面标准结构是具有4个边的类似矩形的结构，曲面上的点与线具有两个走向，这两个方向呈网状交错，如图所示：

（1）三边曲面

三边曲面也遵循四边曲面的构造，如图

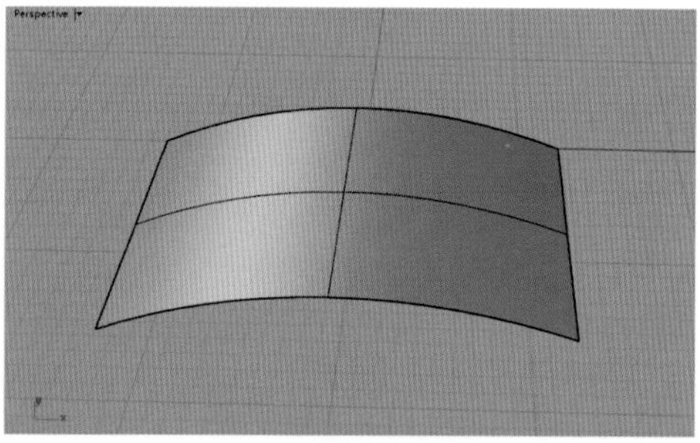

图3.5 四边面

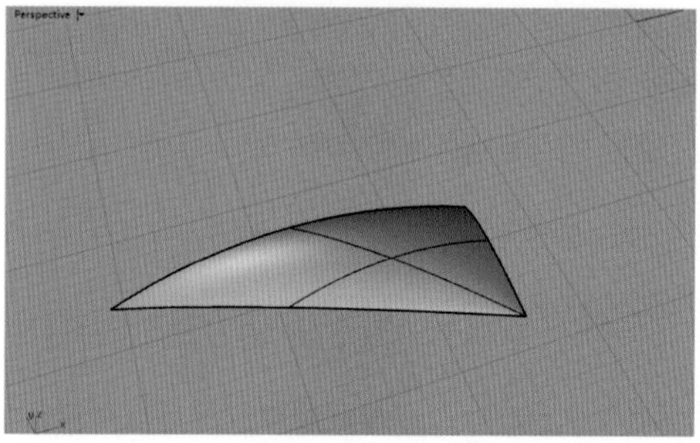

图3.6 三边面

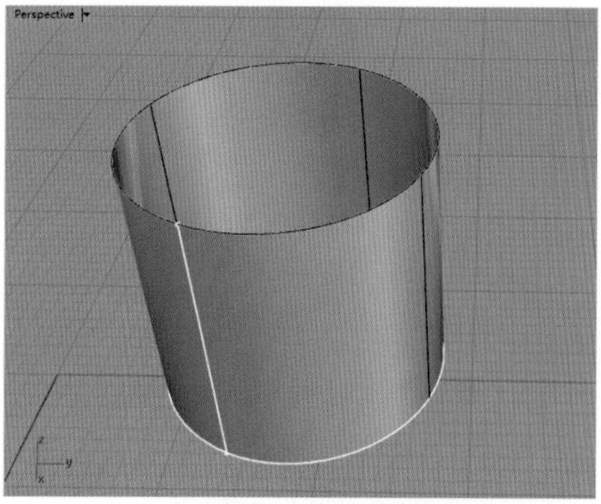

图3.7 周期曲面

所示。虽然三边曲面属于四边曲面，但是在构建曲面的时候，应尽量避免三边曲面。

（2）周期曲面

对于有一个方向闭合的曲面，看似不属于四边结构，在使用【显示边缘】工具（工具列——分析方向——显示边缘）查看其边缘时，可以看到在曲面侧面有接缝，如图3.7所示。这就是曲面的另外两边，只是两个边缘重合在一起了。

（3）球形曲面

球型类的曲面也同周期曲线一样，如图3.8所示。

（4）其他形态曲面

还有一些曲面从外观上看，并不能分析出其4个边，如图3.9所示。其实这仍是4边曲面，指示该曲面执行了【修剪】命令（或在指令栏输入Trim），其边缘所在的面被修剪掉了。选择显示曲面的控制点后，其控制点还是以4边结构排列。

在Rhino中，对曲面的修剪并不是真的将曲面删除，而是将其进行了隐藏，右键单击【修剪】命令（或在指令栏输入Untrim），将曲面取消修剪，可以看到曲面未剪切的状态。

2.曲面的构成元素

曲面是由一系列曲线沿一定的走向排列而成的。在Rhino中构建曲面时，首先需要了解曲面的结构组成。如图3.11所示：

①曲面的UVN方向

NURBS使用UV坐标来定义曲面，可以想象为平面坐标系的X、Y、Z轴，是曲面上一系列的纵向和横向上的点；N则是曲面上某一点的法线方向。

可以选择【分析方向】工具（或在指令栏输入Dir）查看曲面的UVN方向，其中，红色箭头代表U向，绿色箭头代表V向，白色箭头代表法向方向。

②结构线

结构线是曲面上一条特定的U或V曲线。如图所示，结构线是曲面上纵横交错的线，Rhino利用结构线和曲面变缘曲线来可视化NURBS曲面的形状。在默认值中，结构线显示在节点位置。

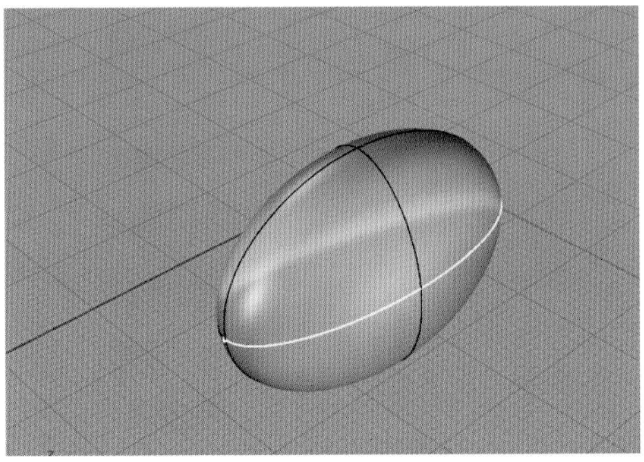

图3.8 球形曲面

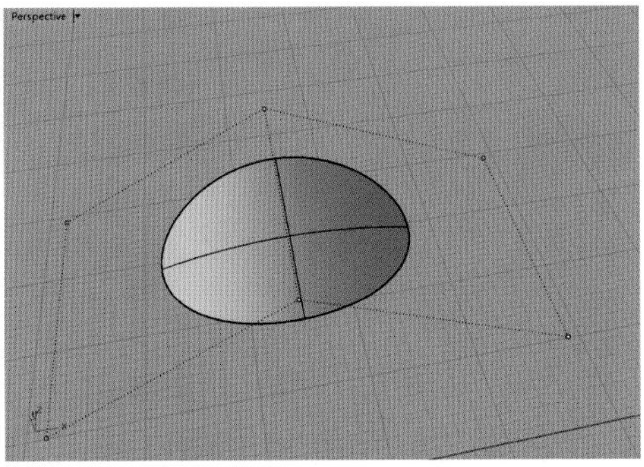

图3.9 修剪后的四边面

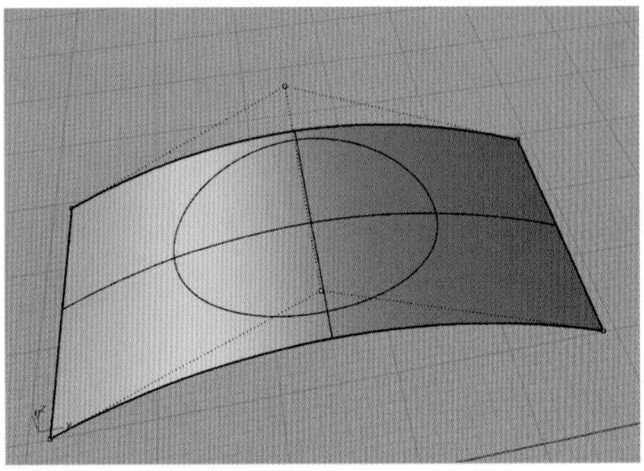

图3.10 取消修剪后的四边面

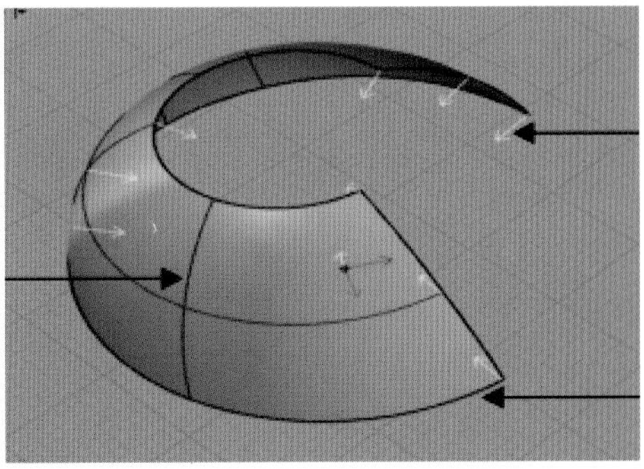

图3.11 曲面的构成

③曲面边缘

曲面边缘是指曲面最边界的U或V曲线。在构建曲面时，可以选取曲面的边缘来建立曲面间的连续性。

将多个曲面组合时，若一个曲面的边缘没有与其他曲面的边缘相接，这样的边缘称为外露边缘。

3.3.2 曲面的创建工具

Rhino提供的曲面创建工具完全可以满足各种曲面建模的需求，对于同一个曲面造型，通常有多种创建方法。对于同一个曲面造型，可以将多种方式生成的曲面进行比较，选择使用能构建最简洁曲面的方式来完成创建，构建曲面的具体方式如下。

1.指定三或四个角建立曲面：在指令栏输入SrfPt，指定曲面的三个或四个角建立曲面。

2.以两、三个或四个边缘曲线建立曲面：在指令栏输入EdgeSrf,以两条、三条或四条曲线建立曲面。

3.矩形平面：在指令栏输入Plane，建立矩形的 NURBS 平面。

4.以平面曲线建立曲面：在指令栏输入PlanarSrf，以一条或数条可以形成封闭的平面区域的曲线为边界建立平面。

5.嵌面：在指令栏输入Patch，建立逼近曲线、网格、点物件或点云的曲面。

选项意义说明：

（1）取样点间距：放置于输入曲线上间距很小的取样点，最少数量为一条曲线放置八个取样点。

（2）曲面的 U 方向跨距数：设定曲面 U 方向的跨距数。当起始曲面为 UV 都是一阶的平面时，指令也会使用这个设定。

（3）曲面的 V 方向跨距数：设定曲面 V 方向的跨距数。当起始曲面为 UV 都是一阶的平面时，指令也会使用这个设定。

（4）硬度：Rhino 在建立嵌面的第一个阶段会找出与选取的点与曲线上的取样点最符合的平面，再将平面变形逼近选取的点与取样点。硬度设定平面的变形程度，设定数值越大曲面“越硬”，得到的曲面越接近平面。你可以使用非常小或非常大（>1000）的数值测试这个设定，并预览结果。

6.放样：在指令栏输入Loft，建立一个通过数条断面曲线的放样曲面。

选项意义说明：

（1）型式：设定曲面的节点与控制点的结构。注意放样时如果有断面的端点相接时，放样的型式可能会被限制为平直区段或可展开的，避免建立自我交集的曲面。

（2）封闭放样：建立封闭的曲面，曲面在通过最后一条断面曲线后会再回到第一条断面曲线，这个选项必须要有三条或三条以上的断面曲线才可以使用。

（3）与起始端边缘正切：如果第一条断面曲线是曲面的边缘，放样曲面可以与该边缘所属的曲面形成正切，这个选项须要有三条或三条以上的断面曲线才可以使用

（4）与结束端边缘正切：如果最后一条断面曲线是曲面的边缘，放样曲面可以与该边缘所属的曲面形成正切，这个选项须要有三条或三条以上的断面曲线才可以使用。

（5）分割正切点：输入的曲线为多重曲线时，设定是否在线段与线段正切的顶点将建立的曲面分割成为多重曲面。

7.以网线建立曲面：在指令栏输入NetworkSrf,从网状交织的曲线建立曲面。一个方向的曲线必须跨越另一个方向的曲线，而且同方向的曲线不可以相互跨越。

选项意义说明：

（1）边缘曲线：设定边缘曲线的公差，建立的曲面的边缘与输入的边缘曲线之间的误差会小于这个设定值。

（2）内部曲线：设定内部曲线的公差，建立的曲面与输入的内部曲线之间的误差会小

于这个设定值。输入的边缘曲线与内部曲线的位置差异较大时指令会折中计算建立曲面。

（3）角度：如果输入的边缘曲线是曲面的边缘，而且你选择让建立的曲面与相邻的曲面以正切或曲率连续相接时，两个曲面在相接边缘的法线方向的角度误差会小于这个设定值。

（4）预览：勾选后可以自动预览设定变更的结果。

8.挤出曲线建立曲面

（1）挤出曲线：在指令栏输入ExtrudeCrv，将曲线往单一方向挤出建立曲面。

选项意义说明：

a.设定基准点：指定一个点，这个点是以两个点设定挤出距离的第一个点。

b.方向：指定两个点设定方向。

c.两侧：在起点的两侧画出物件，建立的物件长度为你指定的长度的两倍。

d.实体：如果挤出的曲线是封闭的平面曲线，挤出后的曲面两端会各建立一个平面，并将挤出的曲面与两端的平面组合为封闭的多重曲面。

e.至边界：挤出至边界曲面。

f.删除输入物件：将原来的物件从文件中删除。

g.分割正切点：输入的曲线为多重曲线时，设定是否在线段与线段正切的顶点将建立的曲面分割成为多重曲面。

（2）沿着曲线挤出曲面：在指令栏输入ExtrudeCrvAlongCrv，将曲线沿着另一条曲线挤出建立曲面。

选项意义说明：

a.实体：如果挤出的曲线是封闭的平面曲线，挤出后的曲面两端会各建立一个平面，并将挤出的曲面与两端的平面组合为封闭的多重曲面。

b.删除输入物件：将原来的物件从文件中删除。

c.副曲线：在路径曲线上指定两个点为曲线挤出的范围。

d.分割正切点：输入的曲线为多重曲线时，设定是否在线段与线段正切的顶点将建立的曲面分割成为多重曲面。

（3）挤出曲线呈锥状：在指令栏输入ExtrudeCrvTapered，将曲线往单一方向挤出，并以设定的拔模角内缩或外扩，建立锥状的曲 面。

选项意义说明：

a.设定基准点：指定一个点，这个点是以两个点设定挤出距离的第一个点。

b.方向：指定两个点设定方向。

c.拔模角度：設定拔模角度。

d.实体：如果挤出的曲线是封闭的平面曲线，挤出后的曲面两端会各建立一个平面，并将挤出的曲面与两端的平面组合为封闭的多重曲面。

e.角：设定角的连续性的处理方式。

f.删除输入物件：将原来的物件从文件中删除。

g.反转角度：切换拔模角度的方向。

h.分割正切点：输入的曲线为多重曲线时，设定是否在线段与线段正切的顶点将建立的曲面分割成为多重曲面。

（4）挤出曲线至点：在指令栏输入ExtrudeCrvToPoint，将曲线往单一方向挤出至一点，建立锥状的曲面。

选项意义说明：

a.实体：如果挤出的曲线是封闭的平面曲线，挤出后的曲面两端会各建立一个平面，并将挤出的曲面与两端的平面组合为封闭的多重曲面。

b.删除输入物件：将原来的物件从文件中删除。

c.分割正切点：输入的曲线为多重曲线时，设定是否在线段与线段正切的顶点将建立的曲面分割成为多重曲面。

9.扫掠

（1）单轨扫掠：在指令栏输入Sweep1，沿着一条路径扫掠通过数条定义曲面形状的断面曲线建立曲面。

选项意义说明：

a.自由扭转：扫掠建立的曲面会随着路径曲线扭转。

b.走向 Top：断面曲线在扫掠时与 Top 视图工作平面的角度维持不变。

c.走向 Right：断面曲线在扫掠时与 Right 视图工作平面的角度维持不变。

d.走向 Front：断面曲线在扫掠时与 Front 视图工作平面的角度维持不变。

e.封闭扫掠：当路径为封闭曲线时，曲面扫掠过最后一条断面曲线后会再回到第一条断面曲线，你至少需要选取两条断面曲线才能使用这个选项。

f.全域渐变：曲面断面的形状以线性渐变的方式从起点的断面曲线扫掠至终点的端面曲线。未使用这个选项时，曲面的断面形状在起点与终点附近的形状变化较小，在路径中段的变化较大。

g.对齐曲面：路径曲线为曲面边缘时，断面曲线扫掠时相对于曲面的角度维持不变。如果断面曲线与边缘路径的曲面正切，建立的扫掠曲面也会与该曲面正切。

h.未修剪斜接：如果建立的曲面是多重曲面，多重曲面中的个别曲面都是未修剪的曲面。

（2）双轨扫掠：在指令栏输入Sweep2，沿着两条路径扫掠通过数条定义曲面形状的断面曲线建立曲面。

选项意义说明：

a.点：建立以点开始或结束的曲面，这个选项只能用于曲面开始或结束的位置。

10.旋转成型：在指令栏输入Revolve，以一条轮廓曲线绕着旋转轴旋转建立曲面。

选项意义说明：

（1）删除输入物件：将原来的物件从文件中删除。

（2）360度：快速设定旋转角度为 360 度，而不必输入角度值。

（3）分割正切点：输入的曲线为多重曲线时，设定是否在线段与线段正切的顶点将建立的曲面分割成为多重曲面。

3.3.3 曲面的编辑工具

Rhino提供了丰富的曲面编辑工具以满足不同曲面造型的需求。对于曲面可以进行剪切、分割、组合、混接、偏移、圆角、衔接及合并等操作，还可以对曲面边缘进行分割和合并。下面讲解较为常用的曲面编辑工具。

1.混接曲面：在指令栏输入BlendSrf，在两个曲面之间建立混接曲面。

选项意义说明：

（1）锁定：勾选锁定核取方块，混接曲面两侧转折可以做对称性的调整。

（2）滑杆：可以改变混接曲面转折大小。

可分别调整混接曲面两侧转折大小的滑杆。

2.不等距混接曲面：在指令栏输入VariableBlendSrf，在两个曲面之间建立不等距的混接曲面，修剪原来的曲面，并将曲面 组合在一起。

选项意义说明：

（1）修剪并组合：以结果曲面修剪原来的曲面并组合在一起。

3.延伸曲面：单击ExtendSrf，移动曲面的边缘将曲面延长。

注意如果曲面是修剪过的，延伸曲面时会暂时显示完整的曲面。

选项意义说明：

（1）型式：平滑，平滑地延伸曲面。

直线，以直线型式延伸曲面。

4.衔接曲面：在指令栏输入MatchSrf，调整曲面的边缘与其他曲面形成位置、正切或曲率连续。

注意：（1）变更的曲面边缘必须是未修剪的边缘。

（2）封闭的边缘不能衔接至开放的边缘。

（3）如果只要衔接到目的边缘的一部分，请先使用 SplitEdge 指令分割目标边缘。

选项意义说明：

（1）连续性：设定衔接的连续性。

（2）维持另一端：改变曲面的阶数增加控制点，避免曲面另一端边缘的连续性被破坏。

（3）平均曲面：如果目标曲面的边缘是未修剪的边缘，两个曲面的形状会被平均调整。

（4）以最接近点衔接边缘：变更的曲面边缘与目标边缘有两种对齐方式：

（5）精确衔接：检查两个曲面衔接后边缘的误差是否小于设定的公差，必要时会在变更的曲面上加入更多的结构线（节点），使两个曲面衔接边缘的误差小于设定的公差。

（6）结构线方向调整：设定衔接时曲面结构线的方向如何变化。

5.合并曲面：在指令栏输入MergeSrf，合并两个曲面的未修剪边缘成为单一曲面。

注意：（1）有未修剪的共用边缘的两个曲面可以合并成为单一曲面，两个曲面的接合处在合并后会变得平滑。

（2）要合并的两个曲面除了必须共边以外，边缘两端的端点也必须相互对齐。

选项意义说明：

（1）平滑：平滑地合并两个曲面，合并以后的曲面比较适合以控制点调整，但曲面会有较大的变形。

（2）公差：两个要合并的边缘的距离必须小于这个设定值。

（3）圆度：定义合并的圆度（平滑度、钝度、不尖锐度），预设值为1，设定的数值必须介于0（尖锐）与1（平滑）之间。

6.曲面圆角：在指令栏输入FilletSrf，在两个曲面之间建立半径固定的圆角曲面。

选项意义说明：

（1）半径：设定圆角半径。

（2）延伸：当输入的两个曲面长度不同时，圆角曲面会延伸及于较长的曲面的整个边缘。

（3）修剪：a.是：以结果曲面修剪原来的曲面。

b.否：不修剪。

c.分割：以结果曲面分割原来的曲面。

7.偏移曲面：在指令栏输入OffsetSrf，以等距离偏移复制曲面或多重曲面。

注意：（1）正数的偏移距离是往箭头的方向偏移，负数是往箭头的反方向偏移。

（2）平面、环状体、球体、开放的圆柱曲面或开放的圆锥曲面偏移的结果不会有误差，自由造形曲面偏移后的误差会小于公差选项的设定值。

（3）当偏移的曲面为多重曲面时，偏移后的曲面会分散开来。例如：偏移一个六个面的立方体，偏移后得到的是六个分散的平面。

选项意义说明：

（1）距离显示：设定偏移的距离。

（2）角：圆角，锐角偏移产生的缝隙以圆角填补。

锐角：锐角偏移时曲面延伸相互修剪。

（3）全部反转：反转所有选取的曲面的偏移方向，曲面上箭头的方向为正的偏移方向。

（4）实体：以原来的曲面与偏移后的曲面边缘放样并组合成封闭的实体。

（5）松弛（仅适用曲面）：偏移后的曲面的结构与原来的曲面相同。

（6）公差：设定偏移曲面的公差，输入0为使用预设公差。

（7）两侧：同时往两侧偏移。

（8）删除输入物件：将原来的物件从文件中删除。

8.不等距偏移曲面：单击【不等距偏移曲面】工具（工具列——曲面圆角——曲面工

具——不等距偏移曲面），以不同的间距偏移曲面。

选项意义说明：

（1）公差：设定这个指令使用的公差。

（2）反转：反转物件的方向。

（3）设定全部：设定全部控制杆为相同距离。

（4）连结控制杆：以同样的比例调整所有控制杆的距离。

（5）新增控制杆：加入一个调整偏移距离的控制杆。

（6）边正切：维持偏移曲面边缘的正切方向与原来的曲面一致。

9.缩回已修剪曲面：在指令栏输入ShrinkTrimmedSrf，将原始曲面缩减至“接近”曲面修剪边界的大小。如图3.12、3.13所示：

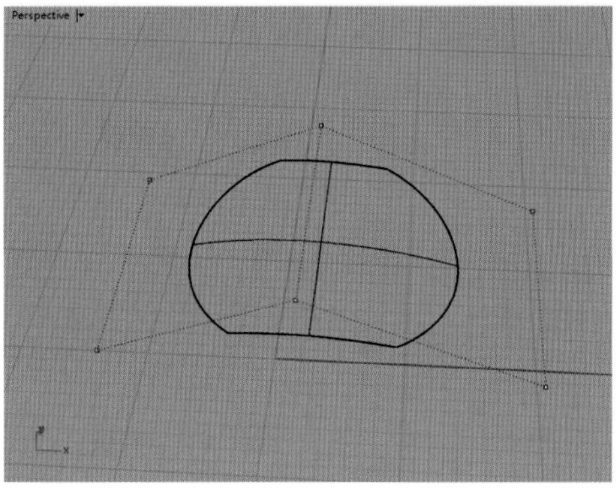

图3.12 修剪后的曲面

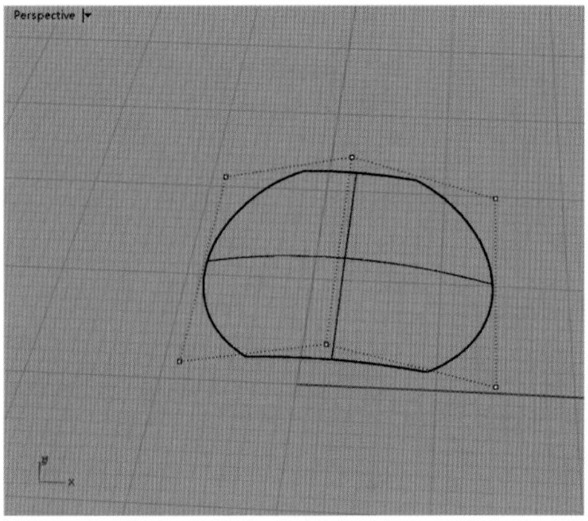

图3.13 使用缩回操作后的被修剪曲面

3.3.4 曲面的检测与分析工具

在建模过程中，通常需要对曲面进行分析，Rhino提供了相应的曲面检测与分析工具。

1.分析曲面边缘

曲面边缘可以用来获取曲面间的连续性，在使用【混接曲面】【双轨扫掠】等工具时，通常会发现曲面边缘断开，这时可以单击【显示边缘】工具来查看边缘状态。

3.4 实体的创建和编辑

3.4.1 由线或面构成实体的创建工具

1.挤出曲面：在指令栏输入ExtrudeCrv，将曲面往单一方向挤出建立实体。

选项意义说明：

（1）设定基准点：指定一个点，这个点是以两个点设定挤出距离的第一个点。

（2）方向：指定两个点设定方向。

（3）两侧：在起点的两侧画出物件，建立的物件长度为你指定的长度的两倍。

（4）实体：如果挤出的曲线是封闭的平面曲线，挤出后的曲面两端会各建立一个平面，并将挤出的曲面与两端的平面组合为封闭的多重曲面。

（5）删除输入物件：将原来的物件从文件中删除。

（6）至边界：挤出至边界曲面。

2.圆管：在指令栏输入Pipe，沿着曲线建立圆管曲面。

选项意义说明：

（1）直径/半径：切换使用半径或直径。

（2）加盖：设定圆管两端的加盖形式。

（3）正切点不分割：是，当用来建立圆管的曲线是直线与圆弧组成的多重曲线时，建立单一曲面的圆管。

否，圆管会在曲线正切点的位置分割，建立多重曲面的圆管。

3.从数个曲面包围的封闭空间建立实体：单击【自动建立实体】工具（工具列——布尔运算联集——实体工具——自动建立实体），以选取的曲面或多重曲面所包围的封闭空间建立实体。

如图3.14、图3.15所示。

选项意义说明：

（1）删除输入物件：将原来的物件从文件中删除。

4.厚片：在指令栏输入Slab，将曲线偏移、挤出并加盖建立实体。如图：

选项意义说明：

（1）距离显示：设定偏移距离。

（2）通过点：指定偏移曲线的通过点，不使用输入数值的方式设定偏移距离。

（3）两侧：在起点的两侧画出物件，建立的物件长度为你指定的长度的两倍。

（4）与工作平面平行：否——在曲线平面上偏移曲线（仅适用于平面曲线）。

是——往与工作平面平行的方向偏移。

3.4.2 常规实体的创建工具

1.立方体：在指令栏输入Box，建立一个立方体。

选项意义说明：

（1）对角线：以两个对角画出底面矩形，无设定边长的选项。

2.圆锥体：在指令栏输入Cone，建立一个圆锥体。

选项意义说明：

（1）方向限制选项：

a.无：中心点可以是 3D 空间中的任何一点。第二点可以使用垂直模式、物件锁点或

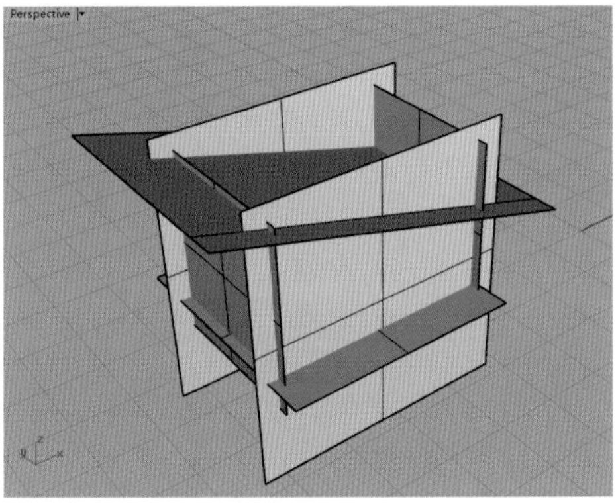

图3.14 用于自动建立实体的曲面

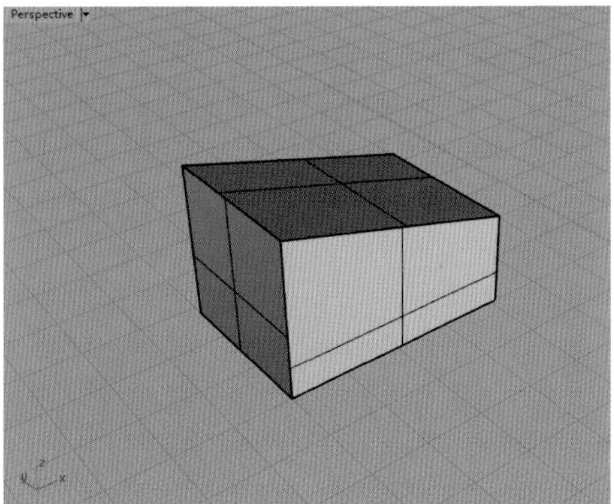

图3.15 自动建立实体

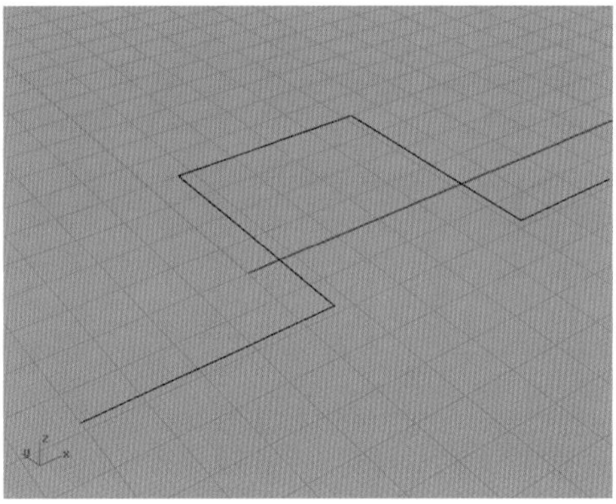

图3.16 用于自动厚片的曲线

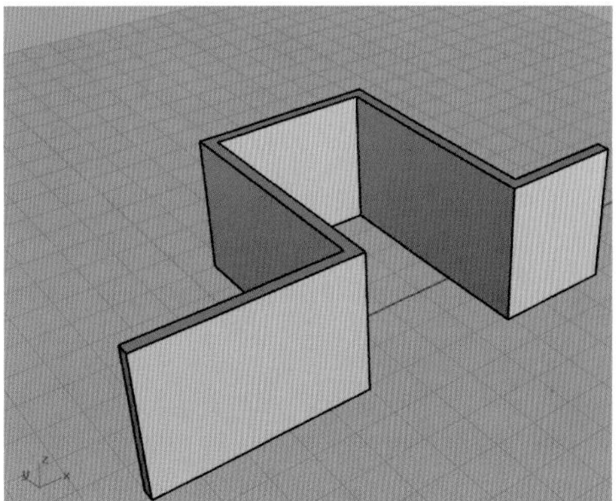

图3.17 建立厚片

其他建模辅助工具放置在任何地方。

b.垂直：画一个与工作平面垂直的物件。

c.环绕曲线：画出一个与曲线垂直的圆。

（2）实体：以一个平面封闭底部建立实体。

3.圆柱体：在指令栏输入Cylinder，建立一个圆柱体。

选项意义说明：

（1）方向限制选项：

a.无：中心点可以是 3D 空间中的任何一点。第二点可以使用垂直模式、物件锁点或其他建模辅助工具放置在任何地方。

b.垂直：画一个与工作平面垂直的物件。

c.环绕曲线：画出一个与曲线垂直的圆。

（2）实体：以一个平面封闭底部建立实体。

4.椭圆体：在指令栏输入Ellipsoid，建立一个椭圆体。

5.金字塔：在指令栏输入Pyramid，建立一个圆锥体。

选项意义说明：

（1）方向限制选项：

a.无：中心点可以是 3D 空间中的任何一点。第二点可以使用垂直模式、物件锁点或其他建模辅助工具放置在任何地方。

b.垂直：画一个与工作平面垂直的物件。

c.环绕曲线：画出一个与曲线垂直的圆。

（2）实体：以一个平面封闭底部建立实体。

6.球体：在指令栏输入Sphere，建立一个球体。

选项意义说明：

（1）四点：指定球体的四个通过点建立球体。

7.环状体：在指令栏输入Torus，建立一个环状体（类似甜甜圈的形状）。

选项意义说明：

（1）直径/半径：按这个选项可以切换使用半径或直径。

（2）固定内圈半径：第一个设定的半径会成为环状体内圈的半径，环状体会被限制只能向外侧建立。

8.平顶锥体：在指令栏输入TCone，建立顶点被平面截断的圆锥体。

选项意义说明：

（1）方向限制选项：

a.无：中心点可以是 3D 空间中的任何一点。第二点可以使用垂直模式、物件锁点或其他建模辅助工具放置在任何地方。

b.垂直：画一个与工作平面垂直的物件。

c.环绕曲线：画出一个与曲线垂直的圆。

9.圆柱管：在指令栏输入Tube，建立一个中间有圆柱洞的圆柱体。

选项意义说明：

（1）方向限制选项：

a.无：中心点可以是 3D 空间中的任何一点。第二点可以使用垂直模式、物件锁点或其他建模辅助工具放置在任何地方。

b.垂直：画一个与工作平面垂直的物件。

c.环绕曲线：画出一个与曲线垂直的圆。

（2）两侧：在起点的两侧画出物件，建立的物件长度为你指定的长度的两倍。

（3）管壁厚度：设定圆柱管外壁与内壁之间的距离。

10.抛物面锥体：在指令栏输入Paraboloid，建立一个抛物面锥体。

选项意义说明：

（1）焦点：指定焦点、方向与端点的位置。

（2）顶点：指定顶点、焦点与端点的位置。

（3）标示焦点：在焦点的位置放置点物件。

（4）实体：以一个平面封闭底部建立实体。

3.4.3 特殊实体的创建工具

1.凸毂（gǔ）：在指令栏输入Boss，将封闭的平面曲线往与曲线平面垂直的方向挤出至边界曲面，并与边界曲面组合成多重曲面。如图：

选项意义说明：

（1）模式：设定挤出方式。

2.薄壳：在指令栏输入shell，对实体物件进行薄壳。

Shell 指令会删除选取的面，并以剩下的部分偏移建立有厚度的壳状实体。如图：

选项意义说明：

（1）厚度：设定薄壳的厚度。

3.文字物件：在指令栏输入TextObject，以 TrueType 字型建立文字曲线、曲面或多重曲面。

选项意义说明：

（1）要建立的文字：输入文字，在编辑栏位中按鼠标右键可以剪切、复制、粘贴文字。

（2）字型：选取要使用的字型。

（3）建立：设定建立的物件类型。

（4）曲线：以文字的外框线建立曲线。

a.使用单线字型：建立的文字曲线为开放曲线，可作为文字雕刻机的路径。未勾选时，文字曲线为封闭曲线。

b.曲面：以文字的外框线建立曲面。

c.实体：建立实体文字。

d.群组物件：群组建立的物件。

3.4.4 实体的编辑工具

1.加盖/封闭：在指令栏输入CAP,以平面填补曲面或多重曲面上边缘为平面的洞。

2.洞：在指令栏输入MakeHole，将选取的封闭的平面曲线挤出，在曲面或多重曲面上挖出一个洞。如图3.22、图3.23所示。

选项意义说明：

（1）方向：X/Y/Z：限制洞的轮廓曲线挤出的方向为 X、Y 或 Z。

与曲线垂直：限制洞的轮廓曲线挤出的方向与曲线平面垂直（曲线平面的法线）。

工作平面法线：限制洞的轮廓曲线以工作平面 Z 轴的方向挤出。

指定：指定两个点设定方向。

沿着曲线：沿着曲线挤出洞的轮廓曲线。

（2）删除输入物件：将原来的物件从文件中删除。

（3）两侧：在起点的两侧画出物件，建立的物件长度为你指定的长度的两倍。

3.移动边缘：在指令栏输入MoveEdge，

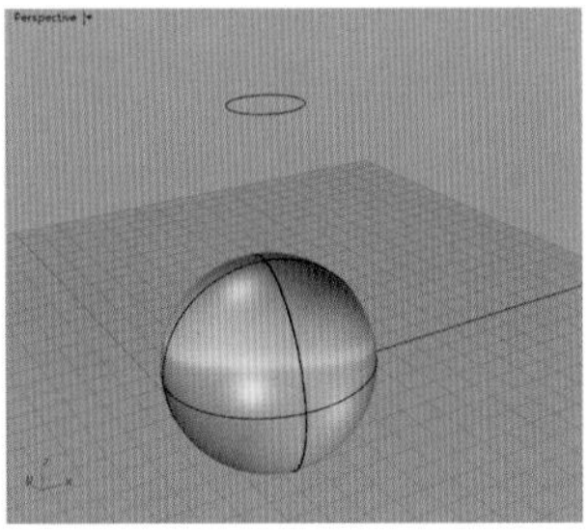

图3.18 建立凸毂的线和曲面

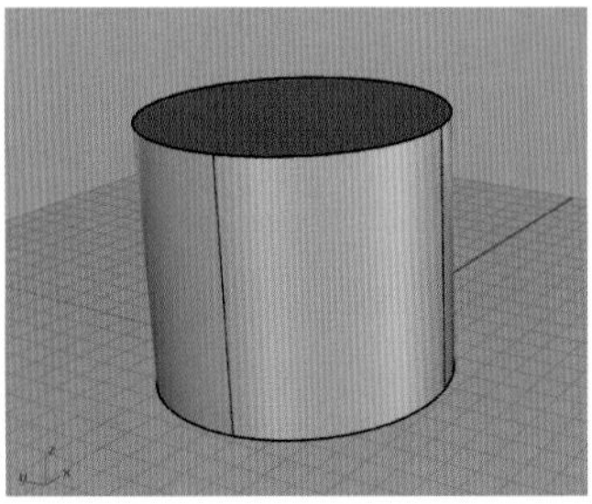

图3.20 创建薄的实体

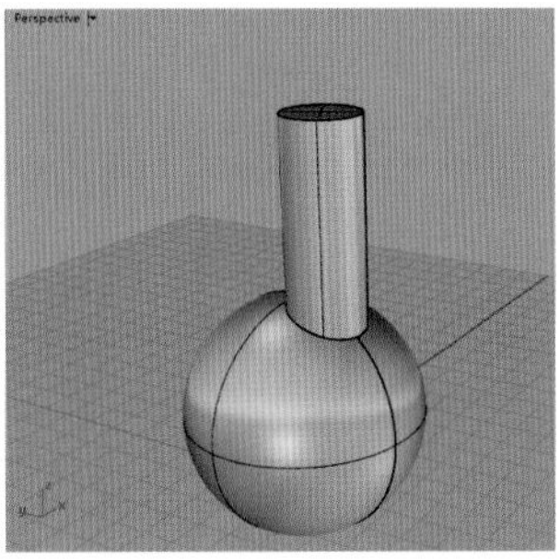

图3.19 建立凸毂

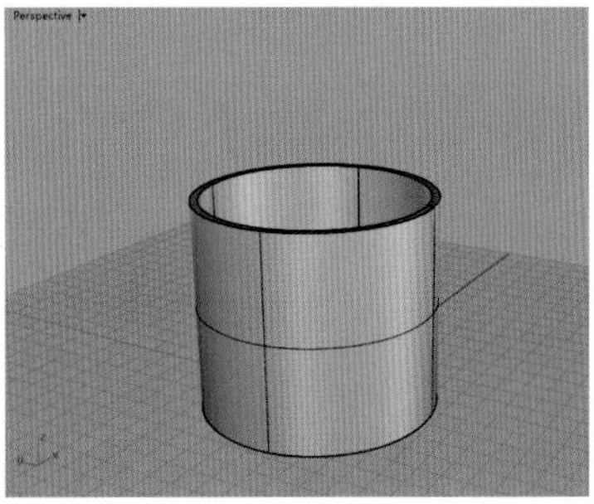

图3.21 创建薄壳

移动多重曲面的边缘。

选项意义说明：

（1）方向限制：

a.无：不限制方向。

b.第一个面的法线：将移动的方向限制在第一个面的法线方向。

c.第二个面的法线：将移动的方向限制在第二个面的法线方向。

d.两个面的法线平均：将移动的方向限制在第一个面与第二个面的法线平均方向。

e.垂直：将移动的方向限制与工作平面垂直。

4.线切割：在指令栏输入WireCut，使用开放或封闭的曲线切割多重曲面就像是以高温铁丝切割保丽龙一样。

选项意义说明：

（1）直线：指定两点以直线取代现有的曲线。

（2）方向（第一个切割方向）：

X/Y/Z：将切割用的曲线往世界 X、Y 或 Z 轴的方向挤出。

与曲线垂直：将切割用的曲线往与曲线平面垂直的方向挤出。

工作平面法线：将切割用的曲线往工作平面 Z 轴的方向挤出。

指定：指定两个点设定方向。

沿着曲线（仅适用封闭的曲线）：沿着曲线挤出切割用的曲线。

（3）删除输入物件：将原来的物件从文件中删除。

（4）两侧：在起点的两侧画出物件，建立的物件长度为你指定的长度的两倍。

（5）方向（第二个切割方向——仅适用开放的曲线）：

X/Y/Z：将切割用曲线的第二个挤出方向设为世界X、Y 或 Z 轴。

与第一个挤出方向垂直：使切割用曲线的第二个挤出方向与第一个方向垂直。

指定：以两点指定切割用曲线的第二个挤出方向。

（6）反转：反转物件要保留与要切除的部分。

（7）全部保留：保留物件的所有部分。

5.边缘圆角：在指令栏输入FilletEdge，在多重曲面上选取的边缘建立不等半径的圆角曲面，修剪原来的曲面并与圆角曲 面组合在一起。

选项意义说明：

（1）显示半径：在工作视窗显示目前已设定的半径。

（2）下一个半径：设定下个控制杆的半径。

（3）上次选取的边缘：为了避免中途取消指令，下次执行指令时需要重新选取边缘的不便，你可以使用这个选项直接选取上次选取的边缘，这个指令可以记录最多 20 组选取的边缘。

（4）修剪并组合：以结果曲面修剪原来的曲面并组合在一起。

（5）选取边缘：在选取边缘的步骤过后再选取更多的边缘。

6.边缘混接：在指令栏输入BlendEdge，在两个曲面的组合边缘建立曲率连续的不等距混接曲面。原来的曲面会被修剪，并与混接曲面组合。

选项意义说明：

（1）显示半径：在工作视窗显示目前已设定的半径。

（2）下一个半径：设定下个控制杆的半径。

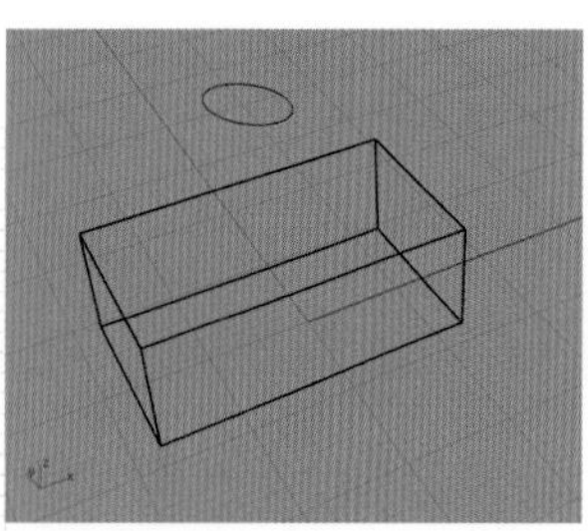

图3.22 建立洞所需的实体和线条

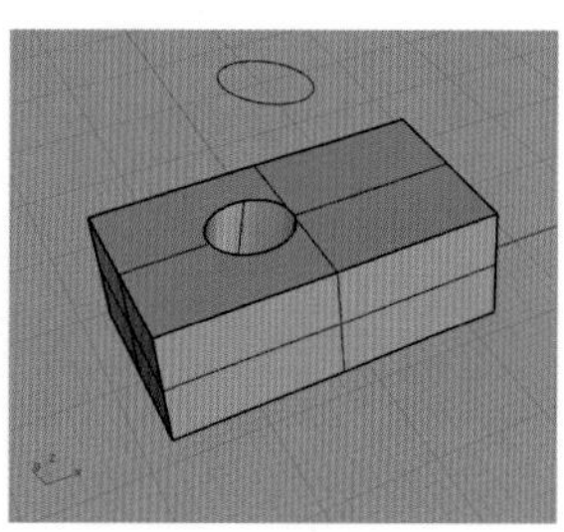

图3.23 创建洞

（3）上次选取的边缘：为了避免中途取消指令，下次执行指令时需要重新选取边缘的不便，你可以使用这个选项直接选取上次选取的边缘，这个指令可以记录最多 20 组选取的边缘。

7.边缘斜角：

在指令栏输入ChamferEdge，在多重曲面上选取的边缘建立不等距的斜角曲面，修剪原来的曲面并与斜角曲面组合在一起。

选项意义说明：

（1）显示斜角距离：选取边缘时显示斜角距离。

（2）下一个斜角距离：设定下一个选取的边缘使用的斜角距离。

（3）上次选取的边缘：为了避免中途取消指令，下次执行指令时需要重新选取边缘的不便，你可以使用这个选项直接选取上次选取的边缘，这个指令可以记录最多 20 组选取的边缘。

3.4.5 实体的布尔运算工具

1.差集：

在指令栏输入BooleanDifference，以一组多重曲面/曲面减去另一组多重曲面/曲面与它交集的部分。

选项意义说明：

（1）删除输入物件：将原来的物件从文件中删除。

2.交集：

在指令栏输入BooleanIntersection，减去两组多重曲面/曲面未交集的部分。

3.分割：在指令栏输入BooleanSplit，从第一组多重曲面减去它与第二组多重曲面交集的部分，并以交集的部分建立另一个物件。

选项意义说明：

（1）删除输入物件：将原来的物件从文件中删除。

4.联集：在指令栏输入BooleanUnion，减去选取的多重曲面/曲面交集的部分，并以未交集的部分组合成为一个多重曲面。

3.4.6 布尔运算疑难排解

1.布尔运算疑难排解

布尔运算指令也可以用于单一曲面或开放的多重曲面，但布尔运算的结果与曲面的法线方向有关，当结果不如预期时，Dir 指令可以用来检查曲面的法线方向，要反转曲面的法线方向可以使用 Dir 或 Flip 指令。你可以先用 Join 指令将数个单一曲面组合成多重曲面。

网格物件的布尔运算的操作方式与 NURBS 布尔运算相同。

注意：网格布尔运算的输入物件可以是曲面或网格，但结果都是网格物件。

2.布尔运算为什么会失败?

以下是几个可能造成布尔运算失败的原因：

曲面的法线方向不正确。

两个物件交集处的有控制点重叠在一起（汇集点）。

物件可能有某部分的曲面重叠或正切。

（1）曲面法线

布尔运算以物件的法线方向决定物件要删除或保留的部分，当你想做布尔运算差集确得到布尔运算联集的结果是因为曲面的法线方向不正确的关系，这种情形通常发生在以开放的物件进行布尔运算时。请使用 Dir 指令检查物件的法线方向，必要时可以使用反转选项变更曲面的法线方向。封闭的物件的法线方向一定朝外，所以不会有这样的问题。

（2）汇集点

曲面一个边缘上的所有控制点重叠在同一个位置称为汇集点。在 Rhino 里，圆锥体的顶点、球体的两极、三个边的未修剪曲面都有汇集点，手动将控制点移动到同一个位置也可以形成汇集点。当两个物件的交集处有汇集点时可能会造成布尔运算失败。

当两个曲面有部分重叠时，如图3.25所示，两个立方体只有两个面互相接触，这种情形只能做联集，无法做差集与交集。

（4）非流形的边缘

除了重叠的曲面可能造成布尔运算失败以外，非流形的边缘也是原因之一。非流形的边缘：组合三个网格面或曲面的边缘称为非流形边缘。

图3.26中是以 ShowEdges 指令醒目提示的多重曲面的非流形边缘。

3.布尔运算的替代方法

如果两个物件无法做布尔运算，你可以使用其他的方法得到同样的结果。在图3.24所示的范例里，圆锥体的顶点和立方体的角位于同一个位置，这样的情形会造成布尔运算失败。可以将物件炸开为个别的曲面，使用 Intersect 指令计算不同曲面之间的交线，再以建立的交线修剪或分割曲面，最后再将曲面重新组合在一起。

3.5 物件的分析

3.5.1 检查物件是否有错误与修复

1.检查物件：在指令栏输入Check，回报选取的物件的资料结构错误。

2.反转方向：在指令栏输入Flip，反转曲线的方向或曲面的法线方向。

3.显示边缘：单击【显示边缘】工具（工具列——分析方向——显示边缘），醒目提示曲面与多重曲面的边缘。曲面的边缘可以是修剪过的或未修剪的。

3.5.2 分析物件

1.边框方块：

在指令栏输入BoundingBox，建立一个可以容纳选取的物件的立方体（多重曲面）或矩形（多重曲线）。

选项意义说明：

（1）坐标系统：

a.工作平面：以工作平面坐标建立边框方块。

b.世界：以世界坐标建立边框方块。

（2）输出为：选取 3D 物件时可以设定建立何种边框方块。

2.分析法线方向：在指令栏输入Dir，显示与编辑物件的法线方向。

3.5.3 分析曲面品质

1.曲率分析：

在指令栏输入CurvatureAnalysis，使用假色分析曲面的曲率。如图3.27所示。

2.环境贴图：在指令栏输入EMap,在物件上显示环境贴图的反射影像，以视觉分析物件表面的平滑度。如图3.28所示。

3.斑马纹：在指令栏输入Zebra，使用条纹贴图分析曲面的平滑度与连续性，如图3.29所示。

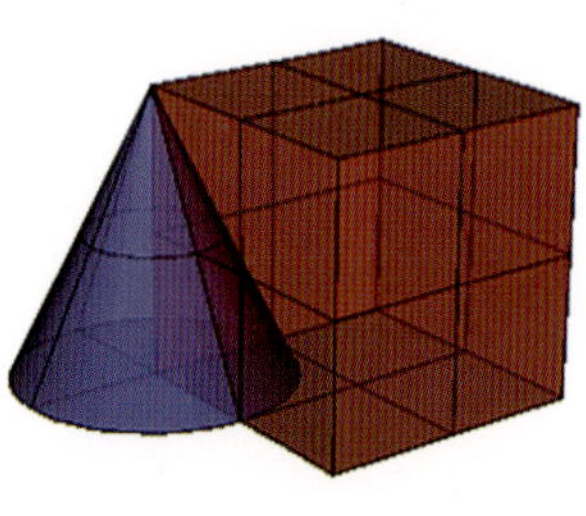

图3.24 出现汇集点

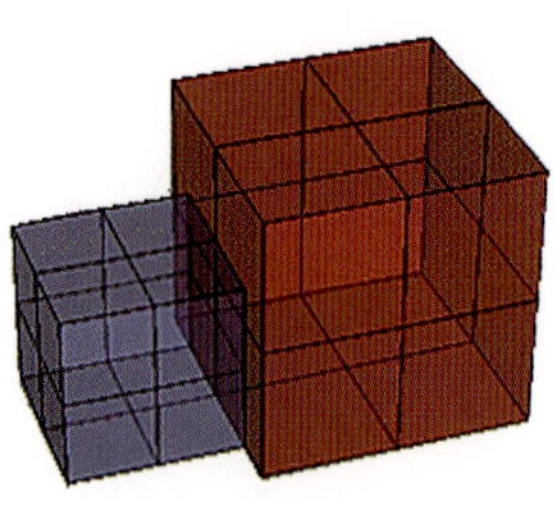

图3.25 曲面重叠

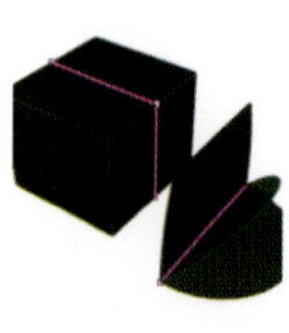

图3.26 非流形边缘

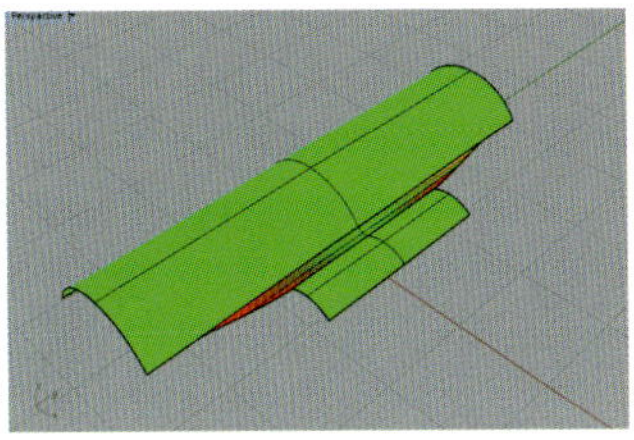

图3.27 曲率分析

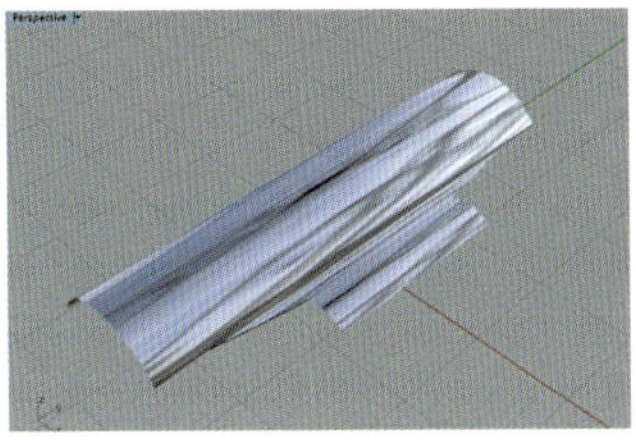

图3.28 环境贴图分析

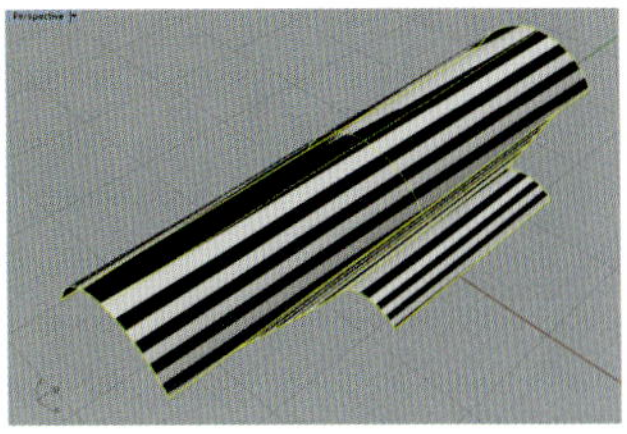

图3.29 斑马纹分析

课程实训

单元课题实训

1.熟悉点、线、面、实体工具构和编辑工具的基本操作和各命令选项的含义。

2.使用点、线、面、实体工具和编辑工具做出你熟悉的产品模型；

3.尝试将身边能找到的产品用线和面进行恰当的分割，以便于根据这些线和面创建产品数字模型。

要求与提示

基本命令的学习阶段，会有一些枯燥乏味，不过这个为后续的实例学习打下基础的过程，是无法直接略过的，尤其是每个命令的理解和使用不能止于最常用的选项，还应包括系统提供的其他内部选项的含义和功能。

第四章　文件和图纸的注解、标注与输出

本章教学目标

Rhino3D作为一款建模软件，工业设计行业一直是它的主要应用领域，虽然它的工程设计能力目前还不足以直接面对生产加工的需要，但是为了更好地满足工业设计与工程设计之间的接口需要，本章将简要介绍文件和图纸的注解、标注与输出，其中注解和标注工具是面向工程的重要工具。其中将涉及以下几个方面的内容：

1.注解

2.标注

3.输出

4.基本渲染

4.1 注解

4.1.1 注解点

注解点：在指令栏输入Dot，建立注解点，注解点在视图中的大小固定，而且总是正对视图。

注意：1.注解点的颜色由图层或物件属性的显示颜色决定。

2.双击注解点可以编辑注解点的文字。

3.注解点的文字、字型或高度可以从注解点属性修改。

注解点选项意义说明：

1.要显示的文字：输入注解点里的文字。（在编辑框里按鼠标右键可以弹出快显功能表。）

快显功能表选项说明如下：

a.复原：复原上一个动作。

b.剪切：将选取的文字剪切至 Windows 剪贴板。

c.复制：将选取的文字复制至 Windows 剪贴板。

d.粘贴：从 Windows 剪贴板粘贴文字。

e.删除：删除选取的文字。

f.全选：选取编辑框里的所有文字。

g.设定编辑文字大小：设定编辑框里文字显示的大小。

2.字型：设定注解点的文字使用的字型。

3.高度：设定文字的高度。

4.1.2 剖面线

1.剖面线：在指令栏输入Hatch打开。以直线组成的图案会填满曲线边界内的区域。

指令行选项：

（1）边界：点选一个封闭边界的内部以剖面线图案填满。

（2）结合区域：是（选取数个区域建立一个剖面线）;否（每个区域分别建立剖面线）。

注意：（1）输入的曲线可以是在模型空间或图纸配置工作视窗，在图纸配置工作视窗可以选取子视图里的曲线建立剖面线。

（2）打开剖面线的控制点可以编辑边界的形状。

2.剖面线属性：设定选取的剖面线的物件属性。

（1）图案旋转角度：设定剖面线图案的旋转角度。

（2）图案缩放比例：设定剖面线图案的缩放比例。

（3）符合：套用其他剖面线的属性。

（4）设定基准点：设定剖面线图案的原点。

（5）图案：显示剖面线定义的名称。

（6）预览：显示剖面线图案。

3.切换缩放剖面线：在指令栏输入HatchScale打开。设定剖面线在模型与图纸配置工作视窗的缩放比。

选项意义说明：

（1）启用：剖面线图案在图纸配置的子视图里会因为视图缩放自动调整大小。模型工作视窗里的剖面线图案以 HatchScale 指令设定的缩放比缩放。

（2）停用：停用时剖面线图案不会缩放。

（3）切换：在启用与停用之间切换。

4.1.3 标注引线

标注引线：在指令栏输入Leader打开。建立有箭头及可附加文字的注解引线。

标注引线文字面板的选项说明如下：

角度：在文字加入角度（°）符号。

直径：在文字加入直径（O）符号。

正/负符号：在文字加入正负（±）符号。

文字功能变数：在文字中插入变数，撷取其他物件或系统资讯代入变数，变数会因为撷取的项目变更而改变。

4.1.4 文字

文字：在指令栏输入Text打开。建立注解文字方块。

1.文字选项说明：文字通常用于打印，这些设定会影响文字打印时的大小。

（1）字型：设定文字使用的字型。

（2）高度____<单位>：设定文字的高度（模型单位）。

（3）遮罩（在文字背后加入矩形底

色）：

a.无：不使遮罩。

b.背景：以背景颜色作为遮罩的颜色。

c.单一颜色：从选取颜色对话框选择颜色。

d.边界：设定文字与遮罩边缘之间的距离。

（4）在图纸上自动缩放：缩放子视图时自动缩放文字，维持文字在视图中的大小。

（5）粗体：设定文字为粗体。

（6）斜体：设定文字为斜体。

（7）靠左对齐：设定文字在水平方向靠左。

（8）水平置中：设定文字在平面方向置中。

（9）靠右对齐：设定文字在水平方向靠右。

（10）靠上对齐：设定文字在垂直方向靠上。

（11）垂直置中：设定文字在垂直方向置中。

（12）靠下对齐：设定文字在垂直方向靠下。

（13）要建立的文字：在这个编辑栏位输入文字（在编辑框里按鼠标右键可以弹出快显功能表）。

复原：复原上一个动作。

剪切：将选取的文字剪切至 Windows 剪贴板。

复制：将选取的文字复制至 Windows 剪贴板。

粘贴：从 Windows 剪贴板粘贴文字。

删除：删除选取的文字。

全选：选取编辑框里的所有文字。

设定编辑文字大小：设定编辑框里文字显示的大小。

（14）功能变数：在文字中插入变数，撷取其他物件或系统资讯代入变数，变数会因为撷取的项目变更而改变。

（15）导入文字：从文字档导入文字。

2.切换缩放注解：在指令栏输入TextScale打开。设定文字在模型与图纸配置工作视窗的缩放比。

选项意义说明：

（1）启用时：文字在图纸配置的子视图里会因为视图缩放自动调整大小。模型工作视窗里的文字以 TextScale 指令设定的缩放比缩放。

（2）停用：不缩放文字。

（3）切换：在启用与停用之间切换。

4.1.5其他注解工具

箭头：在指令栏输入Arrowhead，在曲线端点加上或移除箭头。

4.2标注

4.2.1线性尺寸标注

1.直线尺寸标志：在指令栏输入Dim打开，建立水平或垂直的直线尺寸标注。

选项意义说明：

（1）型式：输入尺寸标注型式名称。

（2）物件：选取要标注尺寸的物件。

（3）连续标注：连续建立直线尺寸标注。

（4）垂直：建立与工作平面 Y 轴平行的尺寸标注。

（5）水平：建立与工作平面 X 轴平行的尺寸标注。

2.对齐尺寸标注：在指令栏输入DimAligned，建立与两个点平行的直线尺寸标注。

选项意义说明：

（1）型式：输入尺寸标注型式名称。

（2）物件：选取要标注尺寸的物件。

（3）连续标注：连续建立直线尺寸标注。

3.旋转尺寸标注：在指令栏输入DimRotated，建立直线尺寸标注，允许旋转尺寸标注线，使它不与 X 或 Y 轴平行。

选项意义说明：

（1）型式：输入尺寸标注型式名称。

（2）物件：选取要标注尺寸的物件。

（3）连续标注：连续建立直线尺寸标注。

4.纵坐标尺寸标注：在指令栏输入DimOrdinate，标注一个点从基准点算起的 X 或 Y 坐标。

选项意义说明：

（1）型式：输入尺寸标注型式名称。

（2）X基准：不受光标移动方向影响，强制标注 X 轴的纵坐标。

（3）Y基准：不受光标移动方向影响，强制标注 Y 轴的纵坐标。

（4）基准点：改变本次标注纵坐标时的

基准点，下次执行 DimOrdinate 指令时，基准点会重设为工作平面原点。

4.2.2 角度尺寸标注

1.半径尺寸标注：在指令栏输入 DimRadius，标注圆或圆弧的半径。

注意：尺寸标注总是与目前的工作平面平行。

选项意义说明：

（1）型式：输入尺寸标注型式名称。

（2）曲线上的点：指定尺寸标注箭头的起点。

2.直径尺寸标注：在指令栏输入 DimDiameter，标注曲线的直径。

选项意义说明：

（1）型式：输入尺寸标注型式名称。

3.角度尺寸标注：在指令栏输入 DimAngle，从圆弧、两条直线或指定三点标注角度。

选项意义说明：

（1）型式：输入尺寸标注型式名称。

（2）三点：指定三个点建立角度尺寸标注。

4.平面夹角尺寸标注：在指令栏输入 DimCreaseAngle，标注两个平面之间的角度。

4.2.3 其他尺寸标注

1.面积尺寸标注：在指令栏输入DimArea打开。标注封闭的平面曲线、曲面、网格或剖面线的面积。

选项意义说明：

（1）型式：

a.注意：尺寸标注、文字、标注引线……可以使用文字功能变数计算各种数值。

b.标注引线：使用标注引线标注。

c.文字：使用文字标注。

2.曲线长度尺寸标注：在指令栏输入 DimCurveLength打开。标注曲线的长度。

选项意义说明：

（1）型式：

a.注意：尺寸标注、文字、标注引线……可以使用文字功能变数计算各种数值。

b.标注引线：使用标注引线标注。

c.文字：使用文字标注。

3.置中尺寸标注文字：在指令栏输入 DimRecenterText，将尺寸标注文字移至预设的位置。

4.3 输出

4.3.1 文件输入

1.打开Rhino：单击在指令栏输入Open，打开已存在的 Rhino 文件或其他 Rhino 可以读取的文件格式。

2.拖放文件

（1）模型文件：从 Windows 资源管理器将支持的文件格式拖放进 Rhino 的工作视窗，Rhino 可以：

a.打开文件。

b.导入文件至目前的模型。

c.将文件插入为图块、群组或单纯的物件。

d.将文件附加至目前的分工运行阶段。

注意：你也可以将一个文字文件（.txt）拖放至 Rhino 的捷径图示，Rhino 启动后会自动以ReadCommandFile 指令执行该文字文件中的指令。

（2）图片文件：支持的图片格式（bmp、png、jpeg、hdr、exr）文件都可以拖放至 Rhino 里。

（3）拖放至物件：当物件已被赋予材质时，变更材质的颜色贴图。当物件未被赋予材质时，建立新材质，将图片设为颜色贴图，并将材质赋予给物件。

（4）拖放至工作视窗中没有物件的位置：会弹出一个选项对话框。

选项意义说明：

（1）帧平面：执行 PictureFrame 指令，并以该图片为帧平面的贴图。

（2）底色图案：将该图片作为工作视窗的底色图案。

（3）环境：当模型已设有渲染环境时，变更该渲染环境的贴图。当模型未设渲染环境时，建立新的渲染环境，以该图片作为环境贴图，并设为使用中的渲染环境。

4.3.2 文件输出

1. 导出图片：单击在指令栏输入ExportBitmaps，将储存在模型文件里的底色图案和背景图导出成为个别的图档。底色图案与背景图会储存在Rhino的文件里，ExportBitmaps指令可以将这些图片导出至指定的文件夹。

2. 紧急存档：在需要紧急存档（内存不足）的情形下，Rhino会自动以不同的名称储存目前的模型，避免紧急储存的文件覆盖你的文件。你可以在硬盘里搜寻名为RHINO_EMERGENCY_SAVE.3dm的文件。

4.3.3 2D视图输出

Make2D指令：在指令栏输入单击Make2D，将几何物件投至到工作平面建立2D图面。

图面配置：

（1）目前的视图：只建立目前视图的2D图面，可设置透视图。

（2）目前的工作平面：在目前视图的工作平面建立2D图面。

（3）四个视图（美国）：以美国（第三角度）图面配置建立四个视图。

4.4 基本渲染

4.4.1 渲染概述

基本的模型渲染有四个步骤：（1）加入照明；（2）赋予材质；（3）设定环境；（4）渲染。

前三个步骤并没有绝对的先后顺序，你必须持续调整这三个步骤的设定，不断渲染测试，直到得到自己觉得满意的结果。

1.设定材质：

（1）赋予图层材质：a.在图层对话框，选取一个或数个图层，按材质栏。

b.在图层材质对话框，设定材质属性。

（2）赋予物件材质：a.选取物件。

b.从编辑功能表选择物件属性。

c.在属性面板的材质页面设定材质属性。

2.设定照明：加入聚光灯或其他灯光。

3.设定渲染环境（渲染属性有一些环境设定，例如：背景颜色与环境贴图）：

（1）打开环境编辑器。

（2）设定环境的属性。

4.打开底平面：

（1）打开底平面面板。

（2）设定底平面的属性。

5.渲染与储存：

（1）从渲染功能表选择渲染。

（2）从渲染视窗的文件功能表选择另存文件。

4.4.2 基础渲染工具

1. 材质编辑器：在指令栏输入MaterialEditor，贴图面板里的贴图可以作为Rhino内建的渲染器的材质里的颜色、透明、凹凸、环境设定使用的贴图。

（1）材质可以直接拖放至材质、贴图与环境的设定。

（2）3dm文件里可以储存无数量限制的材质，材质与环境都可以加入贴图，设定材质与环境时都有缩图可以预览。

（3）材质编辑器、贴图面板、环境编辑器的任何颜色方块都可以相互拖放。

2.贴图面板：在指令栏输入TexturePalette打开。贴图可以直接拖放至材质与环境的设定。

（1）3dm文件里可以储存无数量限制的贴图，材质与环境都可以加入贴图，设定材质与环境时都有缩图可以预览。

（2）一种程序贴图可以加入另一种贴图，混合成更复杂的贴图。例如：棋盘格贴图里的两个颜色可以使用波纹贴图与杂讯贴图代入。

（3）贴图面板可以储存自订的贴图，让贴图同时与不同的材质连结。

（4）贴图面板里的贴图可以作为Rhino内建的渲染器的材质里的颜色、透明、凹凸、环境设定使用的贴图。

3. 环境编辑器：在指令栏输入EnvironmentEditor打开。环境是环绕模型的渲染设定。

（1）环境面板说明：

a.背景：单一颜色；渐层色；黄精；底色图案。

b.向后：选取上一个项目。

c.向前：选取下一个项目。

d.目前选取的环境的名称：显示目前的环境的名称。

e功能表：显示工具功能表。

f说明：

（2）基本环境设定说明：基本环境的设定有背景颜色、背景图片及投影方式。

a.背景可以有以下几种：

单一颜色：设定渲染影像的背景颜色。

渐层色：以两个颜色的渐层色作为背景的颜色。

环境：以环境作为渲染的背景，具反射性质的材质可以反射环境贴图。

底色图案：以工作视窗的底色图案作为渲染的背景。

b.背景图片：以一张图片作为环境背景。

c.投影方式：设定背景图片的投影方式。

4.4.3 渲染视窗

渲染视窗有一些渲染后的功能，例如：通道显示、色调对应、后处理效果、缩放等。

1.工具列

（1）复制视窗：建立目前的渲染视窗的副本，便于比较不同的后处理效果设定的差别。

（2）另存文件：将渲染影像储存为一般的图片文件，使用支持高动态范围的渲染器时可以储存特殊的

HDRi 与 OpenEXR 格式。

保存支持的文件类型：

Windows Bitmap （.bmp）

JPEG－JFIF Compliant （.jpg, jpeg, .jpe）

Portable Network Graphics （.png）

Tagged Image File Format （.tif, .tiff）

Truevision Targa （.tga）

HDRi 文件 （.hdr, .hdri）

OpenEXR 文件 （.exr）

Rhino 渲染影像 （.rimage）

2.文件功能表

（1）复制视窗。

（2）打开文件：打开 Rhino 的渲染影像文件 （.rimage），这个文件格式可以储存所有的通道，文件重新打开后可以再加入后处理效果。

（3）另存文件。

（4）打印：以打印机打印渲染影像。注意这里只提供基本的打印功能，如果你需要专业的修图、打印功能，请将渲染影像输出至其他影像处理软体进一步处理。

（5）最近的渲染影像：打开最近渲染的影像，这些是渲染时自动储存的 Rhino 渲染影像文件格式 （.rimage）。

（6）结束：关闭渲染视窗。

课程实训

单元课题实训

1.创建一个简单产品模型，并为其做相关标注。

2.探讨一下在Rhino3D中创建的产品模型有哪几种输出方式。

3.观察身边产品的材质特点，并使用Rhino3D软件对这些材质进行模拟练习。

4.构建一个模型并为其进行基本渲染。

要求与提示

使用Rhino3D创建的模型，需要输出成不同的文件格式和图形文件，才能方便地在设计工作的不同角色直接传递，用于设计的交流和方案的确认。这对文件和图纸的输出提出了较高的要求。

第五章 Rhino3d辅助设计工作流程

本章教学目标

本章教学主要讲解使用Rhino3D辅助完成产品设计的工作流程，帮助学生从宏观的角度整体认知这个过程，即建模、动画、渲染、输出四个阶段。这其中的每个阶段都需要花时间学习和掌握基本工具的使用，理解辅助设计的理念和方法。

5.1 建模

Rhino3d是基于nurbs曲面的三维建模软件，其建模思路和过程简单来说就是打点——拉线——蒙面——合体，是由总体到局部、从整体造型到具体细节不断深入的过程。仅仅学会Rhino3d的各个基本命令工具的操作，而不了解正确的工具使用流程，不掌握建构高质量曲面的布线方式，不知道如何有效保证曲面之间的连续性，还是无法建构高质量的产品模型。

图5.1—5.3展示的是Rhino3d中基本的点、线、面和体生成过程。由此可知，实体由若干不同曲面合成，曲面由线条通过各种命令生成，而线条则由若干控制点根据造型需要连接而成。

图5.4是一款造型简洁的四耳花瓶，图5.5—5.15展示了Rhino3d中的建模过程，这个简单的小案例较好地展示了Rhino3d建模过程，即通过打点创建主体造型用的线条，用创建面的命令生成曲面，再对曲面加以编辑，并添加细节，最终赋予模型材质，并做简单渲染。

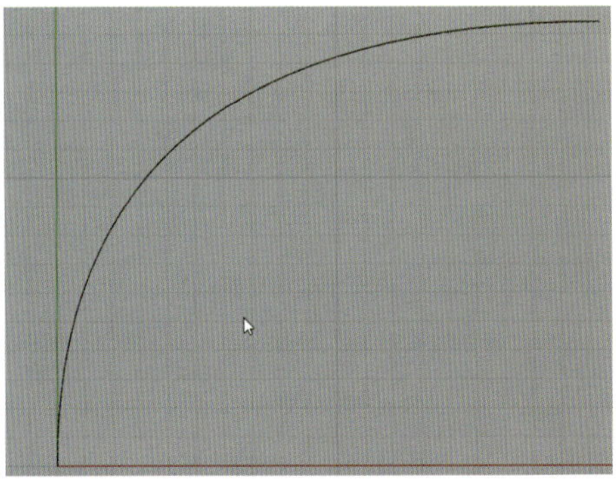

图5.1 由点到线

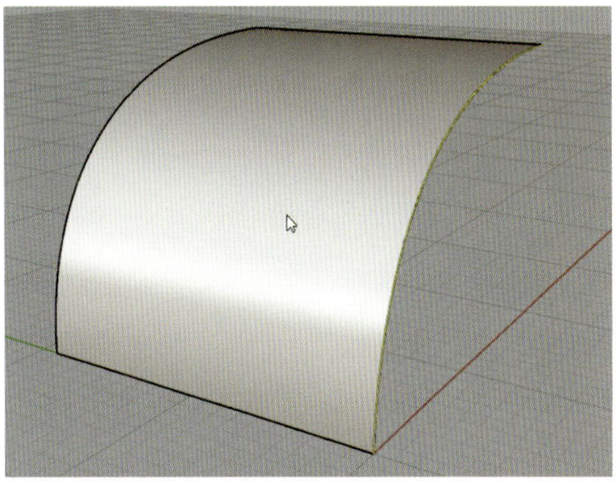

图5.2 由线到面

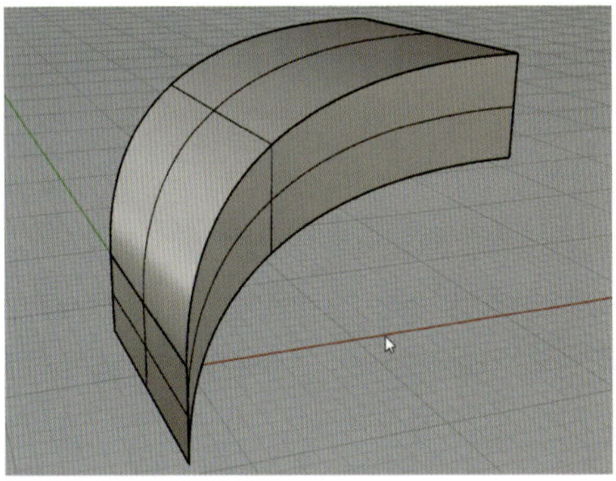

图5.3 由面到体

图5.4 四耳花瓶的设计结果

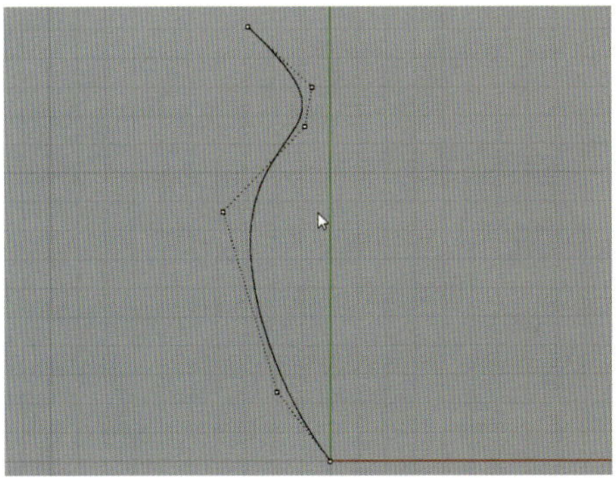

图5.5 打点拉线

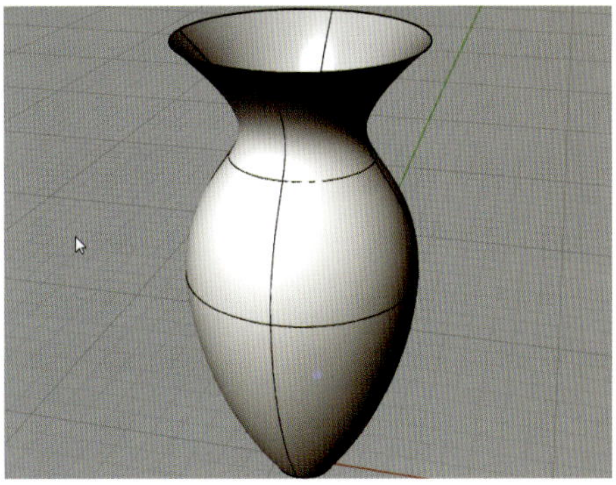

图5.6 线旋转成型创建表面

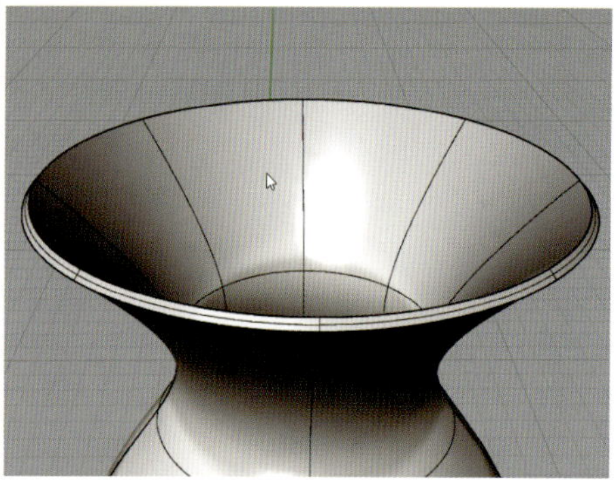

图5.7 曲面偏移生成实体

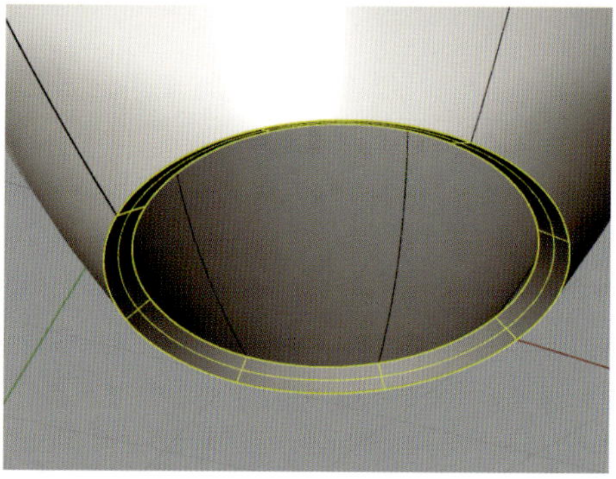

图5.8 抽离曲面并删除

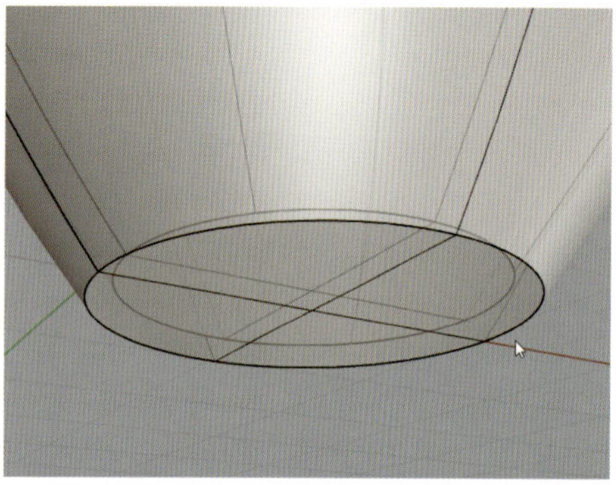

图5.9 加盖工具创建底部曲面

图5.10 圆角工具创建圆角

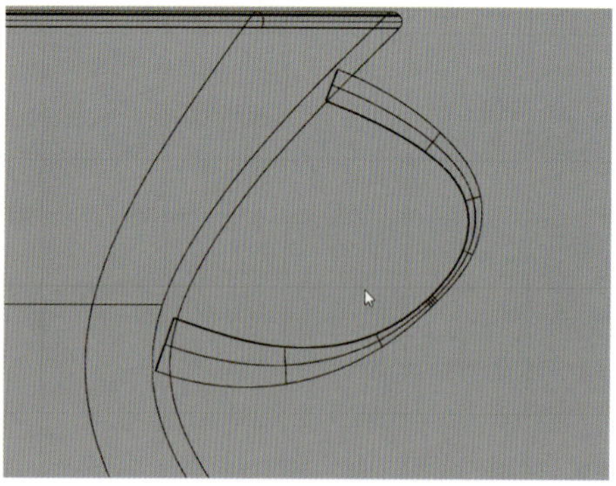

图5.11 创建线条生成圆管

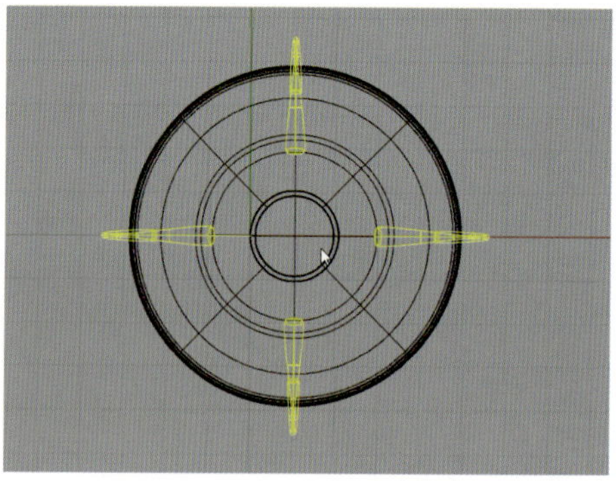

图5.12 阵列工具创建4耳

图5.13 布尔运算联集工具生成实体

图5.14 添加圆角

图5.15 赋予材质并渲染

5.2 动画

产品设计方案的展示单靠静态的效果图是不够的，要细致完整地展示产品的各个角度，展示产品在使用和操作过程中的结构和动态变化，需要用到动画的展示方式。产品动画的种类在形式上通常可分为两类，即平面动画和三维动画。平面动画与立体动画都有各自的特点，要解决的也有所不同，平面动画不如三维动画立体直观，但是艺术表现力极强；平面动画多用来对问题和创意加以阐释，三维动画则更多地被用于展示产品的设计结果。

产品动画的制作涉及的专业知识和技能较多，既需要对动画和视频编辑理论有一定了解，还需要掌握常用的动画制作工具软件，包括Flash、3dmax、Maya、AfterEffect等。与Rhino3d结合使用较多的插件有Keyshot和Bango。其中，Keyshot是一款简单易上手的实时渲染软件，可以完成简单的产品浏览动画和渲染，Bongo则能够完成包括关键帧动画、反向动力学等相对复杂的动画设置。

以下案例是用keyshot完成的简单动画。Keyshot中的动画工作流程可总结为导入模型—选择动画类型—选择要动画的模型物件—设置动画属性—视频文件输出。

以下是动画各阶段的截图，前70帧为顺时针旋转原地旋转运动，后105帧是平移运动。

图5.16 导入产生动画的模型

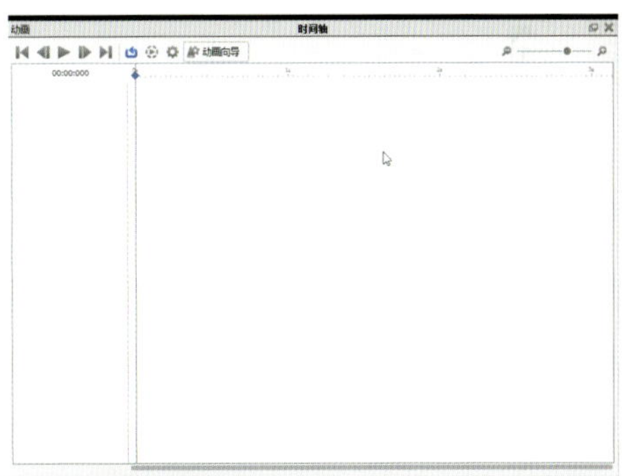

图5.17 Keyshot动画制作面板

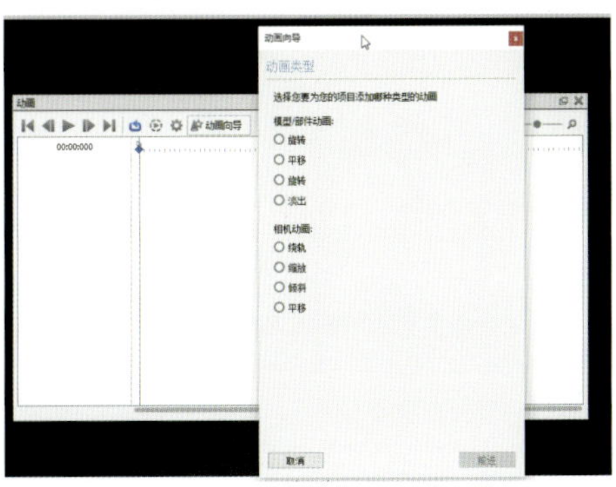

图5.18 进入动画向导

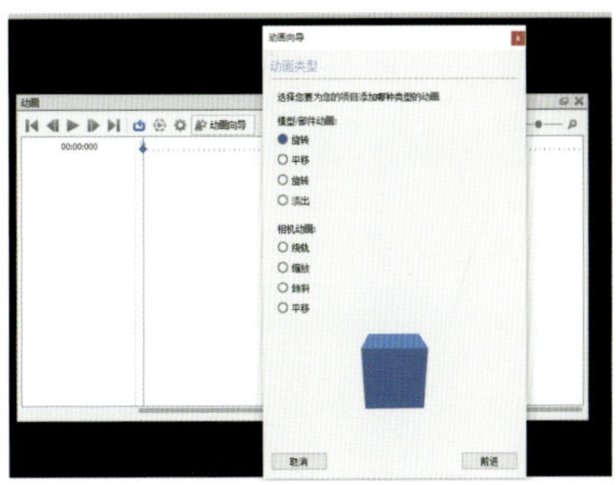

图5.19 选择动画类型

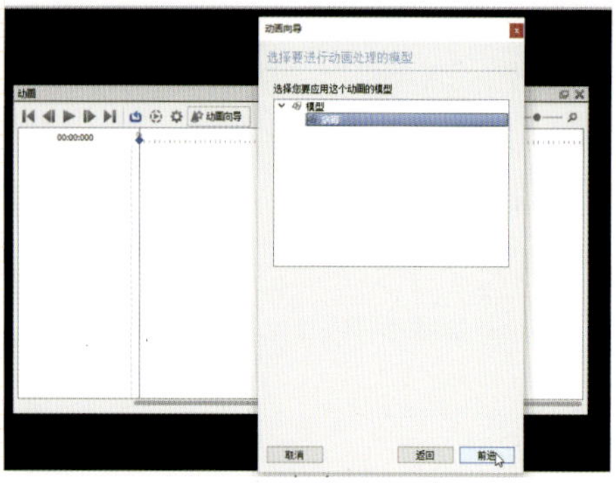

图5.20 选择要产生动画的模型物件

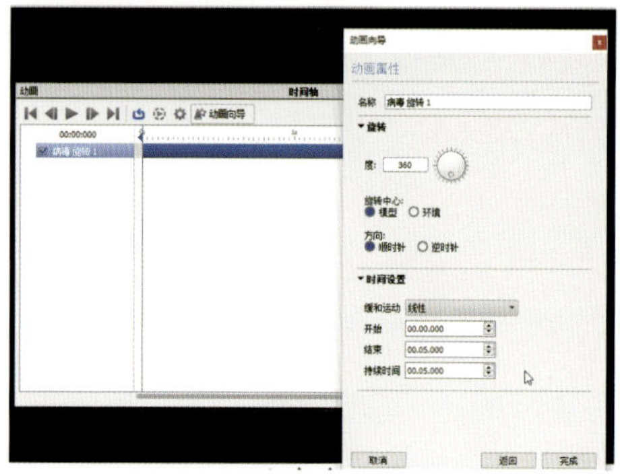

图5.21 设置动画属性

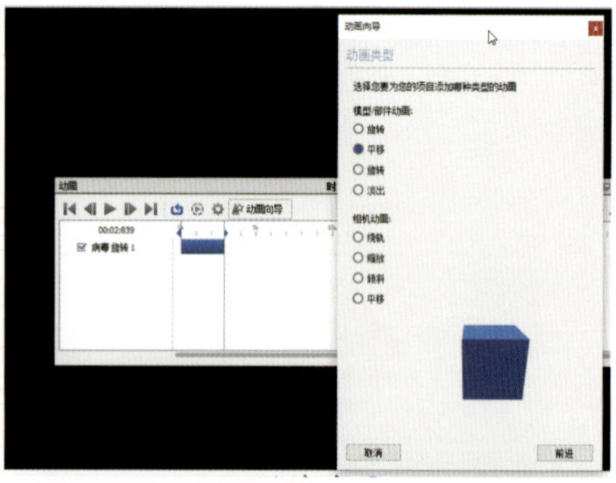

图5.22 设置时间轴上的第二段动画

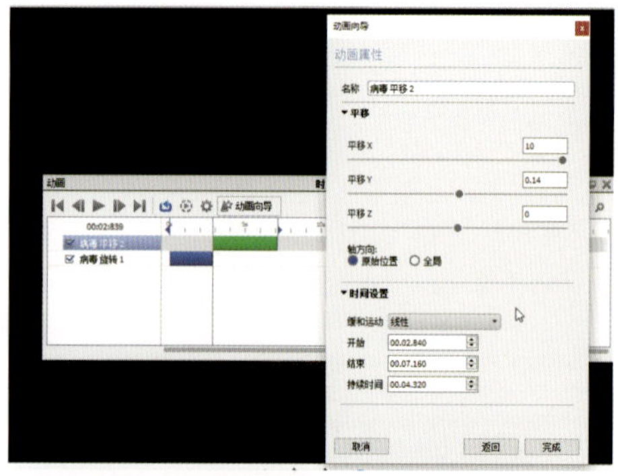

图5.23 完成第二段动画的属性设置

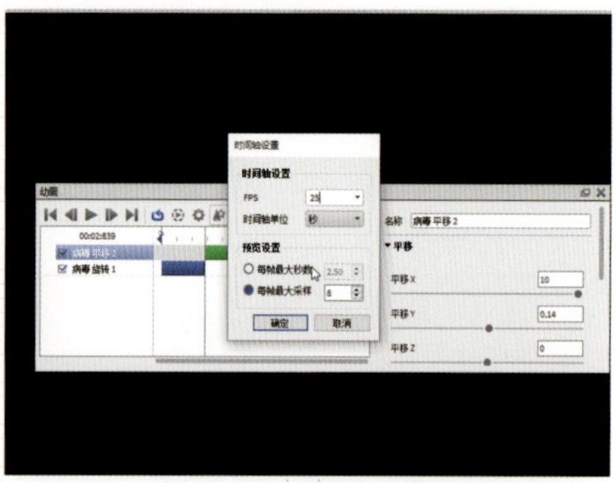

图5.24 完成时间轴设置

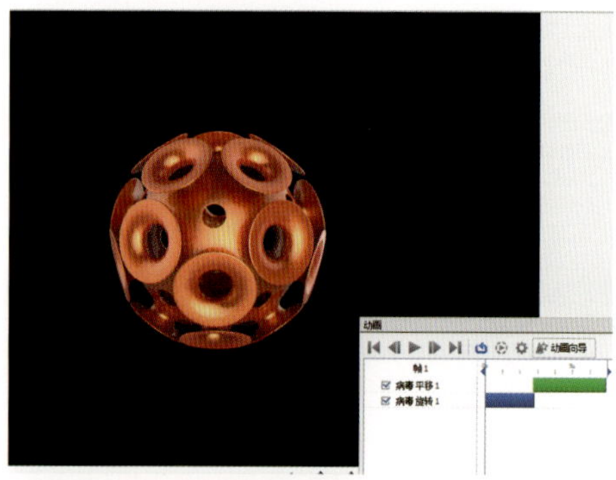

图5.25 第0帧时

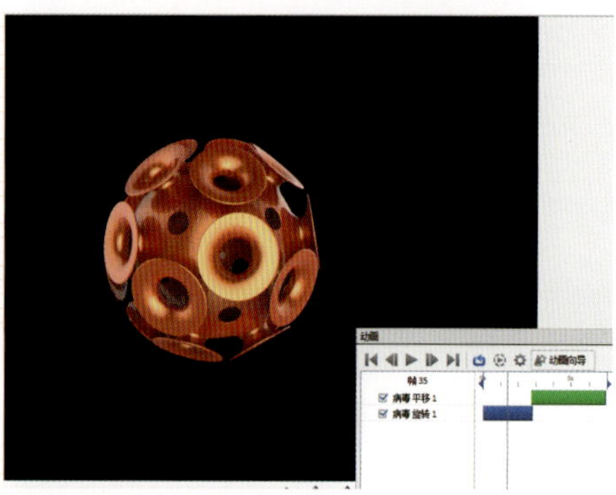

图5.26 第35帧时

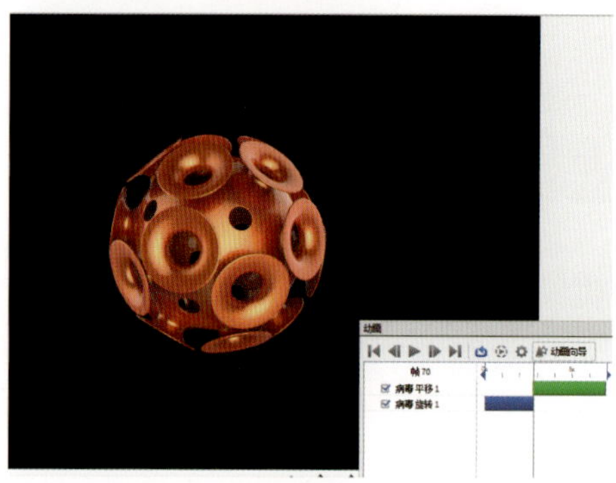

图5.27 第70帧

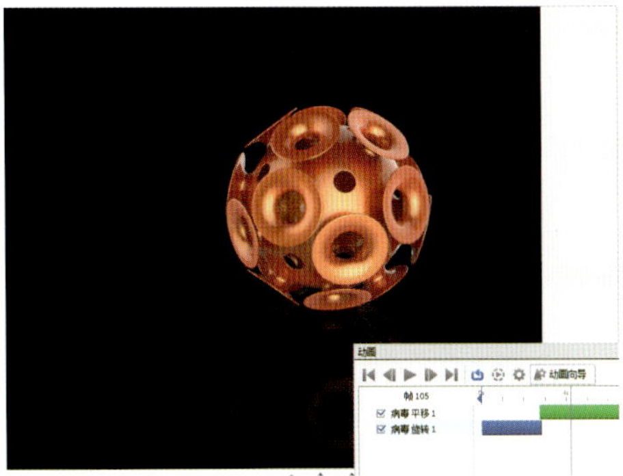

图5.28 第105帧

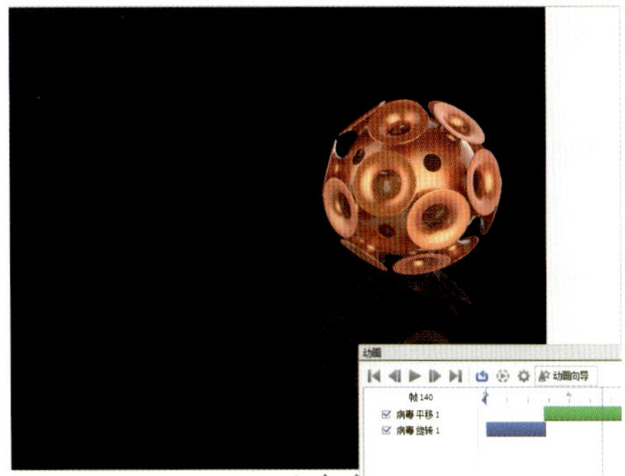

图5.29 第140帧

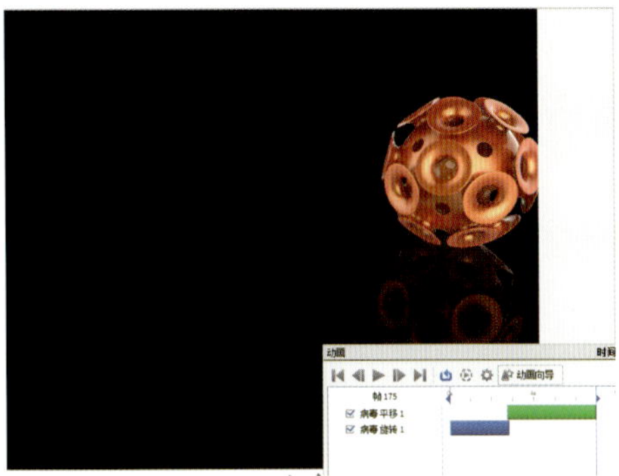

图5.30 第175帧

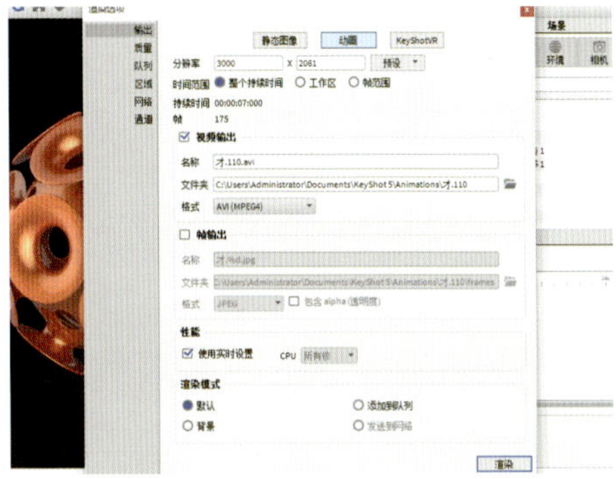

图5.31 渲染输出视频文件

5.3 渲染

与Rhino3d搭配使用的常见渲染器工具有Keyshot、Vray、Flamingo等。渲染可以理解为将摄影棚搭建到计算机的虚拟环境中，根据设置的摄像机、灯光、模型材质和渲染算

图5.32 Keyshot渲染最终效果

图5.33 导入模型

图5.34 调整摄像机视角

图5.35 赋予材质

图5.36 添加标签贴图

图5.37 设置背景

图5.38 添加环境HDR贴图

图5.39 调整标签贴图参数

图5.40 完成各参数设置

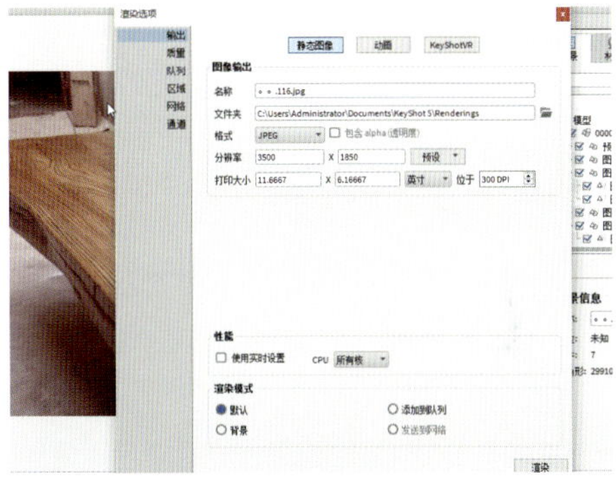

图5.41 文件输出设置

图5.42 渲染完成

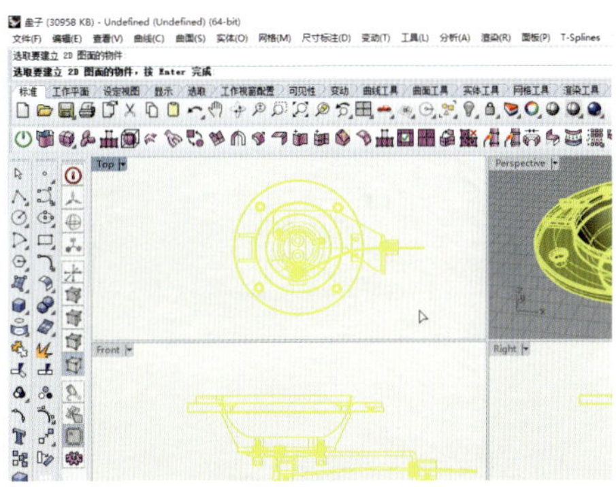

图5.43 选择要建立2D平面的物件

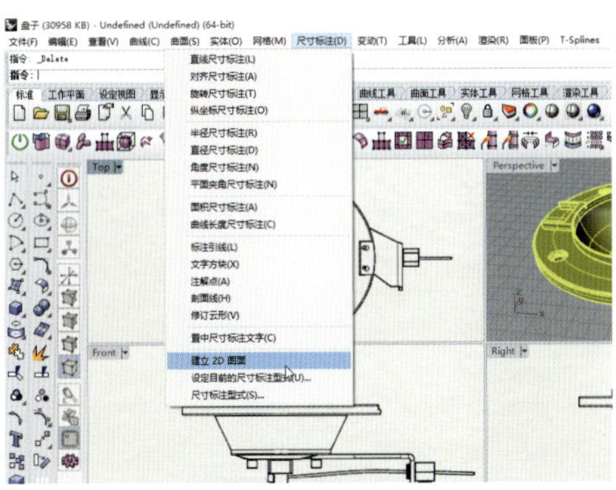

图5.44 选择建立2D图面命令

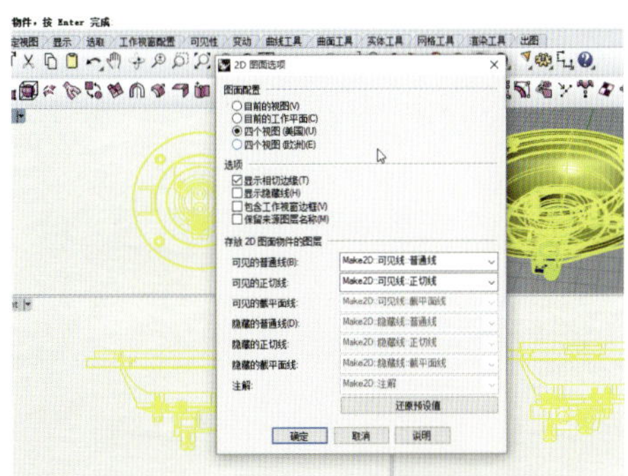

图5.45 选择所需要的视图选项

法完成摄影。一般而言，三维软件中已经提供了四个默认的摄像机，那就是软件中四个主要的窗口，分为顶视图、正视图、侧视图和透视图，用户可根据需要选择合适的渲染角度。

在本教材中，我们重点学习使用KeyShot渲染器的使用，KeyShot可以独立完成渲染工作，也可以被设置作为Rhino3d的插件，无缝对接完成Rhino3d建构模型的渲染工作。渲染的主要流程为导入模型、调整视窗（摄像机）、赋材质或贴图、调整环境（气氛与背景）、渲染输出。以下仍以Keyshot渲染为例，完成可乐瓶的效果图渲染。

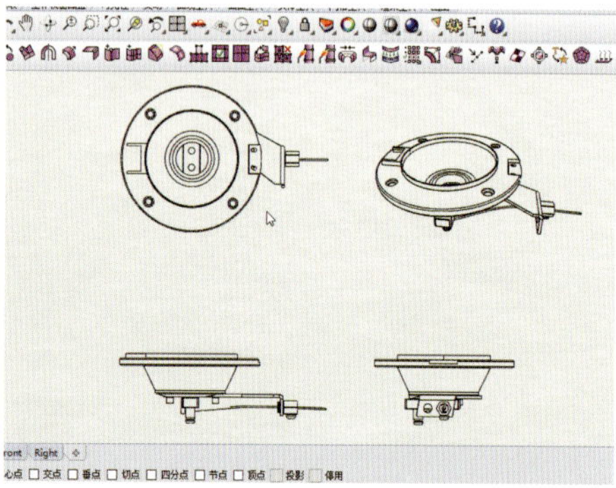

图5.46 输出的2D平面图

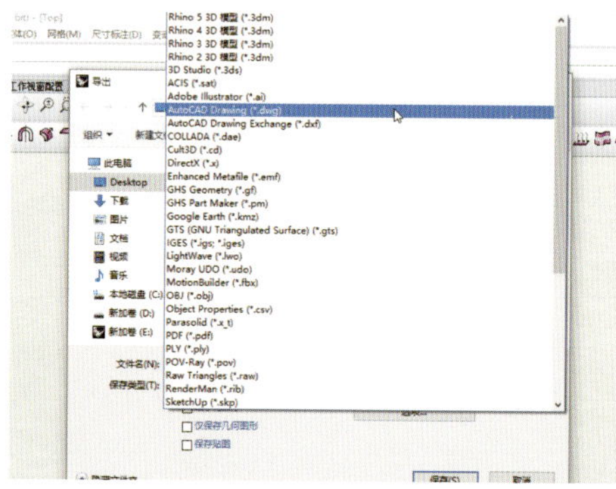

图5.47 CAD格式文件

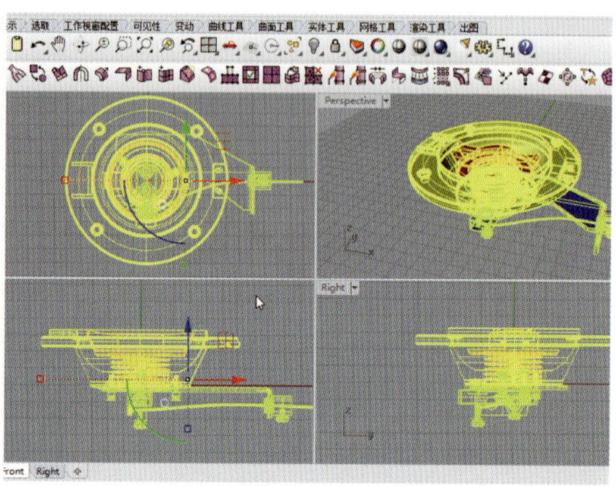

图5.48 选取需导出的模型

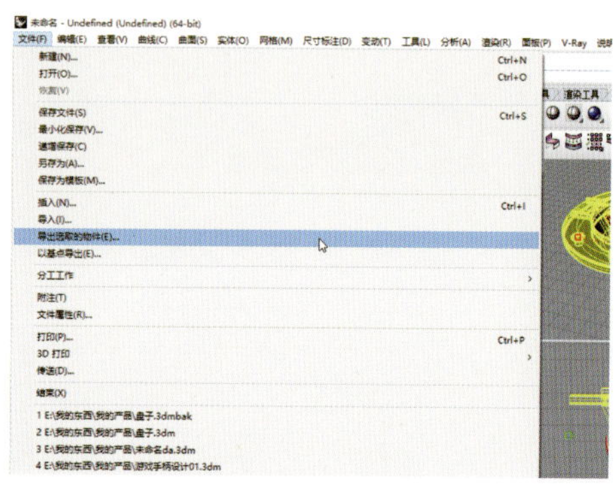

图5.49 文件主菜单下选取导出命令

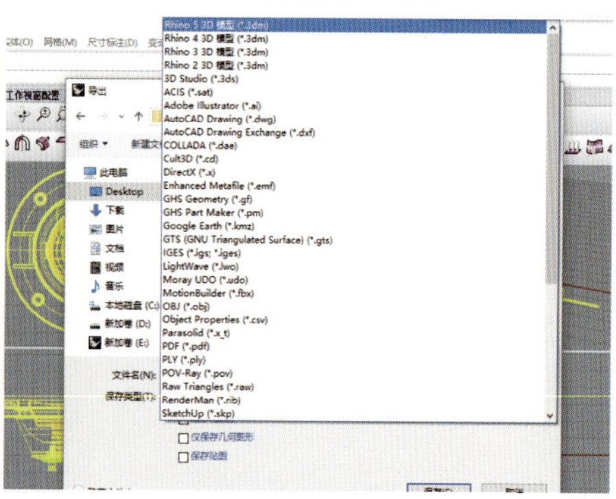

图5.50 可保存的文件格式

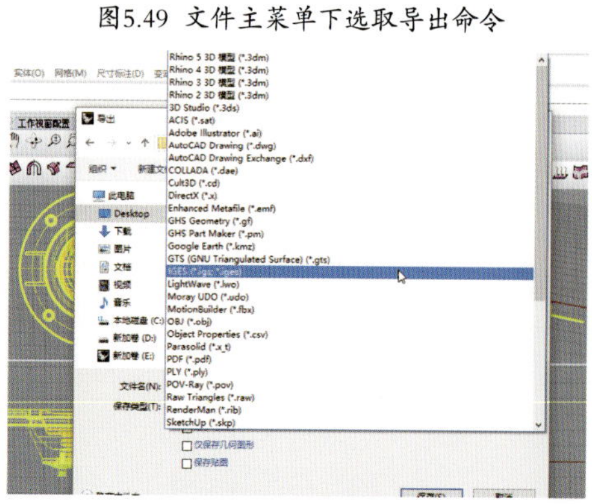

图5.51 选择IGS文件格式并保存

课程实训

单元课题实训

按照学习的工作流程自主完成一个简单产品的辅助设计工作。

要求与提示

1.可以选择已有小家电、家具或是家居摆件等小产品。

2.工作流程中的建模、动画、渲染、输出等阶段涉及不同的软件的多项功能，需要对软件的基本命令比较熟悉，而且应耐心做好文件管理。

第六章　果汁机建模

本章教学目标

本章开始中篇实例篇章部分，主要讲解完整的模型制作案例，其中包括建模前的造型分析与建模思路，建模的具体流程和最终的设计结果。本教材中篇通过若干典型产品设计案例实践，帮助学生了解和熟悉不同类型产品的建模思路。因为产品设计对材质的表现相对于其他专业而言表现简单，而且有了keyshot这样的渲染工具，产品的建模则显得难度更大，本教材更注重对于产品建模实例的介绍。

6.1 造型分析与建模思路

6.1.1 果汁机造型分析

这个果汁机整体造型上是以柱状体为主，该案例建构难度相对较低。产品的顶盖、杯体，以及半透明材质部分都是柱状体，可以采用旋转成型这个命令来完成，在采用旋转成型命令对该产品进行建模时应当注意以下几点：

1.应当确保绘制的截面曲线起点和终点在旋转中心线上，这样才能保证旋转成型出来的形体是完整的形态。

2.在对产品不同部位进行旋转成型时，应当注重所有部位进行旋转成型前的截面曲线外轮廓是否平滑，确保在各个部位先后旋转出来以后该模型从外观上看为一个整体。

3.该产品在分解状态下主要分为四个部分，分别是顶盖1、半透明玻璃罩2、刀片3和杯体4，这几个部位的截面虽然都是直线，但细节有所不同，且应保持整体形态的一致。

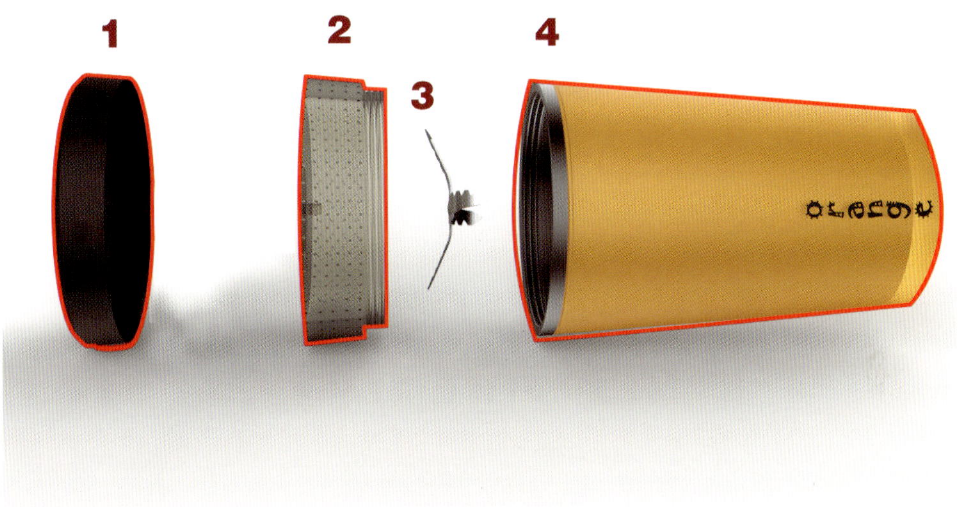

图6.1 造型区域划分

6.1.2 建模思路

1号区域：绘制出截面曲线，然后进行旋转成型，然后利用布尔运算差集减掉多余部分。

2号区域：同样绘制出截面曲线，旋转成型之后建出环形阵列的小圆点，然后利用布尔运算差集将小圆点减掉，做出凹坑。

3号区域：绘制出主要轮廓线后，利用拉伸命令拉伸成较薄的实体，再弯曲至合适角度。

4号区域：利用绘制的截面曲线旋转成型，第二部绘制凹槽部分的截面曲线，两者进行布尔运算差集即可。

6.2 建模流程

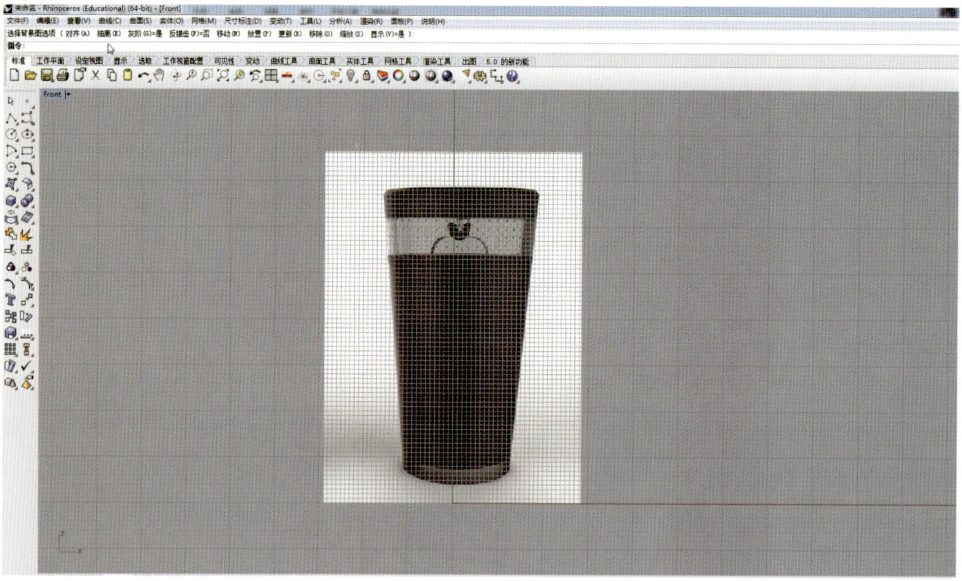

图6.2 背景图工具导入图片参考

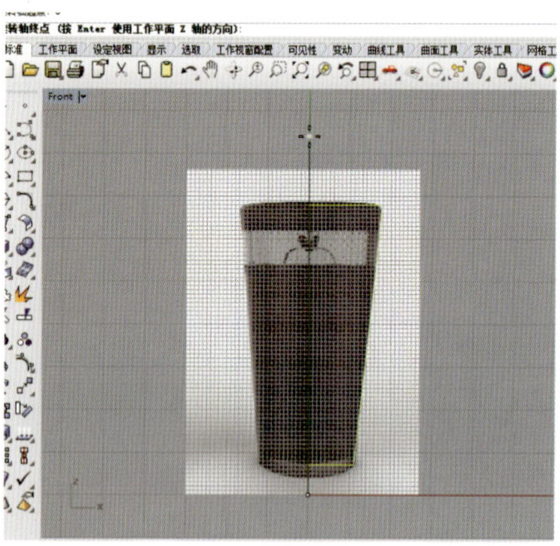

图6.3 捕捉格点绘制旋转成型用的曲线

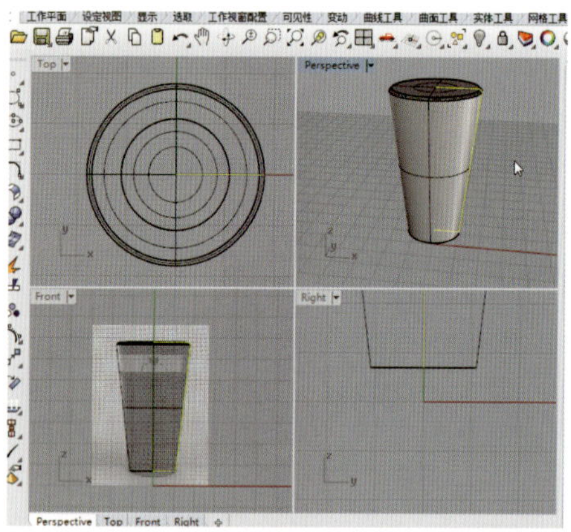

图6.4 旋转成型

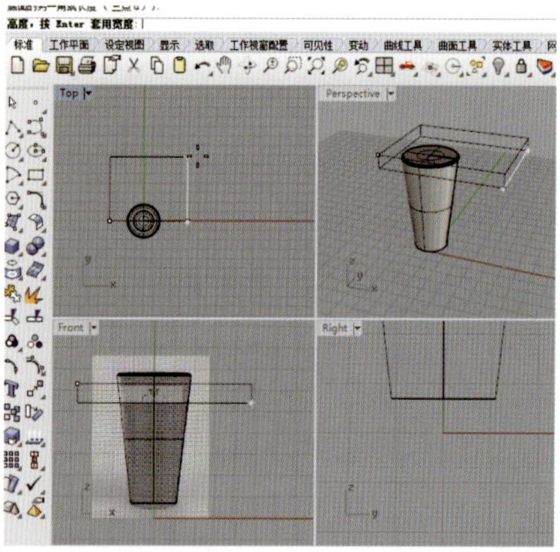

图6.5 在适当位置绘制实体

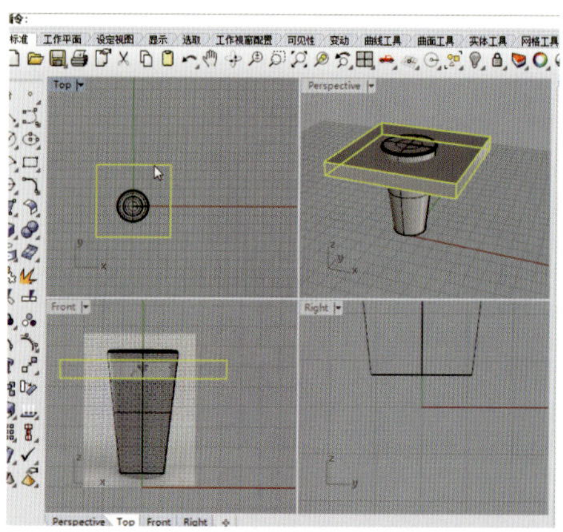

图6.6 移动实体位置

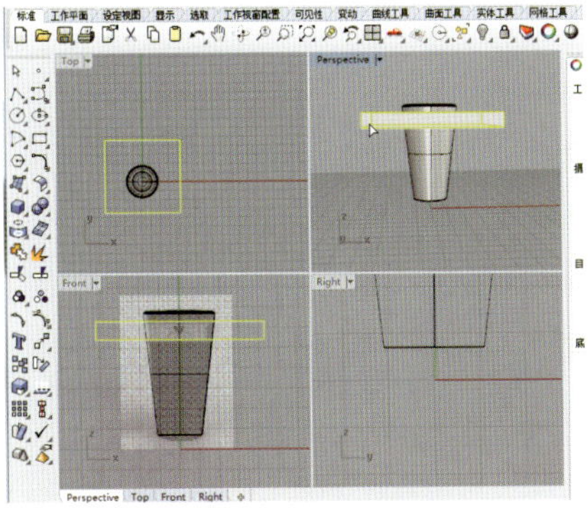

图6.7 以实体对旋转体做分割

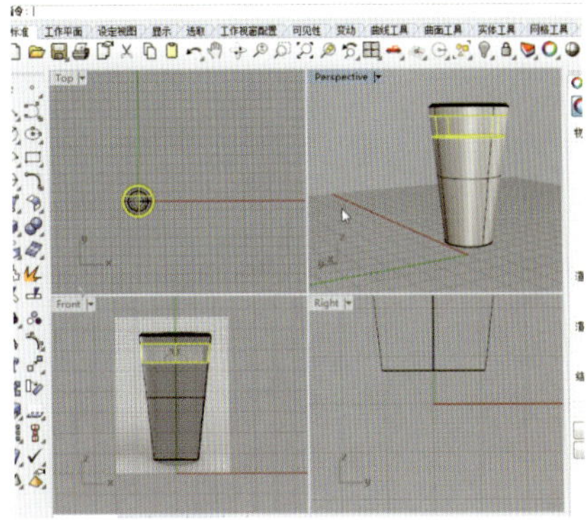

图6.8 分割后的结果

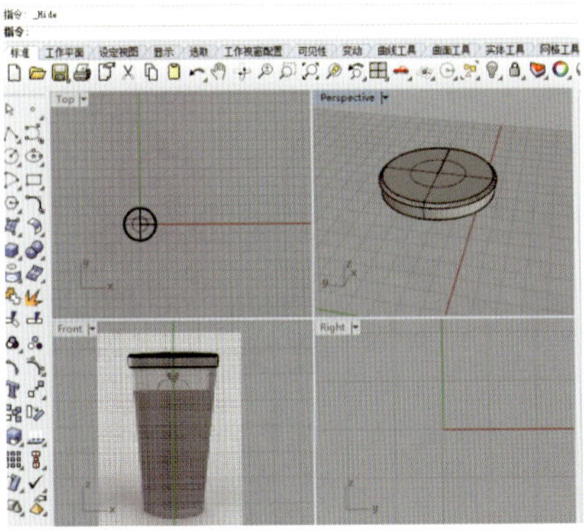

图6.9 隐藏其他部件

图6.10 观察并分析顶盖造型细节

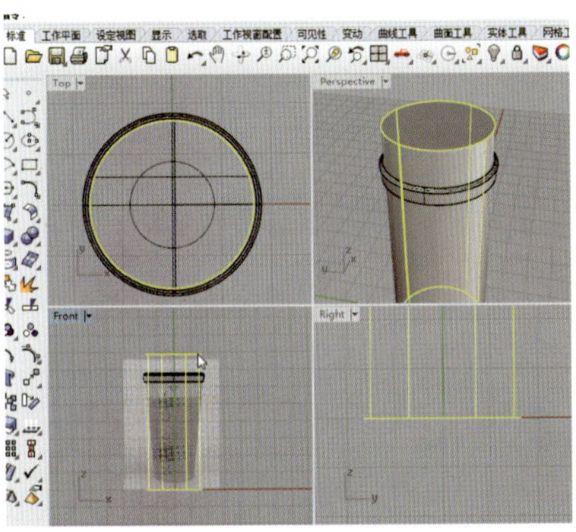

图6.11 新建圆柱实体

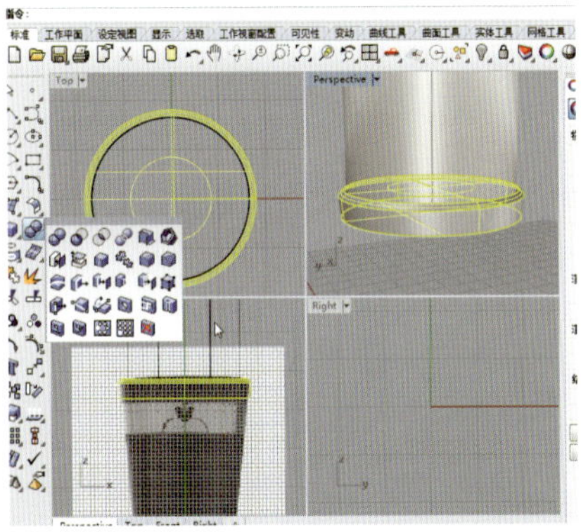

图6.12 移动圆柱实体至合适位置

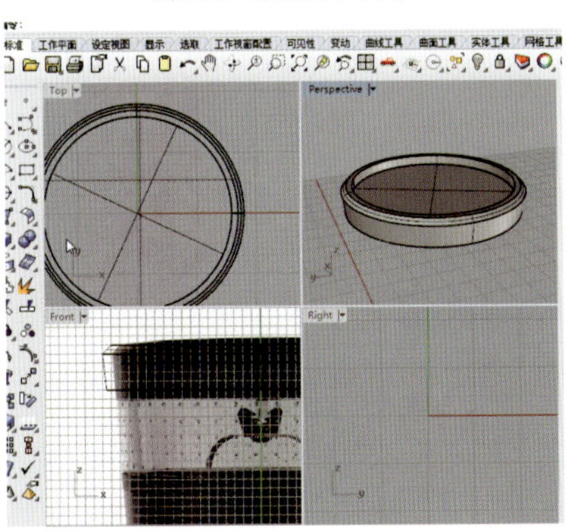

图6.13 布尔运算差集

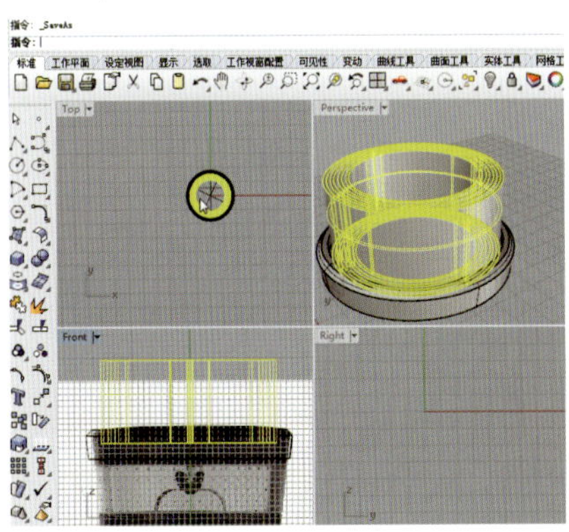

图6.14 新建同心的圆柱环实体

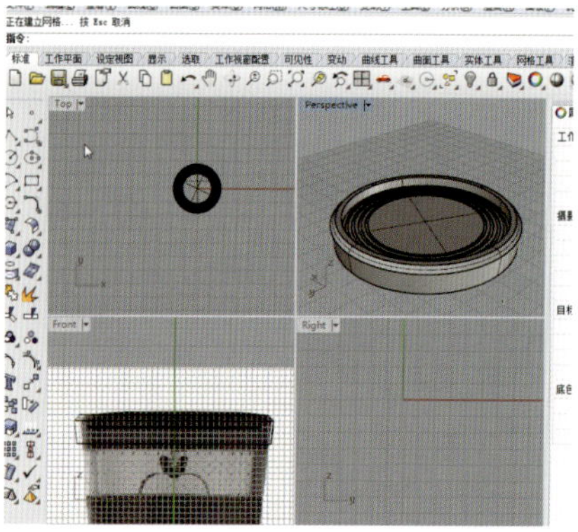

图6.15 再次做布尔运算差集

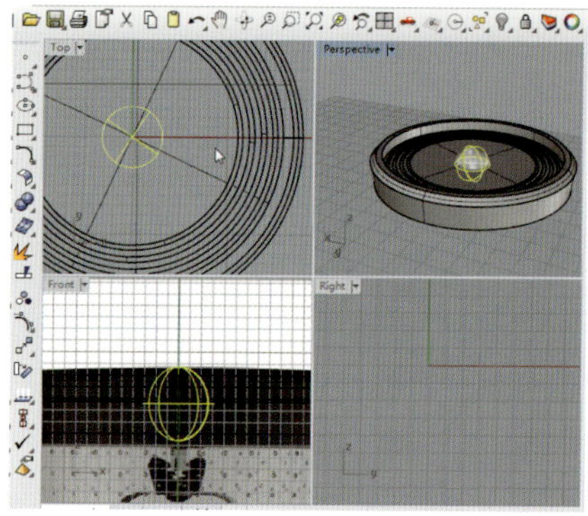

图6.16 在适当位置创建球体

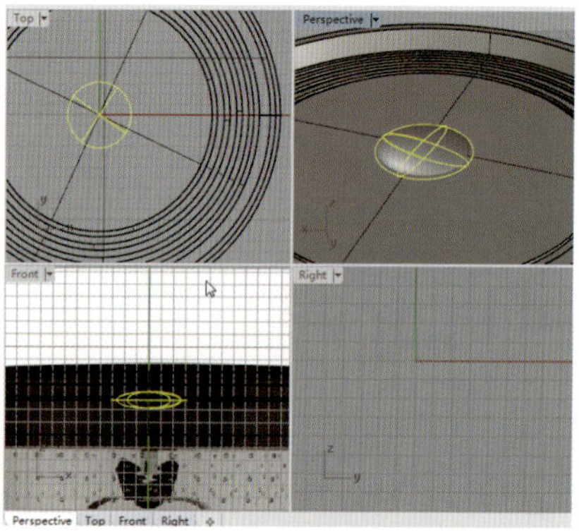

图6.17 对球体单轴缩放

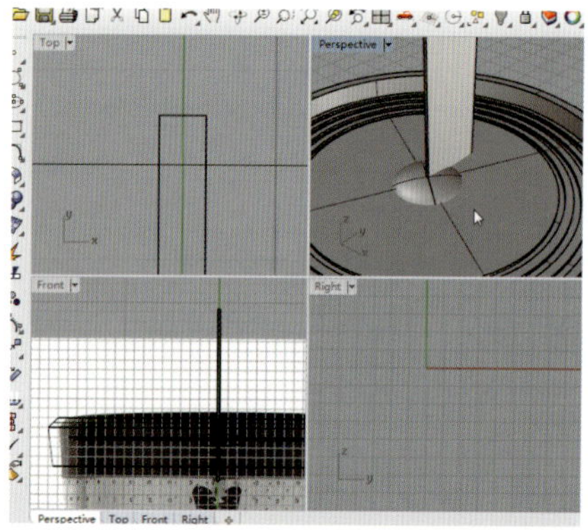

图6.18 创建与凹槽同等大小的立方体

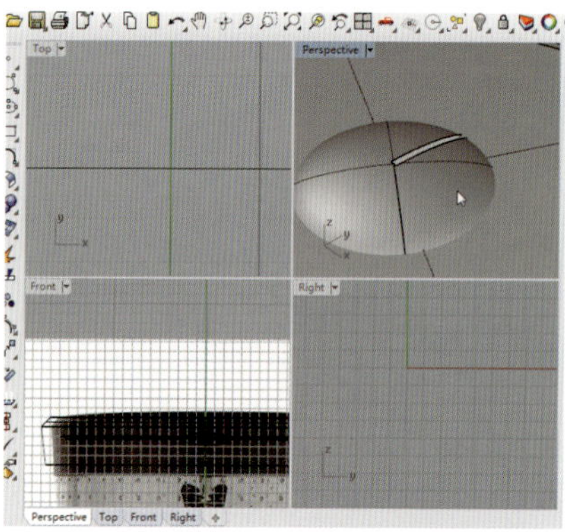

图6.19 布尔运算差集做出凹槽

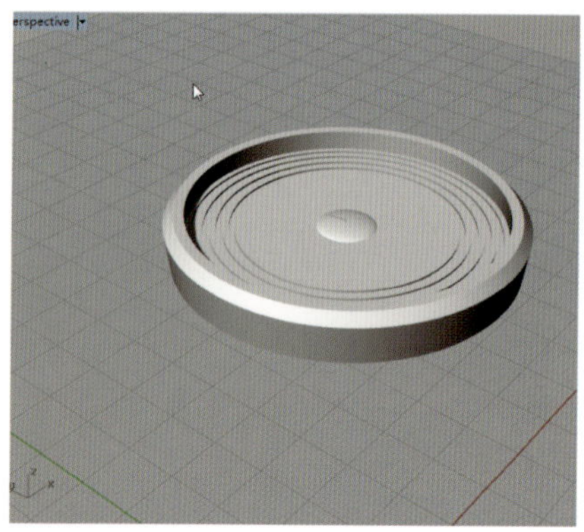

图6.20 将盖子主体与扁球体做布尔运算联集

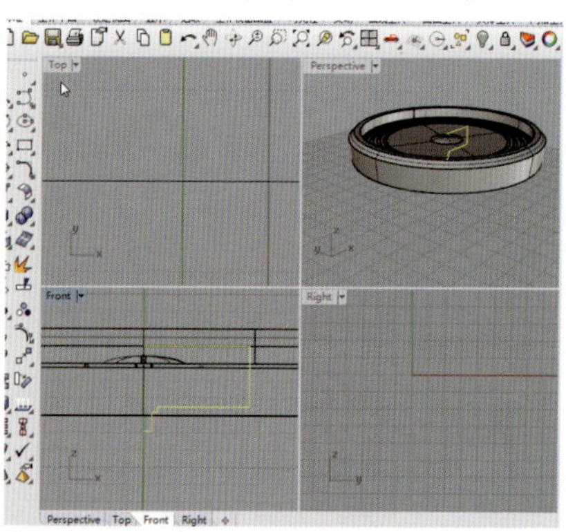

图6.21 绘制马达截面曲线

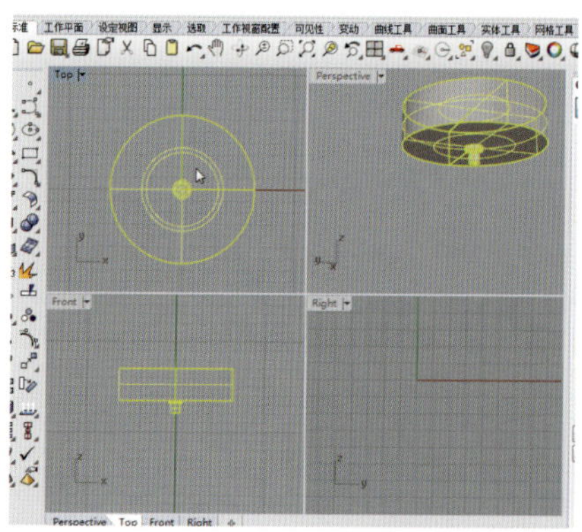

图6.22 旋转成型

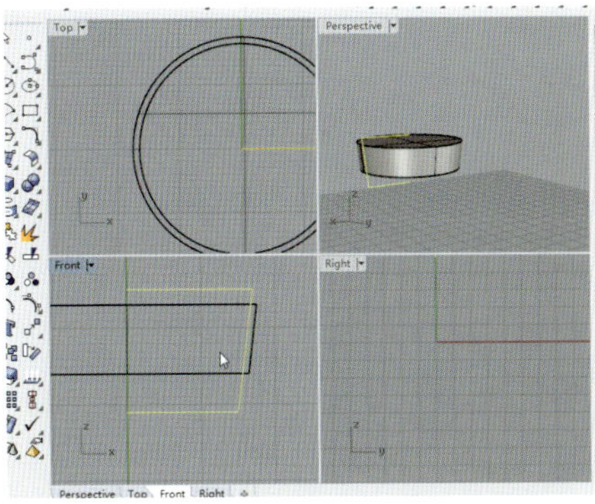

图6.23 多重直线命令绘制截面曲线

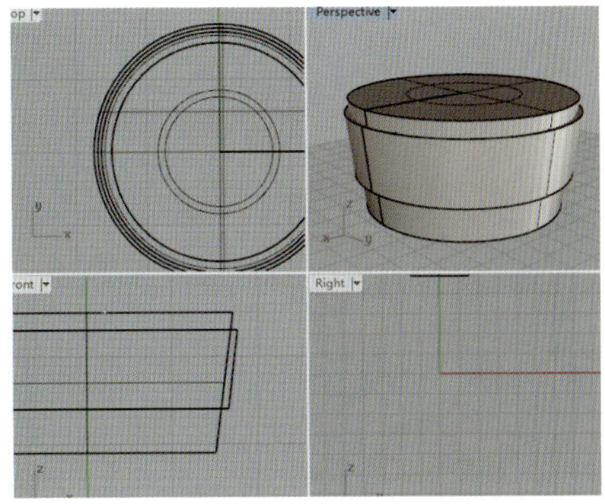

图6.24 旋转成型

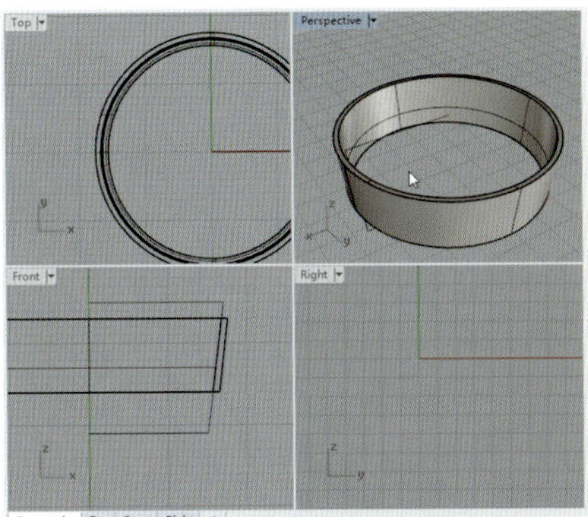

图6.25 布尔运算差集

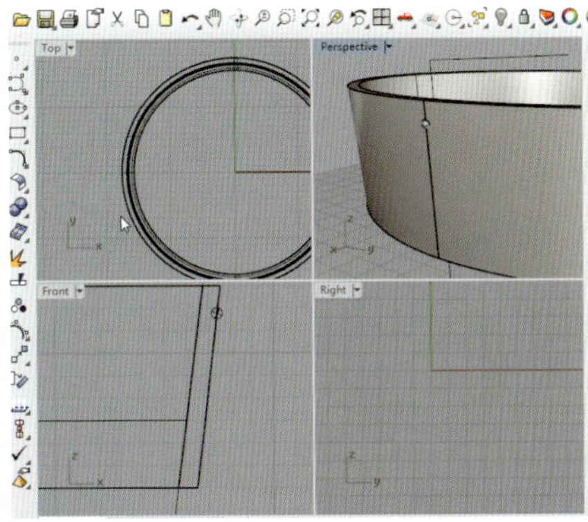

图6.26 合适位置创建小球体

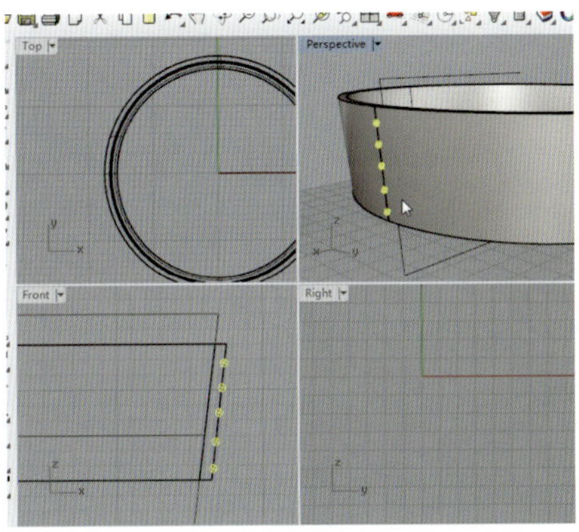

图6.27 复制并排布好多个小球体

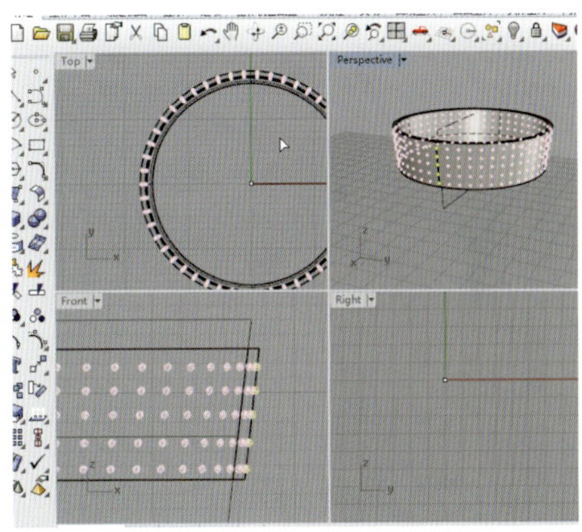

图6.28 环形阵列

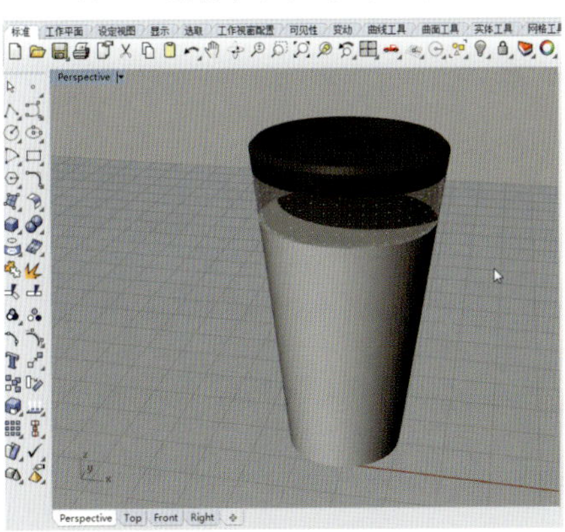

图6.29 布尔运算差集

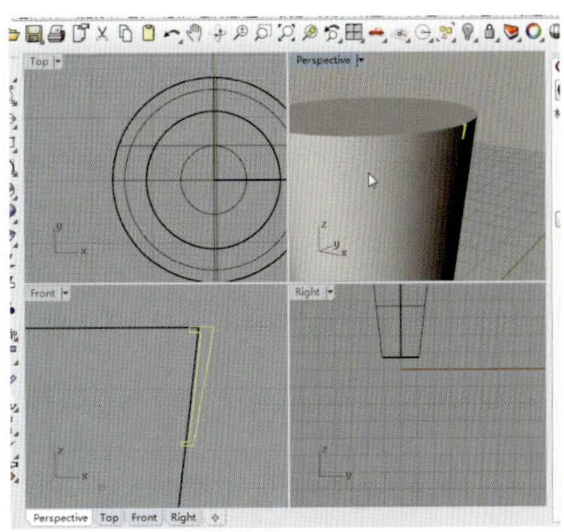

图6.30 再次绘制截面线

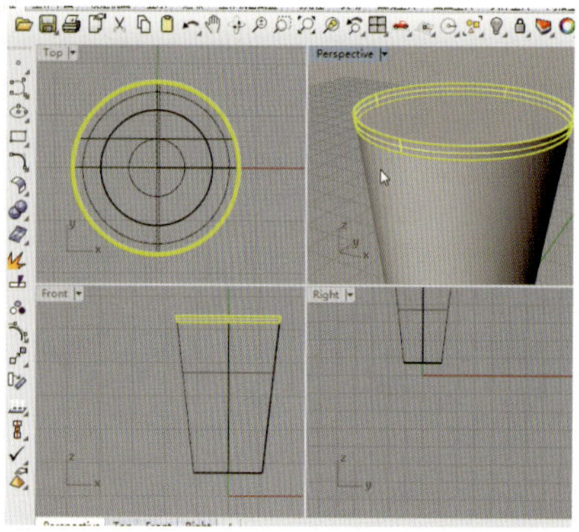

图6.31 旋转成型

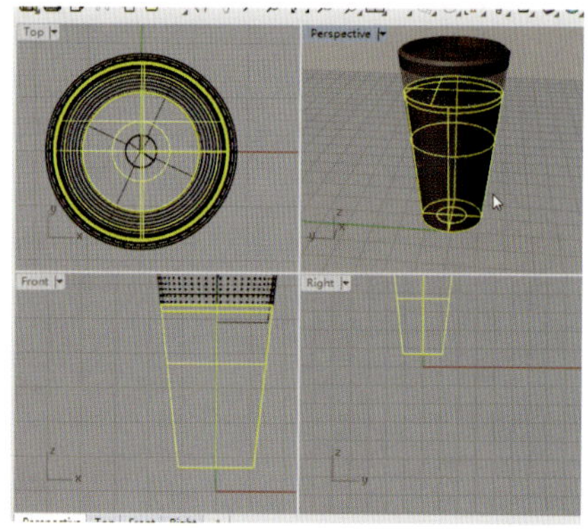

图6.32 布尔运算差集

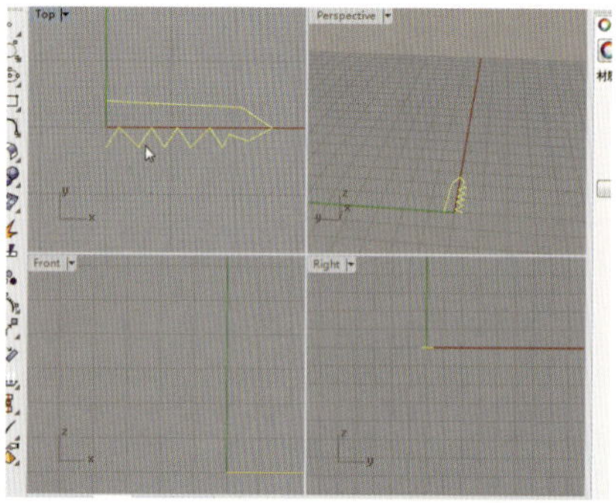

图6.33 多重直线命令绘制刀片轮廓线

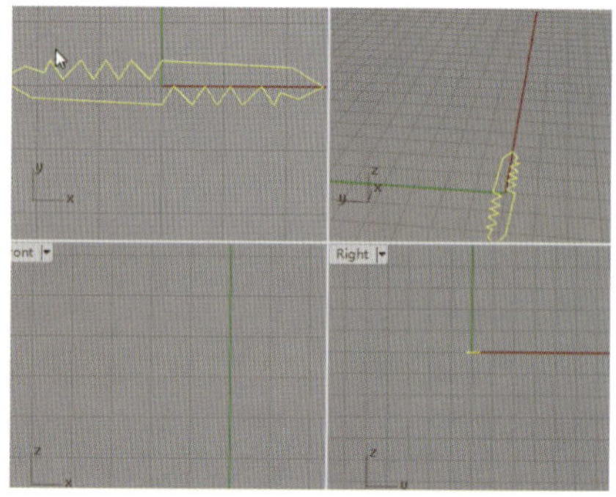

图6.34 旋转复制并合拢曲线

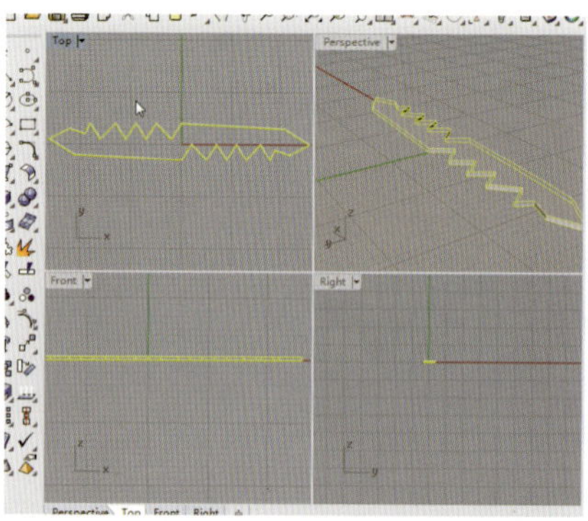

图6.35 挤出刀片实体

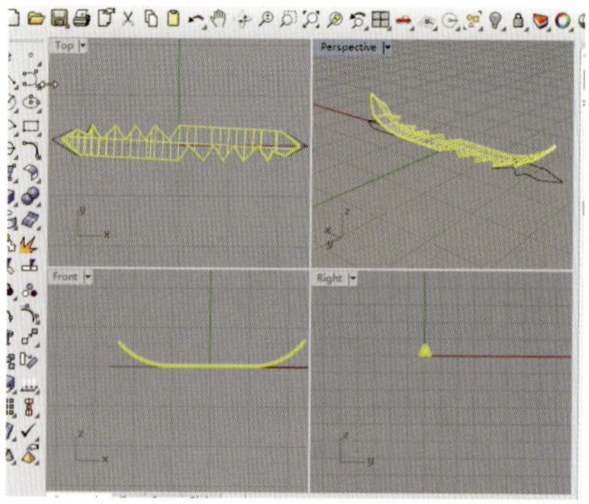

图6.36 挤出刀片实体

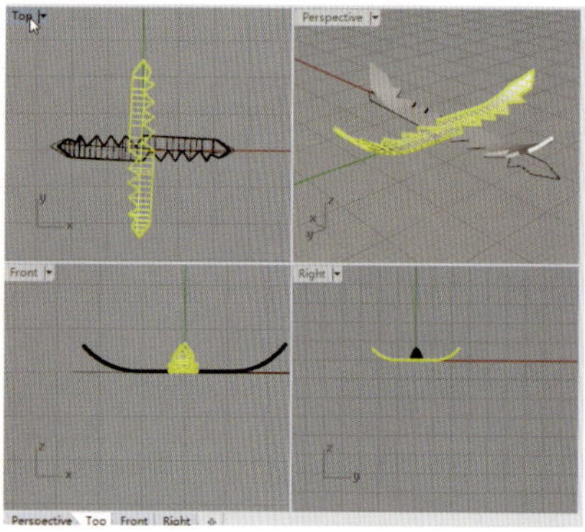

图6.37 挤出刀片实体

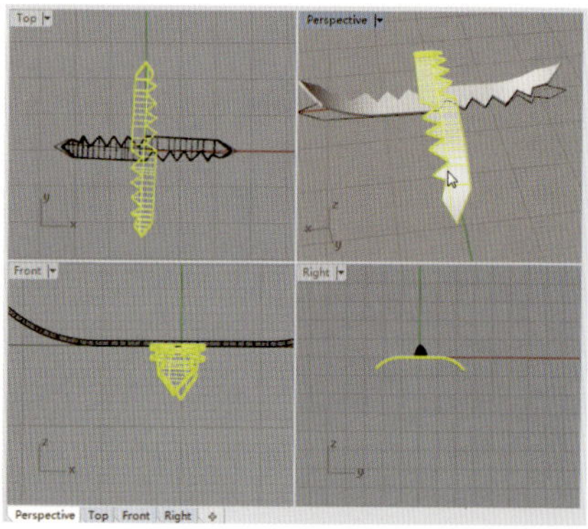

图6.38 镜像刀片

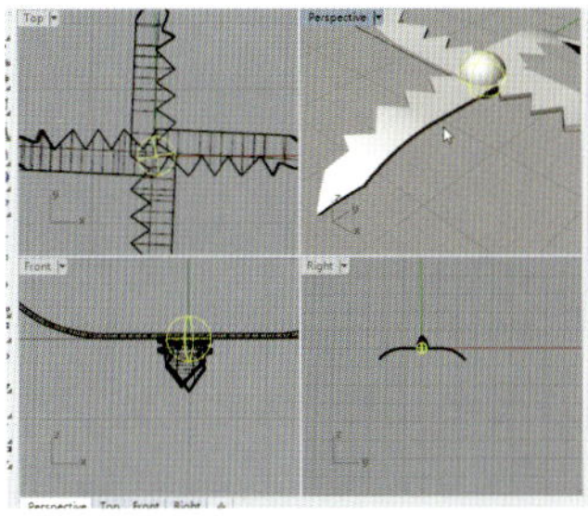
图6.39 创建球体制作铆钉

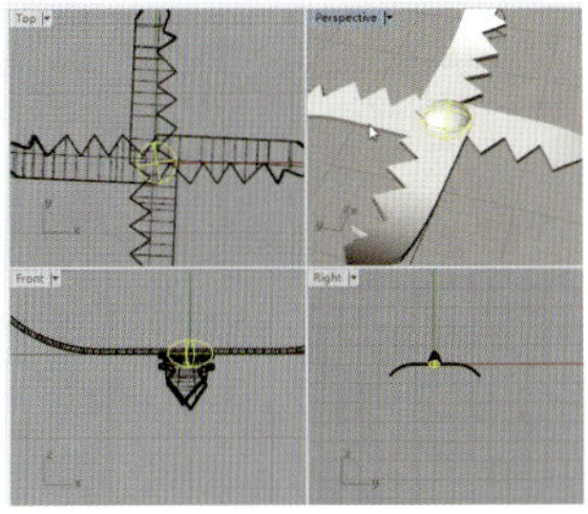
图6.40 单轴缩放

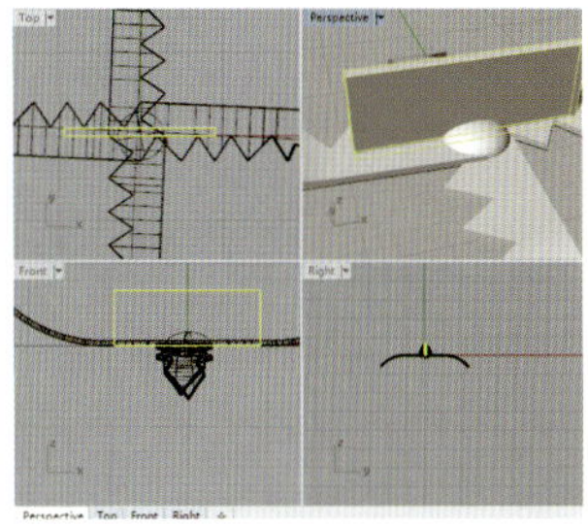
图6.41 创建布尔运算用的立方体

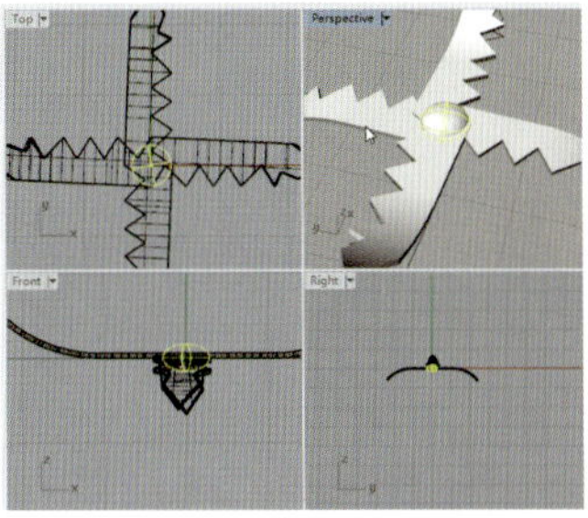
图6.42 布尔运算差集

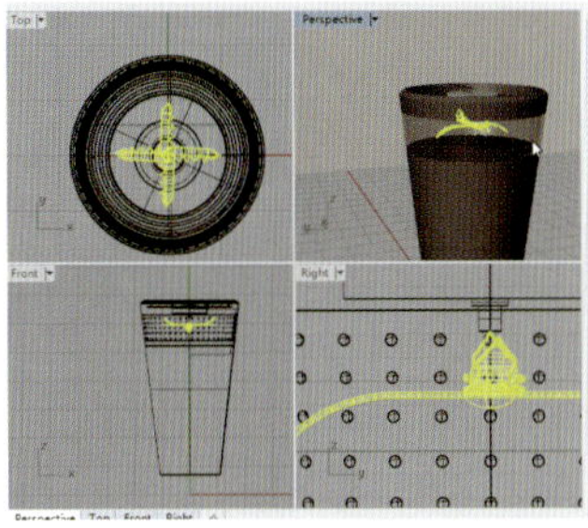
图6.43 刀片移动到适当位置

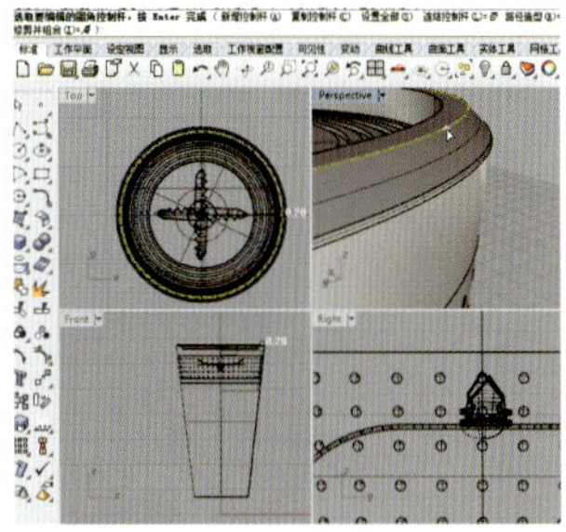
图6.44 圆角工具倒角

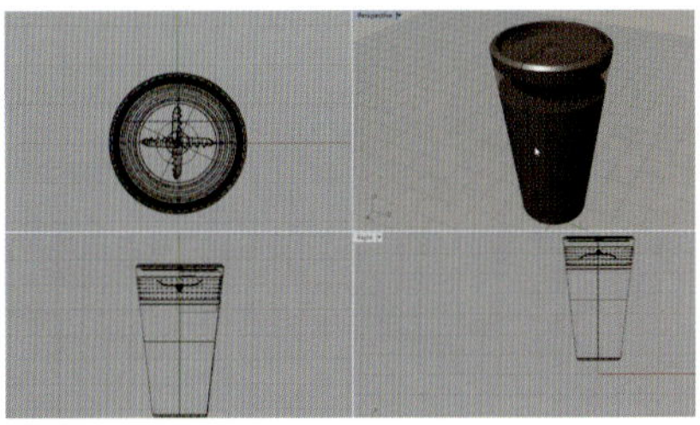
图6.45 完成的模型

图6.46 果汁机渲染

课程实训

单元课题实训

1. 按照本章实例要求尝试果汁机建模的完整过程。

2.构思并设计一款新的果汁机，在设计草图上表现出来，分析草图设计的造型，使用Rhino3D建立模型，最后完成设计结果的输出。

要求与提示

1.草图绘制应该能够较详尽地表达产品的造型和结构设计细节。

2.针对不同的造型，应该分析具体的形态分割方式，重新规划建模思路，再在Rhino3D尝试使用不同的工具或命令实现。

3.建模过程中，注意控制产品整体和局部的尺寸；根据造型要求，保持好各曲面之间的连续性；在建构较复杂模型时，注意使用建模辅助工具和图层管理好模型，提高建模操作的效率。

第七章　净水机建模

本章教学目标

本章介绍了一款净水机产品的建模方法及流程。学习过程中注意教材中对产品造型的分析过程，并在此基础上使用的曲面创建工具。

7.1 造型分析与建模思路

7.1.1 小型饮水机造型分析

建构复杂的产品模型前应对产品形态关系详加分析。搞清楚各部分的造型转折关系，并做初步的布线规划，把产品分割成多个块面，再尝试用创建线和面的工具制作这些块面，控制好块面间的衔接关系。造型分析过程中，注意应将模型分成大的体块，遵循从总体到局部、从全体到细节的原则。图7.1是需要建模的小型饮水机，本章以此为例，说明建模的流程。

图7.1 小型饮水机

7.1.2 建模思路

如图7.5所示，是对小型饮水机产品形态的区域划分。

1号区域：在2号区域的顶端做布尔运算差集生成。

2号区域：把1号区域视作一块未剪切的整体，曲面用网格命令生成。2号与5号区域暂时看为一块。

3号区域：在2号区域的底端做布尔运算差集生成。

4号区域：4号用旋转命令直接生成。

5号区域：用网格命令分为两部分（上下）生成，与4号区域做交集布尔运算。

6号区域：6号区域在7号区域内做布尔运算差集生成。

7号区域：由几何梯台做剪切生成。

图7.2 饮水机正面

图7.3 饮水机侧面

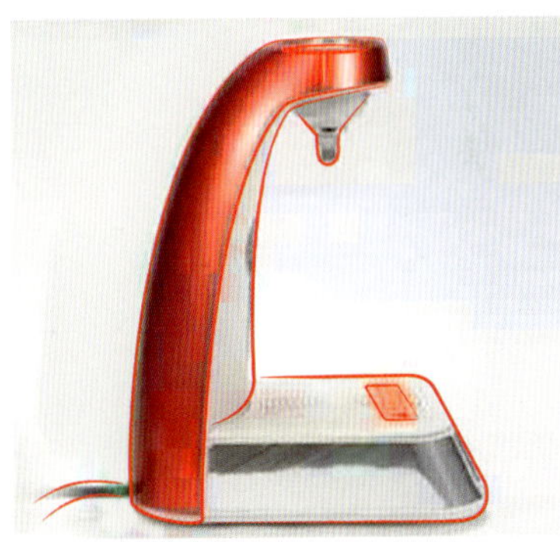

图7.4 整体造型分析

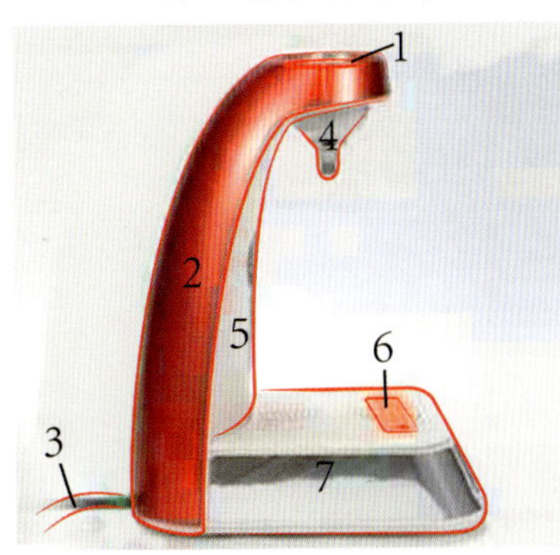

图7.5 区域划分

7.2 建模流程

下面来看一下具体的建模过程，过程分为三个阶段：布线、建面制作整体造型、添加细节。

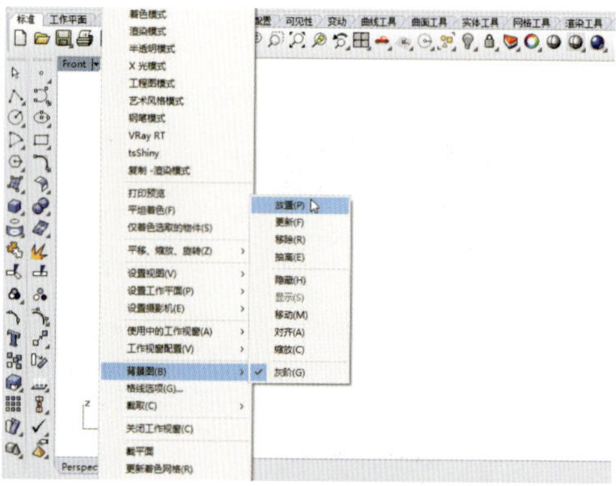

图7.6 打开文件

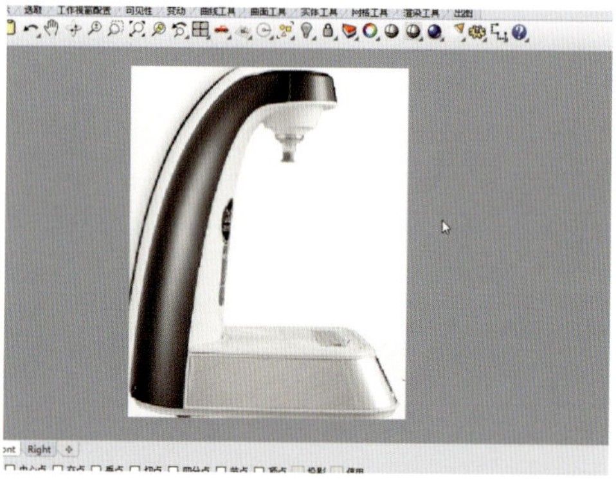

图7.7 选择图片并放置

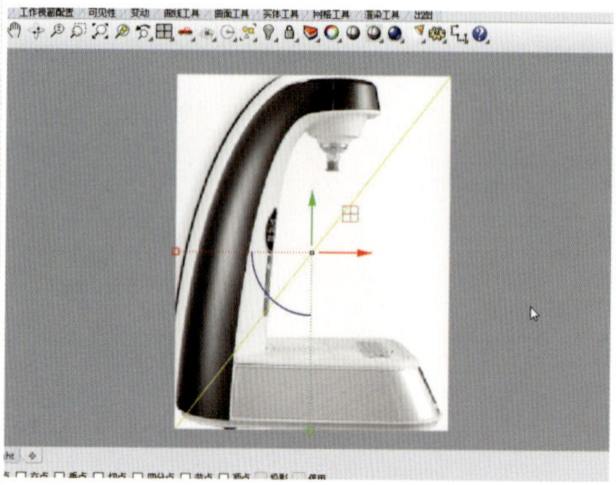

图7.8 使用直线工具连

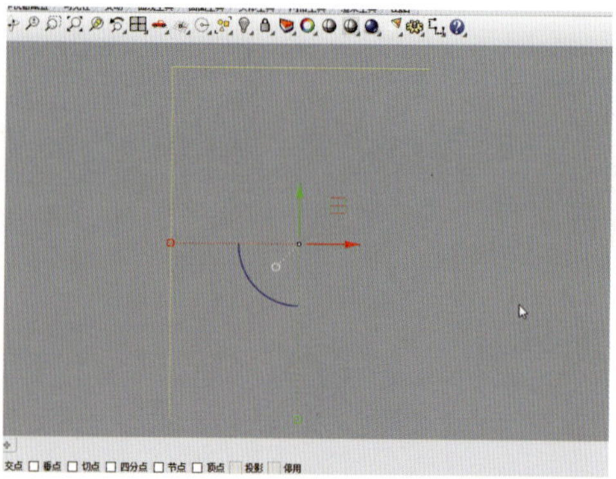

图7.9 在Right视窗下

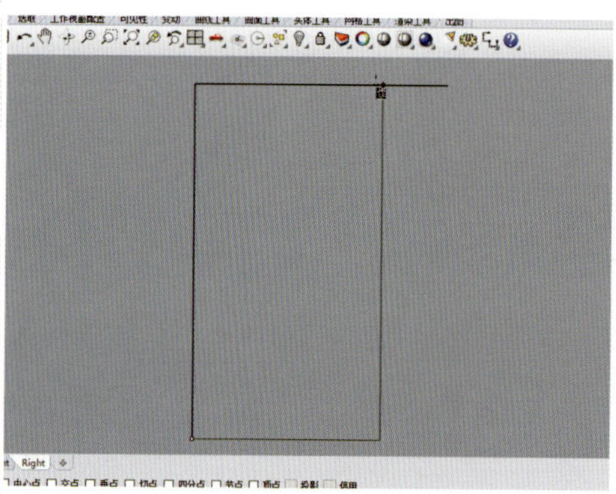

图7.10 Right—背景图—放置

图7.11 Right视图放置背景图

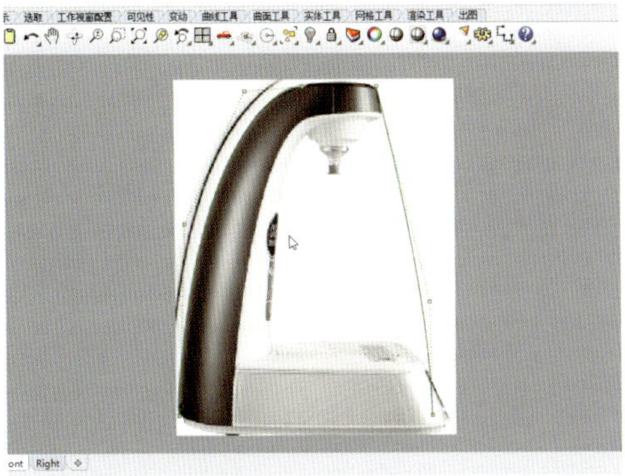
图7.12 使用曲线命令

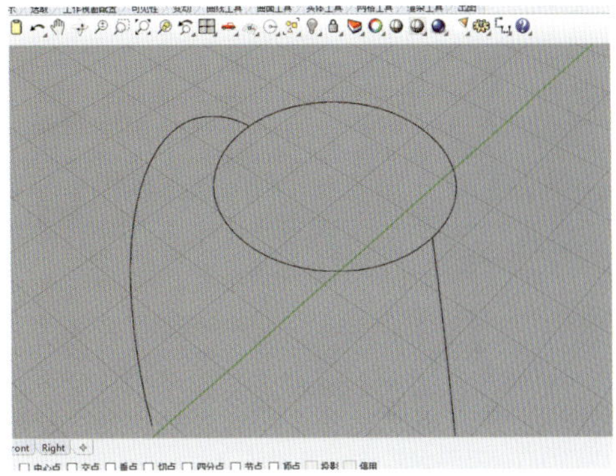
图7.13 在两条线之间用直径圆命令

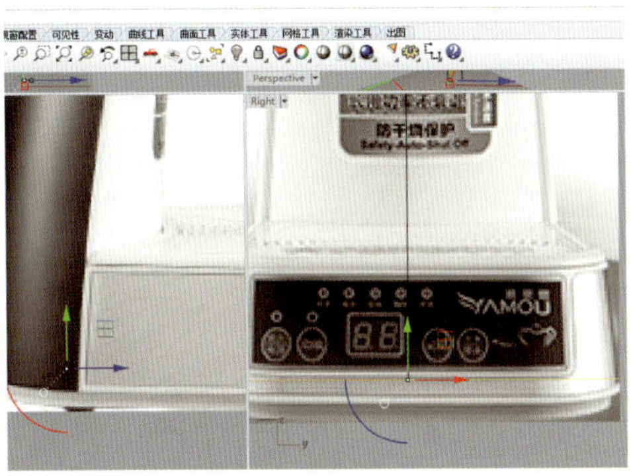
图7.14 用直线命令

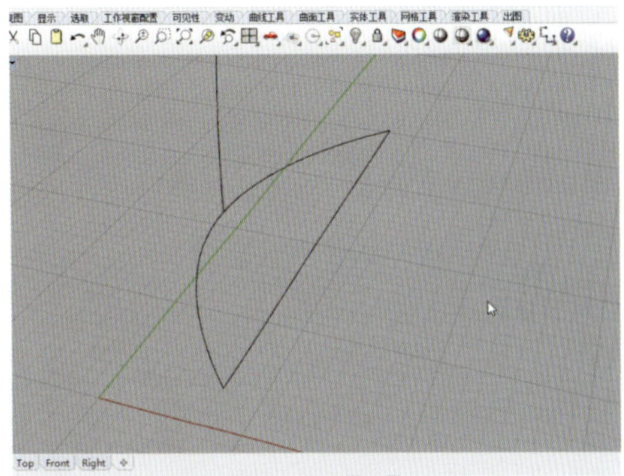
图7.15 使用内插点曲线

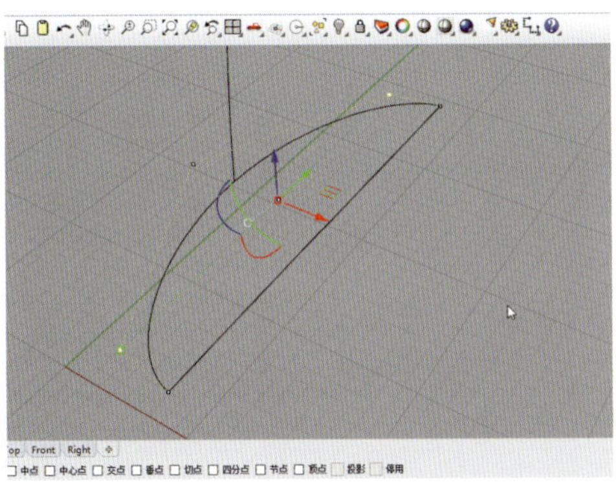
图7.16 使用快捷键F10打开控制点

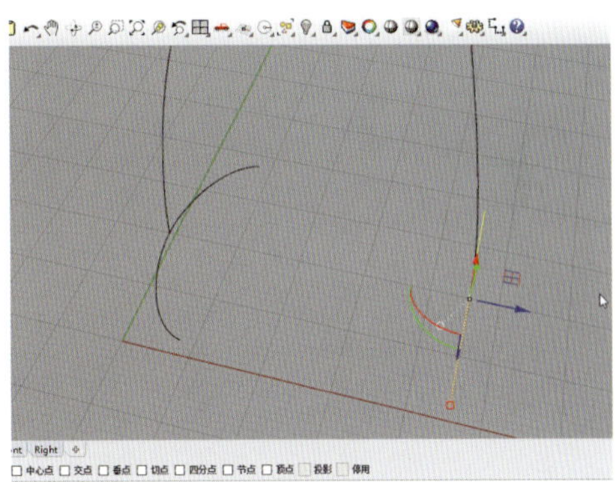
图7.17 使用移动命令

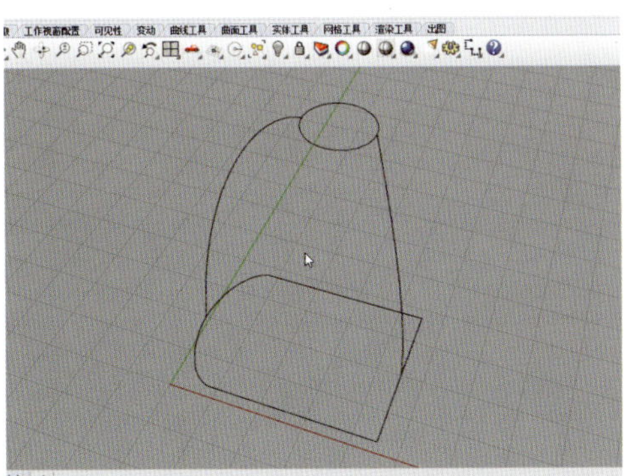
图7.18 使用直线命令

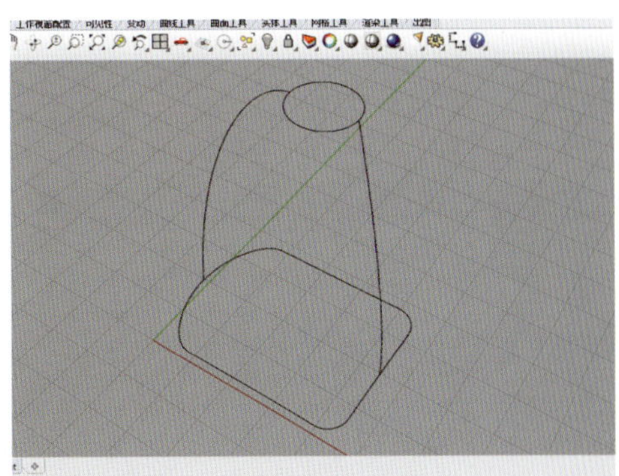
图7.19（左）

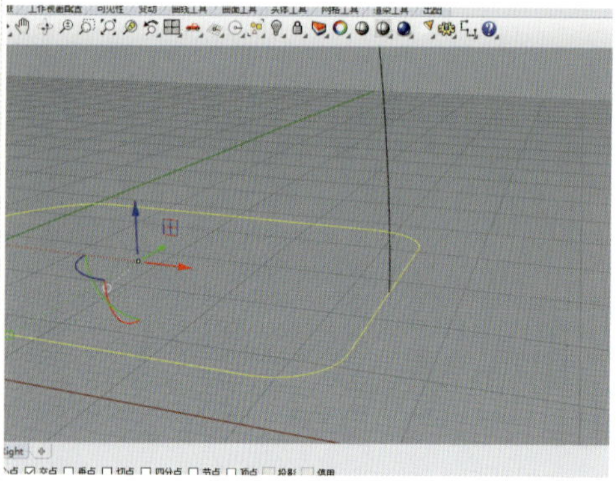

图7.20（右）

图7.21（左）

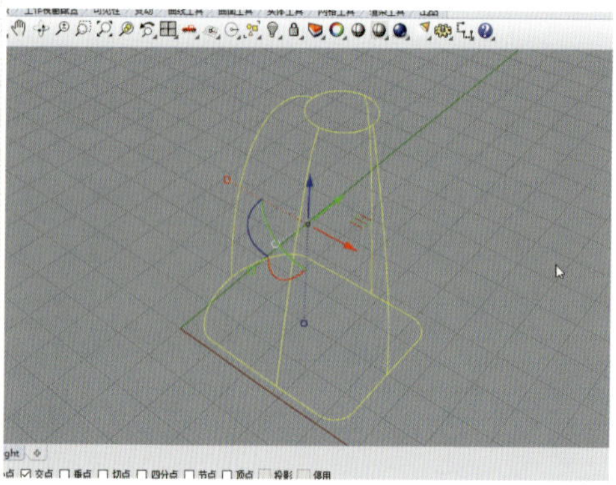

图7.22（右）

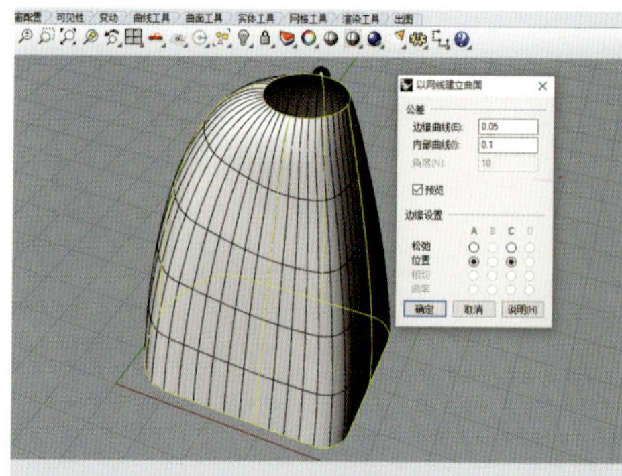

图7.23 使用网格命令

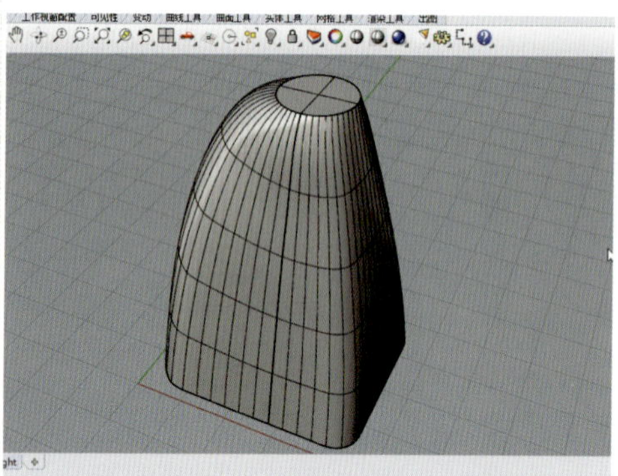

图7.24 选择将平面洞加盖命令

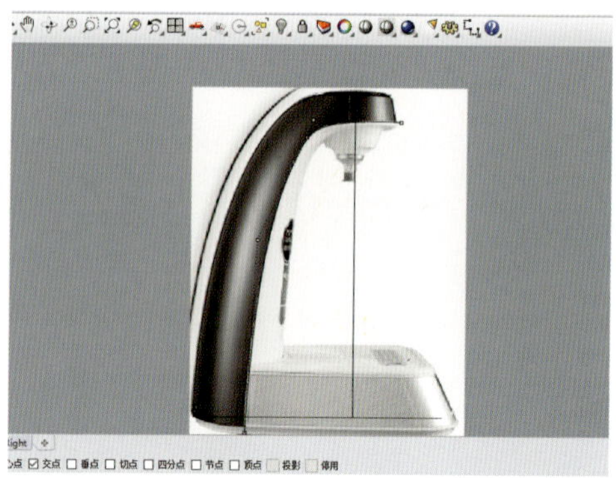

图7.25 绘制曲线

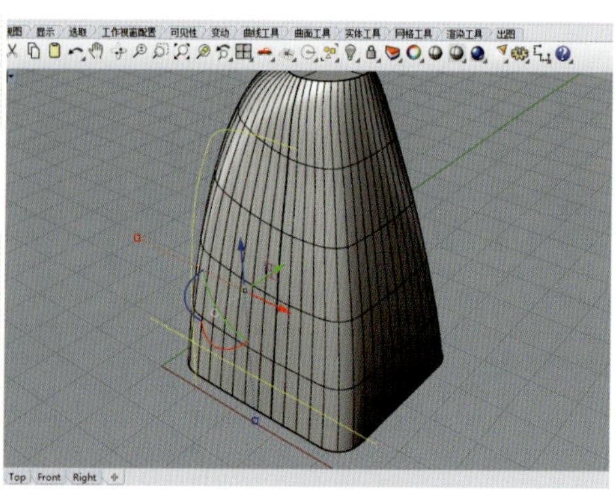

图7.26 绘制曲线

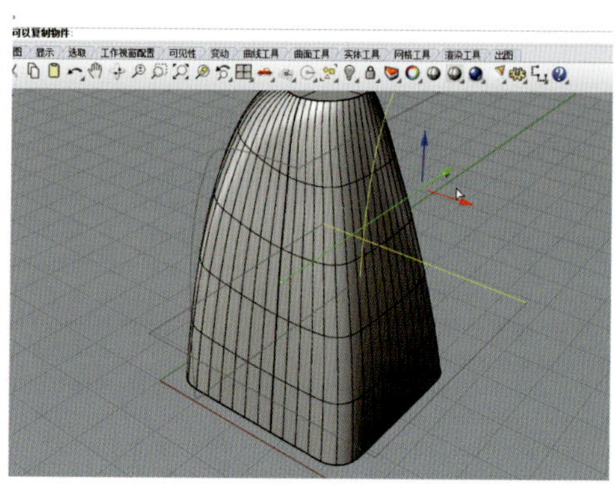

图7.27 按住操作轴绿色箭头并拖动

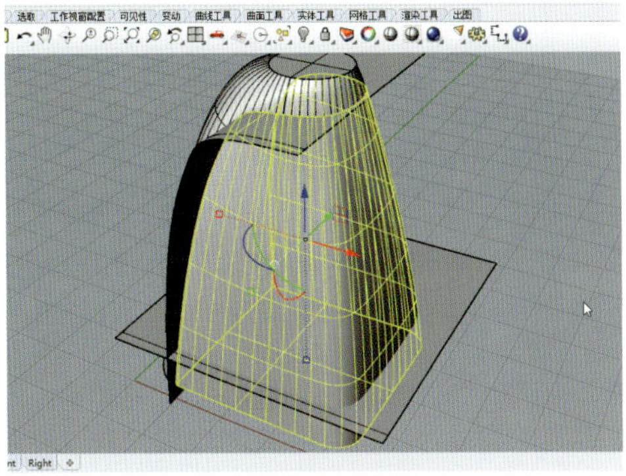

图7.28（左）

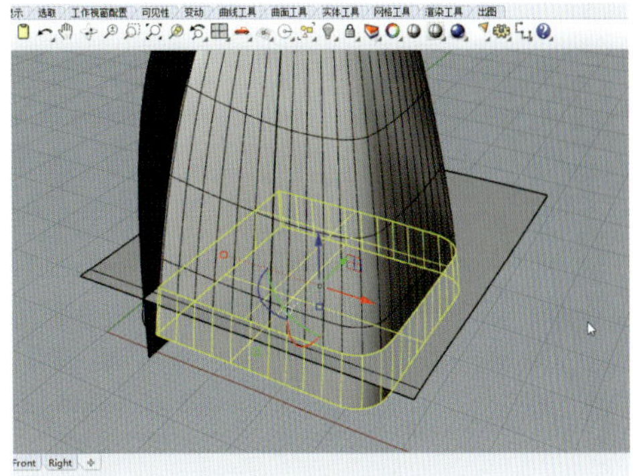

图7.29（右）

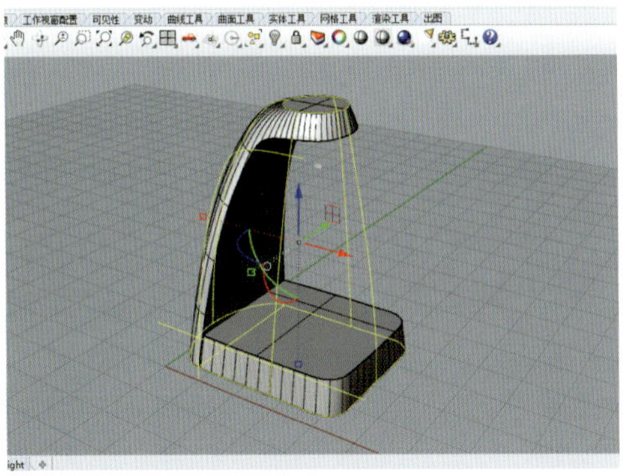

图7.30 选择选取曲线命令

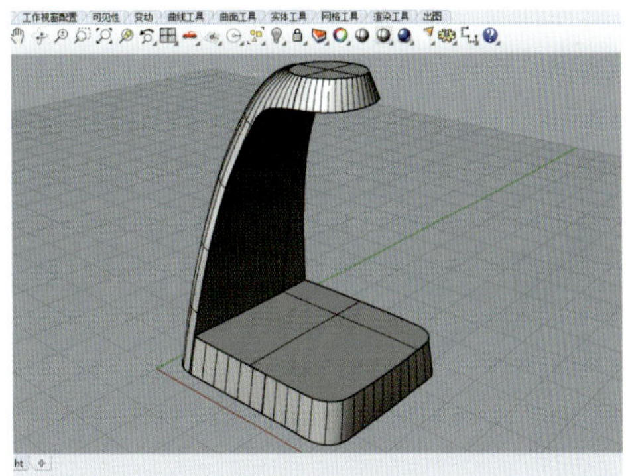

图7.31（左）

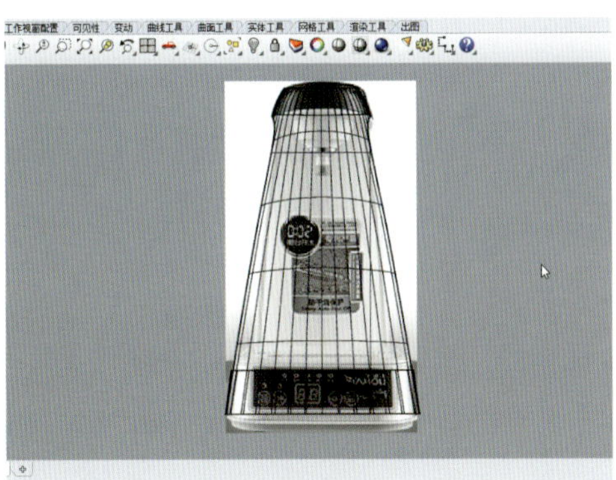

图7.32（右）

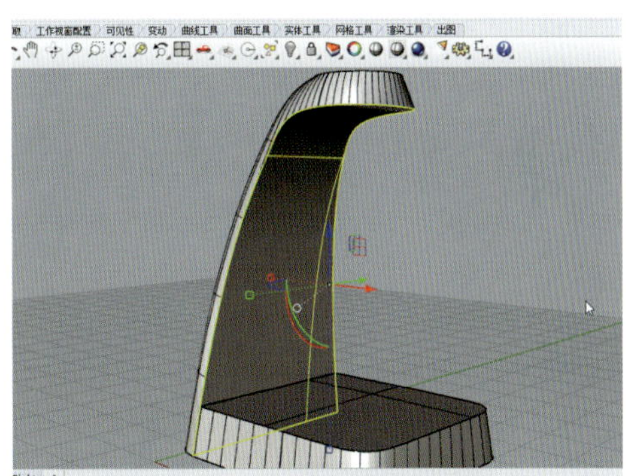

图7.33 使用抽离曲面命令右键点击

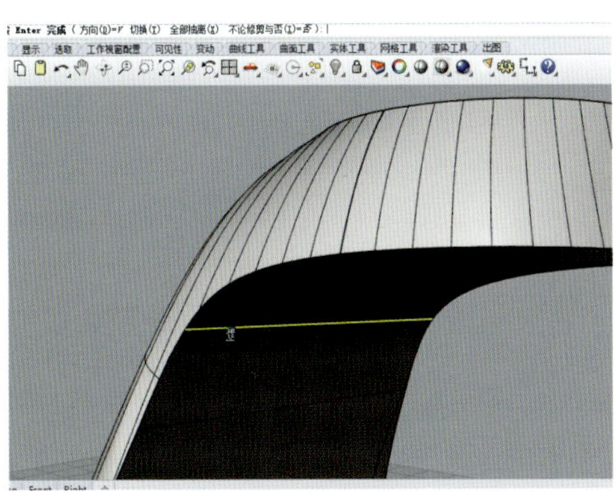

图7.34（左）

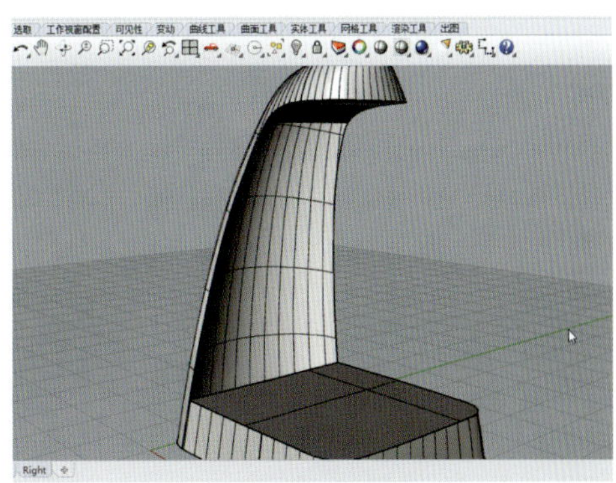

图7.35（右）

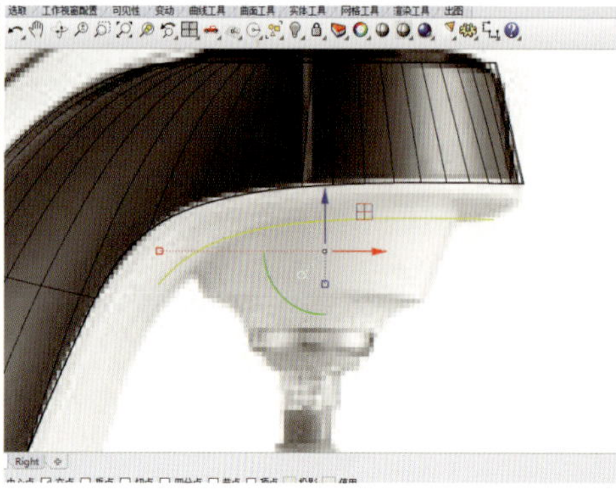

图7.36（左）

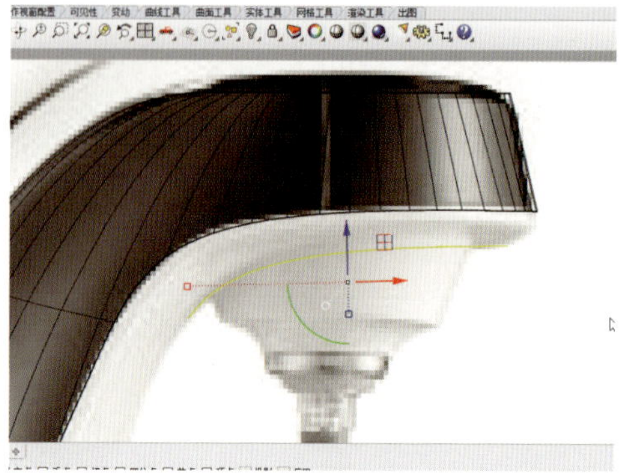

图7.37（右）

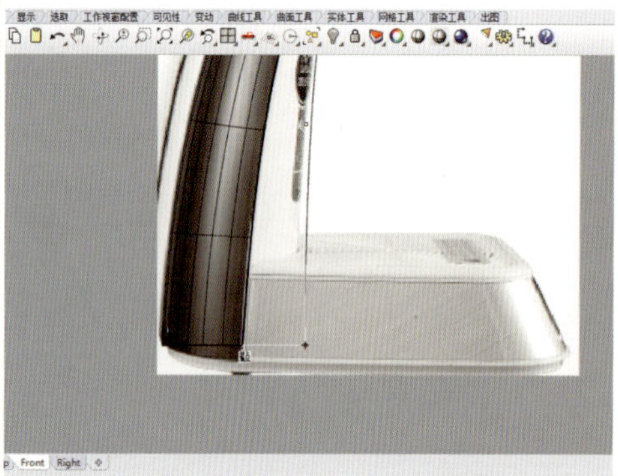

图7.38 以最少的控制点绘制曲线

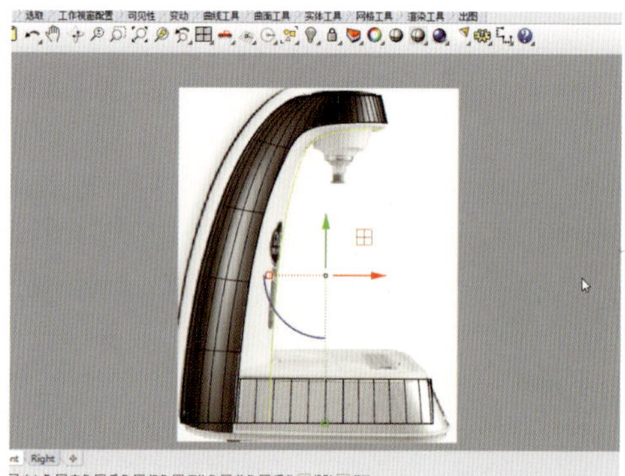

图7.39 完成绘制

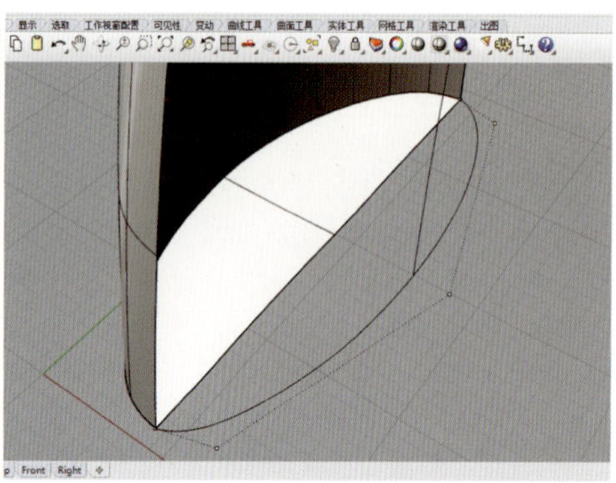

图7.40 使用内插点曲线命令

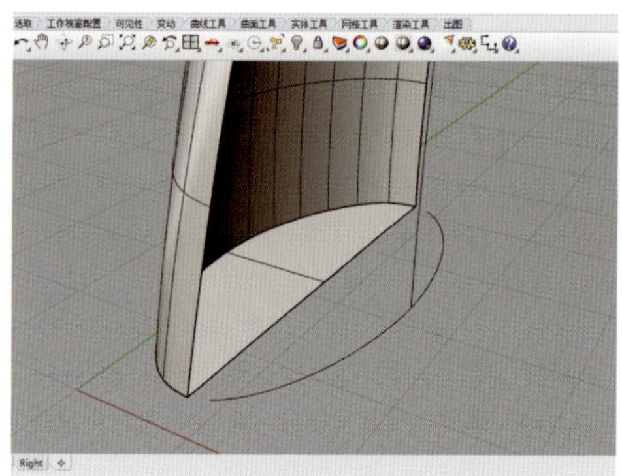

图7.41 使用剪切命令

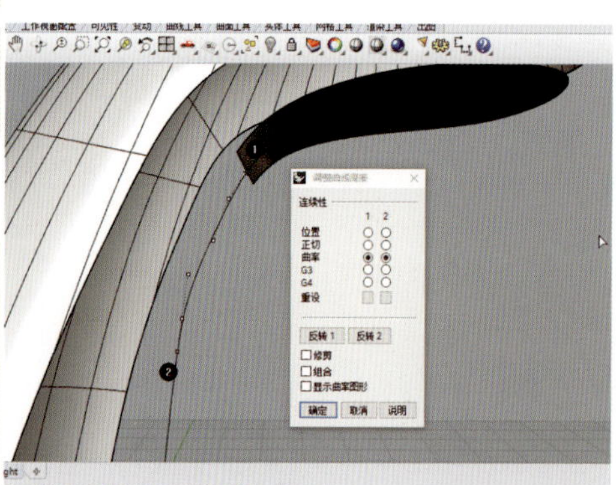

图7.42 使用可调式混接曲线命令混接两条曲线

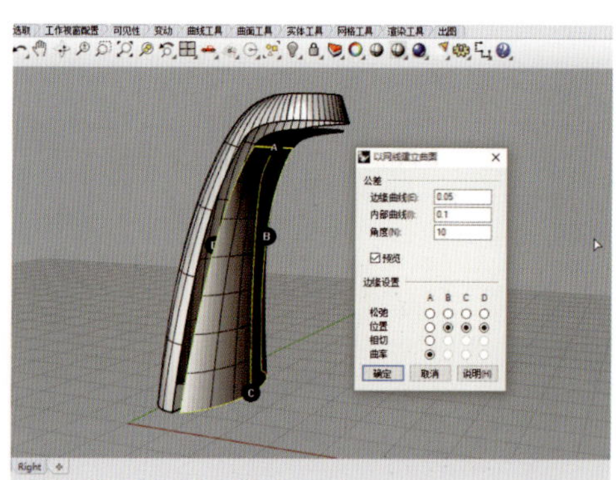

图7.43 使用从网格建立曲面命令

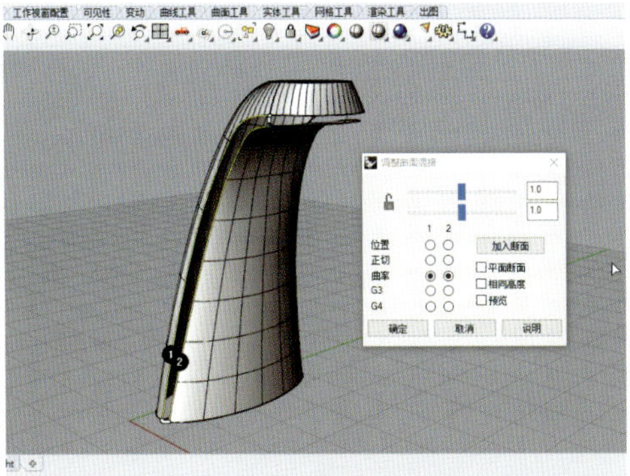

图7.44 使用混接曲面命令

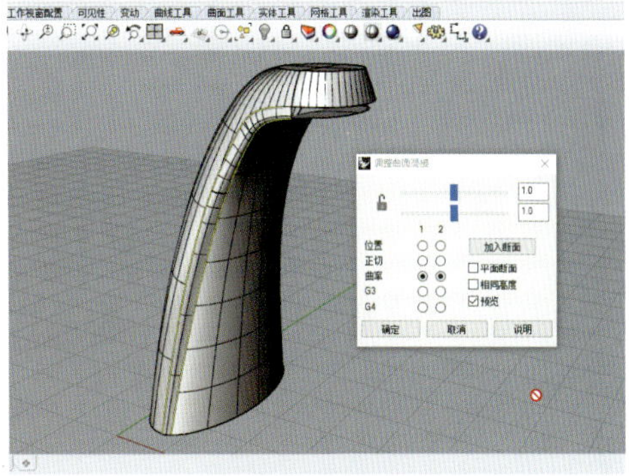

图7.45 选择预览

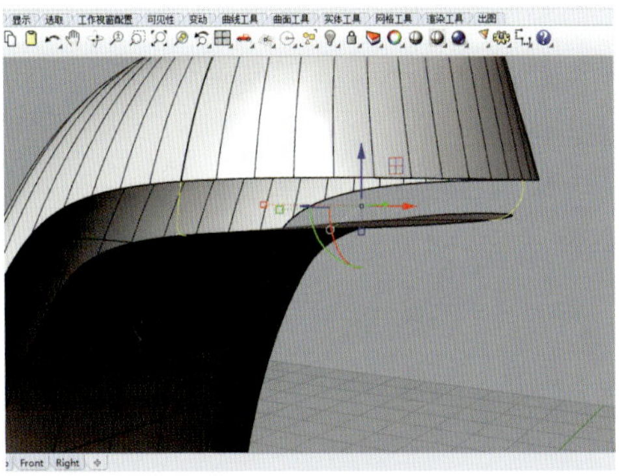

图7.46 使用垂直混接命令

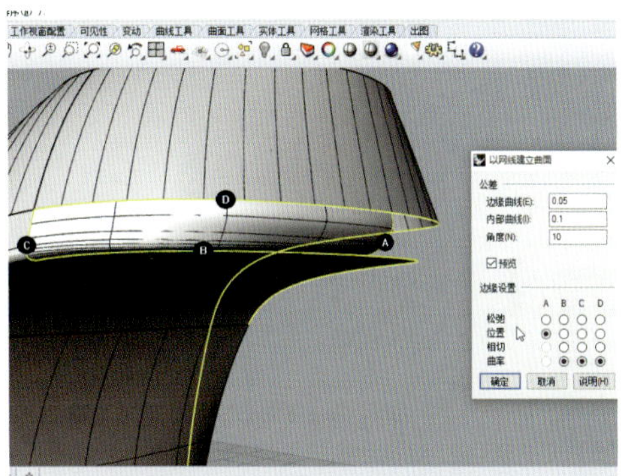

图7.47 使用从网格建立曲面命令

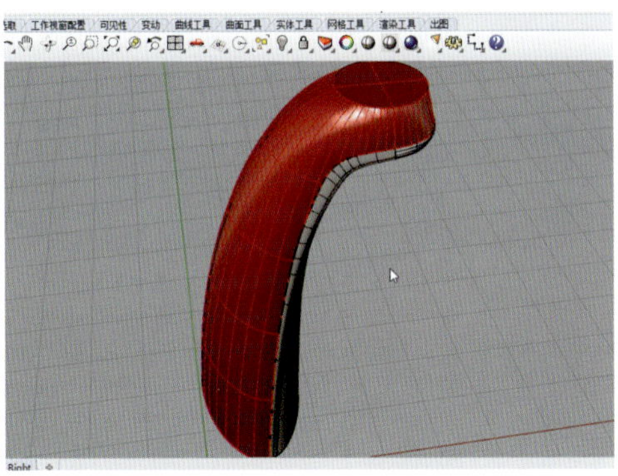

图7.48 建立一半使用镜像

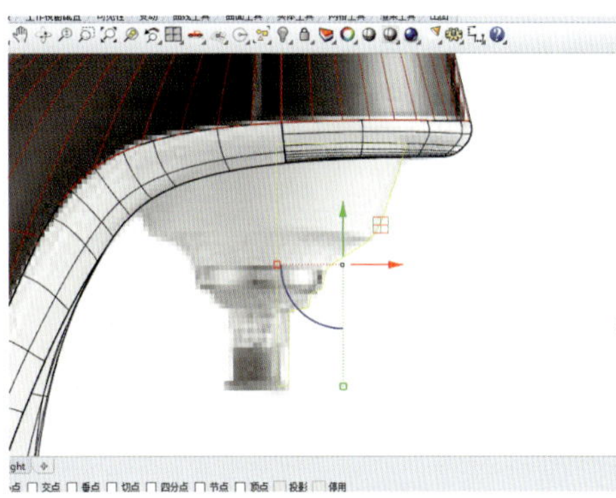

图7.49 使用直线命令

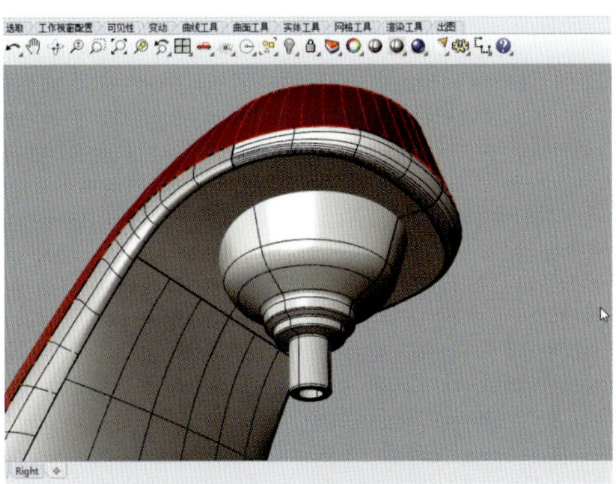

图7.50 使用旋转命令

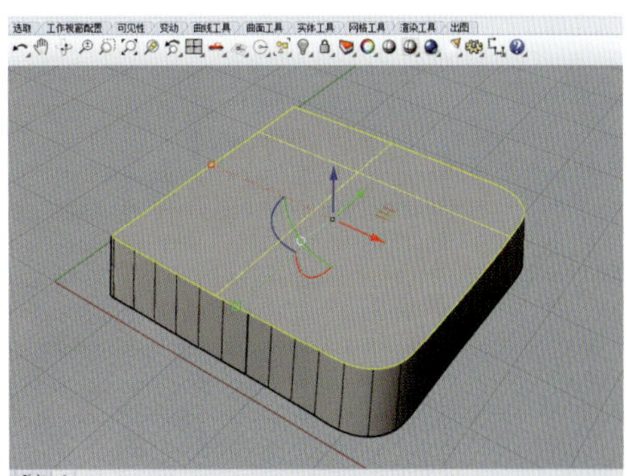

图7.51 右键选择抽离曲面命令

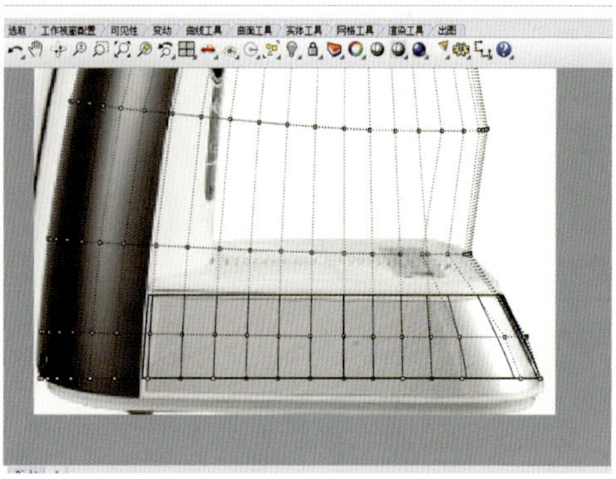

图7.52 选择曲面并按F10打开控制

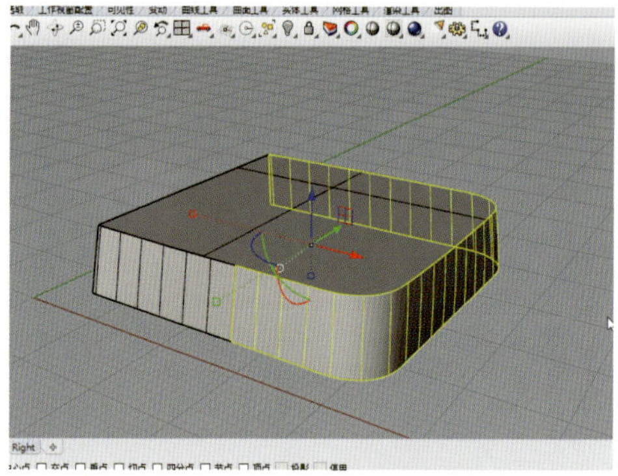

图7.53 使用将平面洞加盖命令

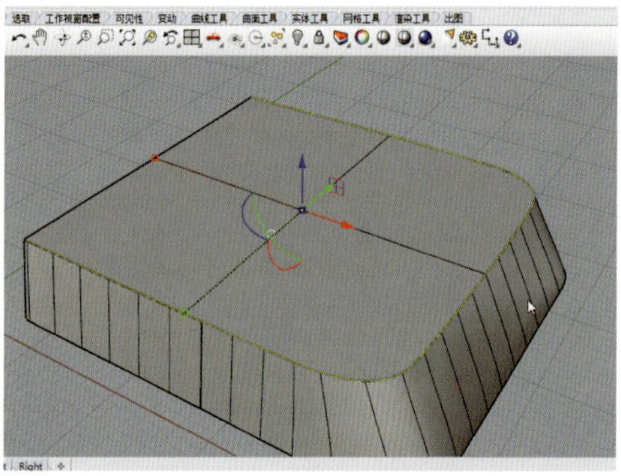

图7.54 使用复制边缘命令

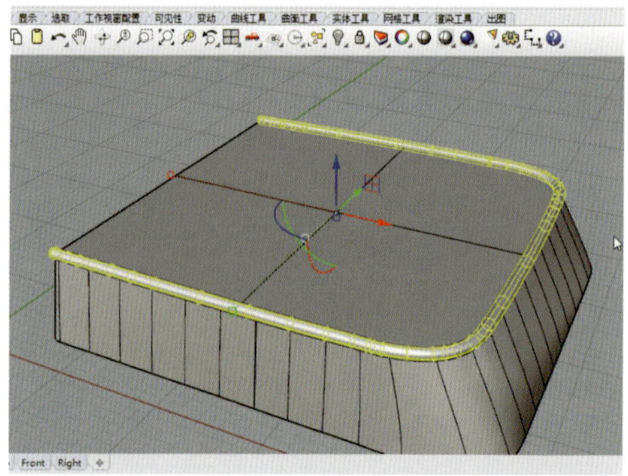

图7.55 使用圆管工具

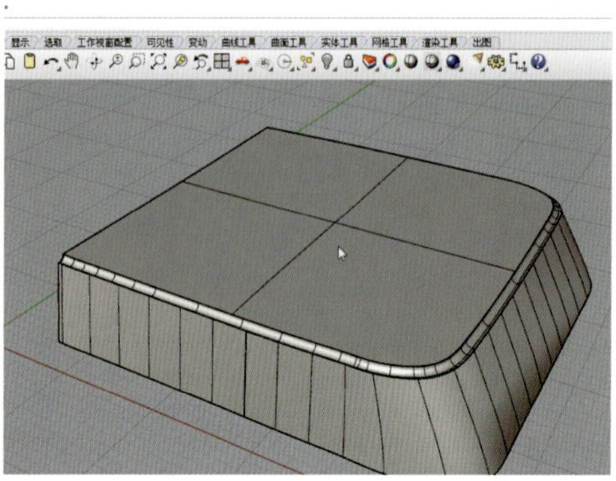

图7.56 用布尔运算做差集

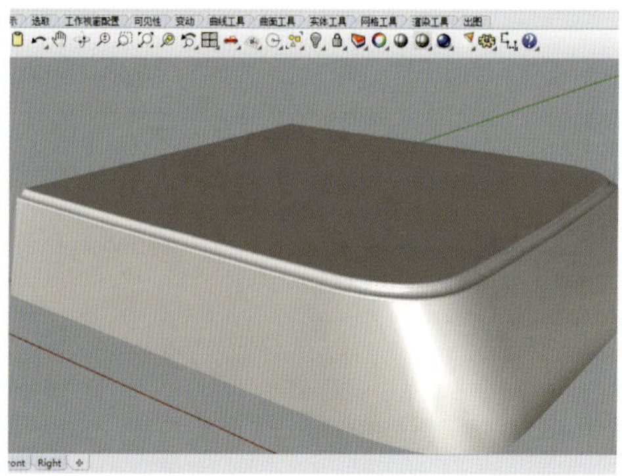

图7.57 使用不等边边缘圆角命令

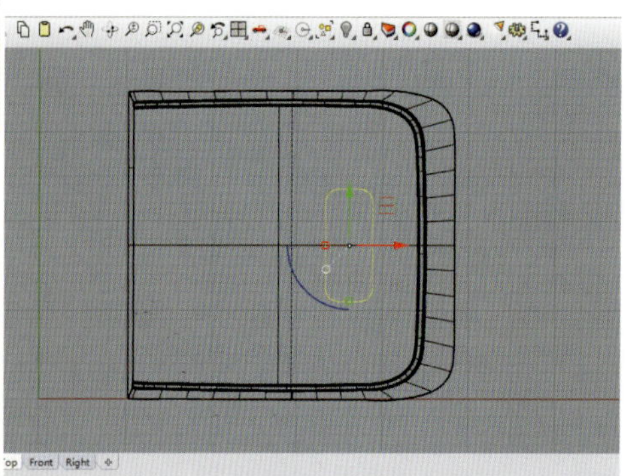

图7.58 绘制按钮使用圆角矩形命令

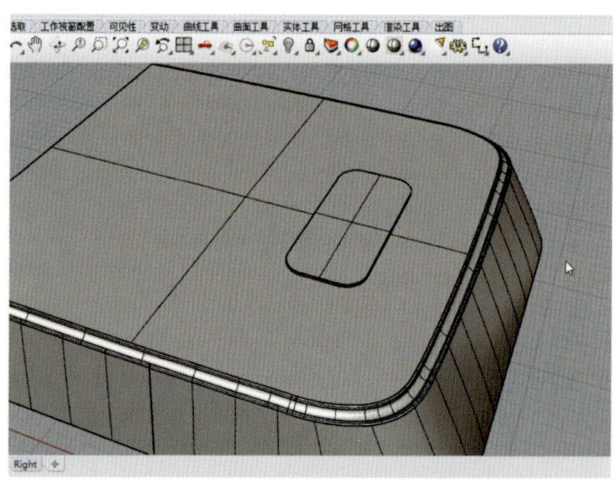

图7.59 使用挤出封闭的平面曲线命令

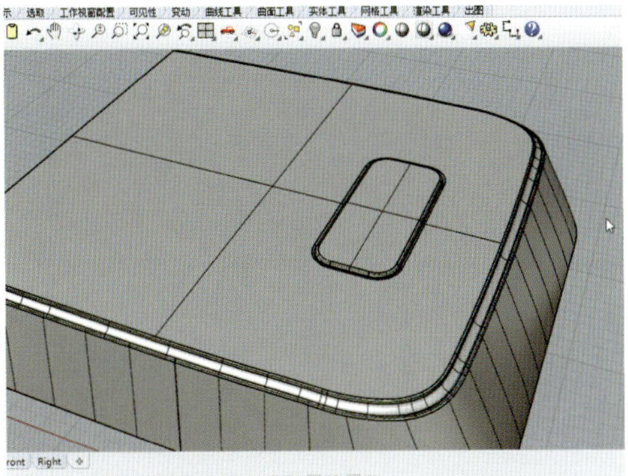

图7.60 分别给边缘做圆角

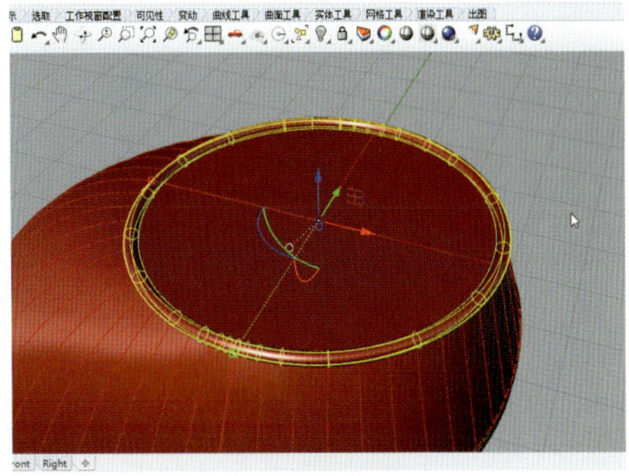

图7.61 选择圆管命令

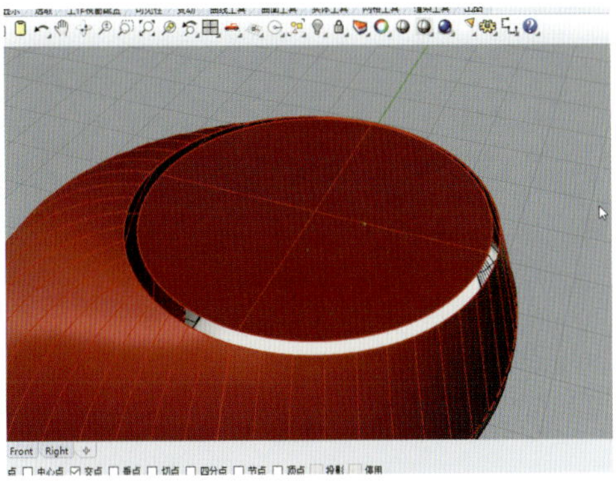

图7.62 选择修剪命令

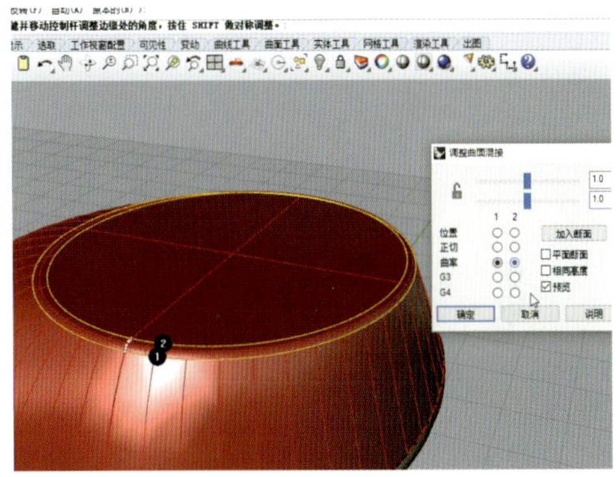

图7.63 使用混接曲面命令

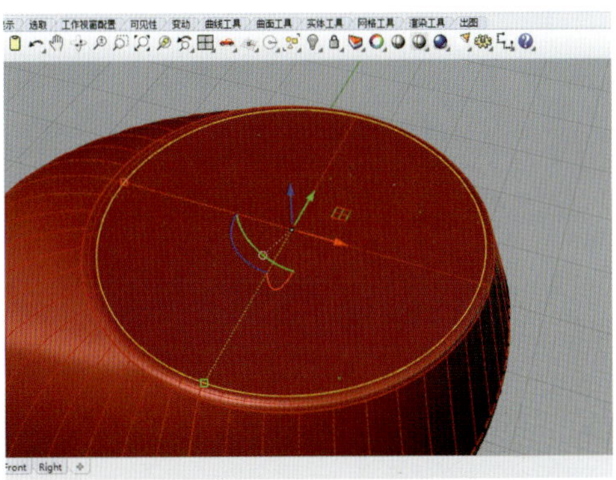

图7.64 选择顶面并复制一个

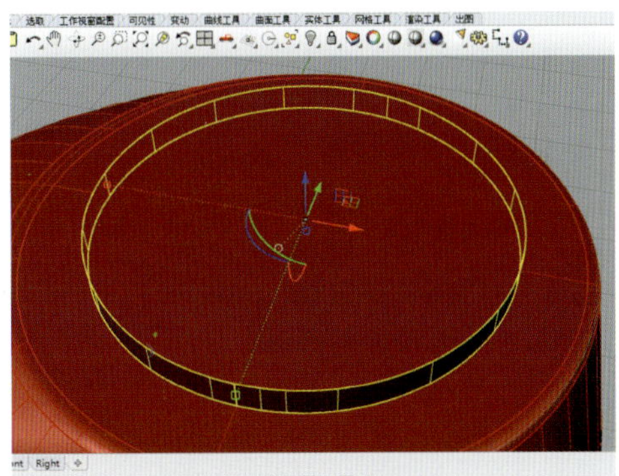

图7.65 选择挤出曲面命令

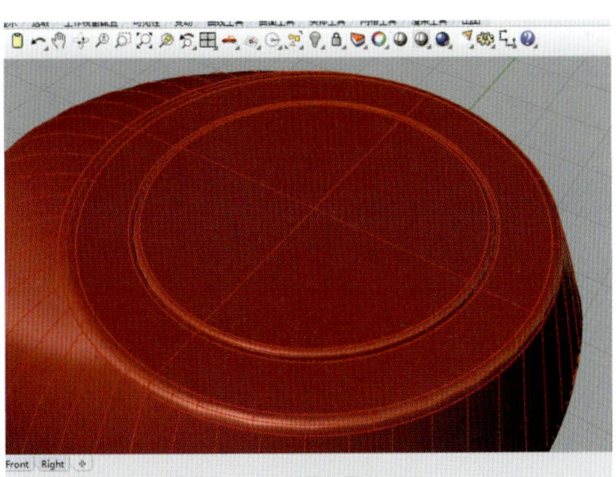

图7.66 选择封闭实体向下移动

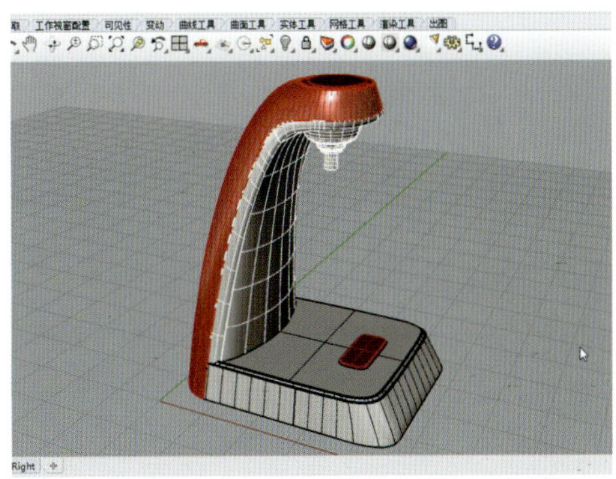

图7.67 大框架基本完成

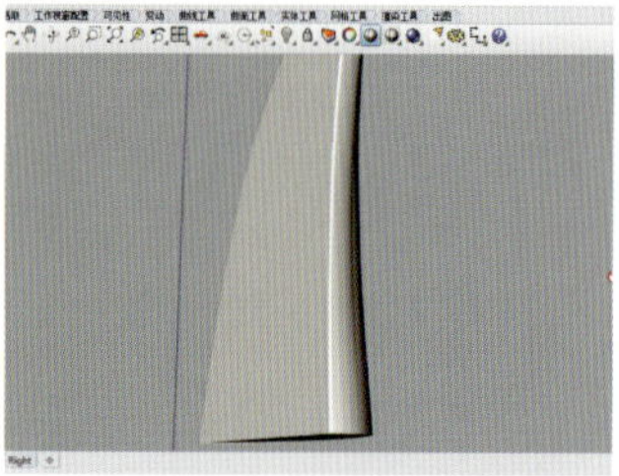

图7.68（左）

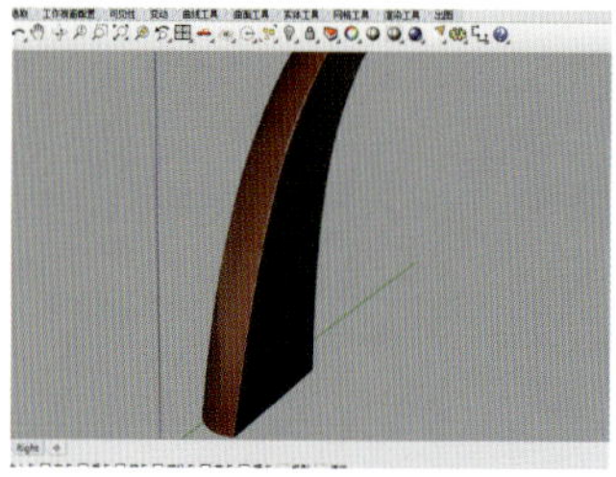

图7.69（右）

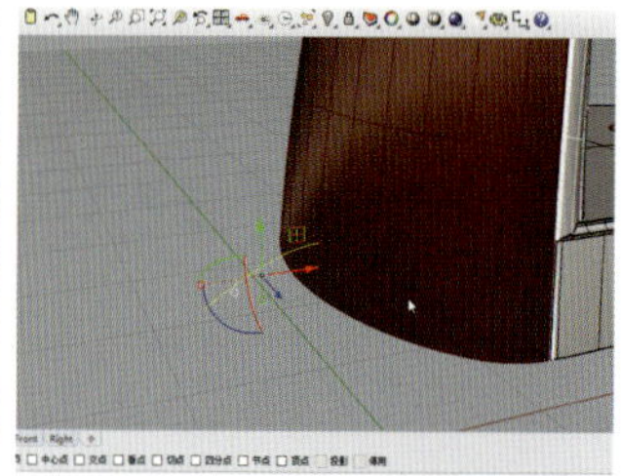

图7.70使用曲线命令

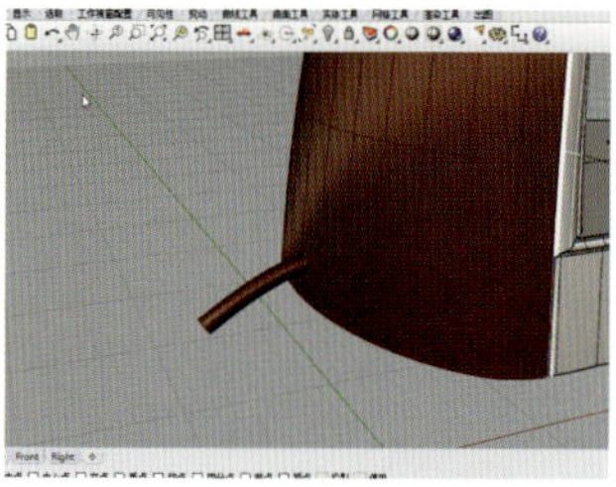

图7.71 使用圆管命令

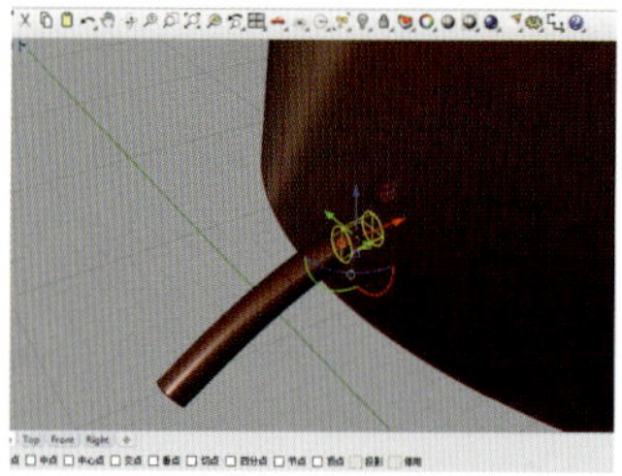

图7.72 使用布尔运算分割命令

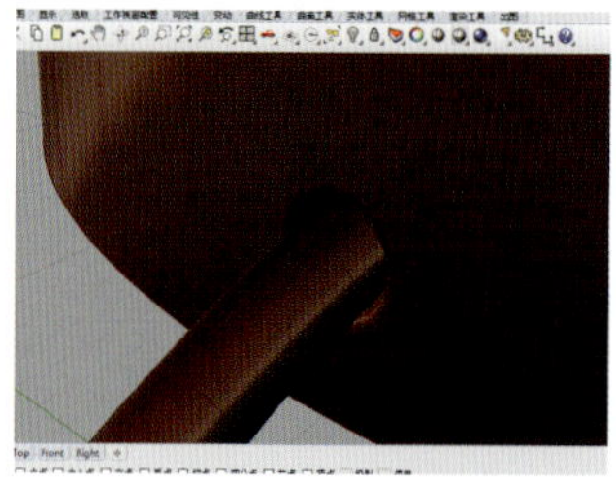

图7.73 边缘做圆角

图7.74 用圆角矩形命令

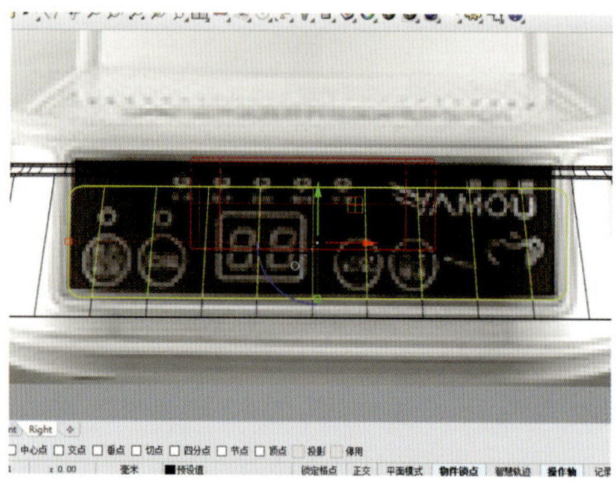

图7.75 调整大小并分割

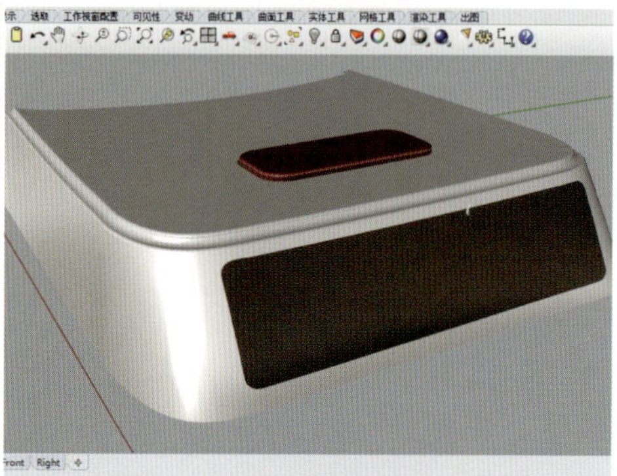

图7.76 为底盘效果图

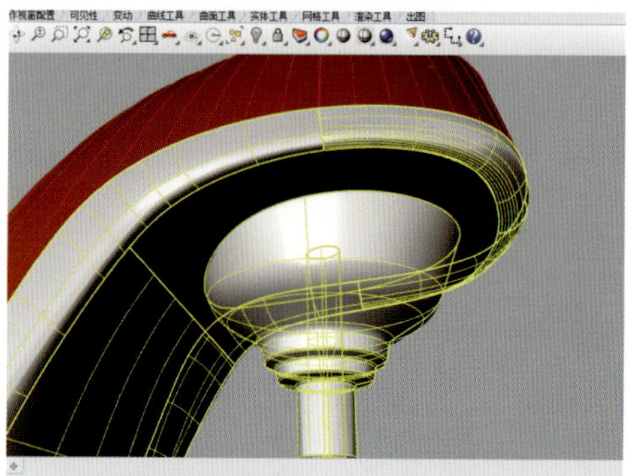

图7.77 用布尔运算联集命令

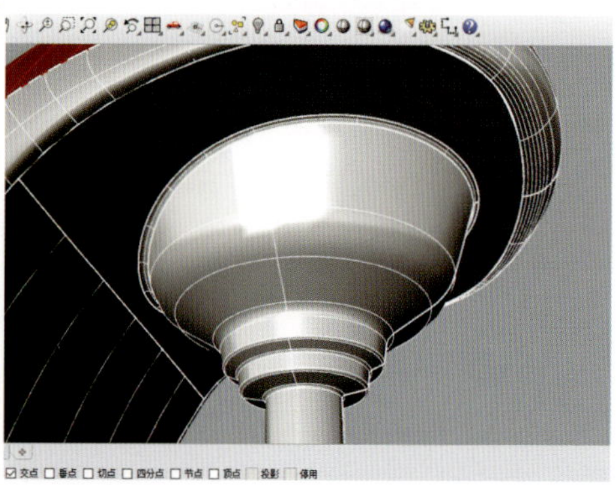

图7.78 用圆角命令

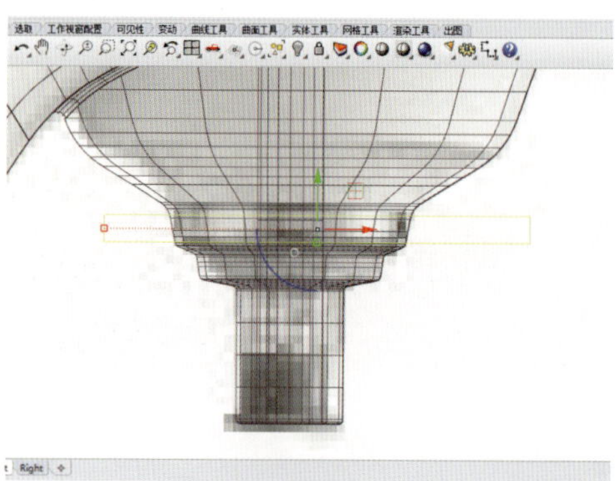

图7.79 上一层小结构

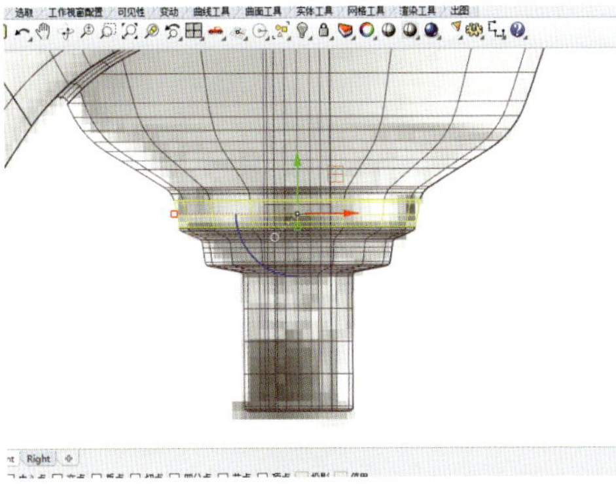

图7.80 用分割命令

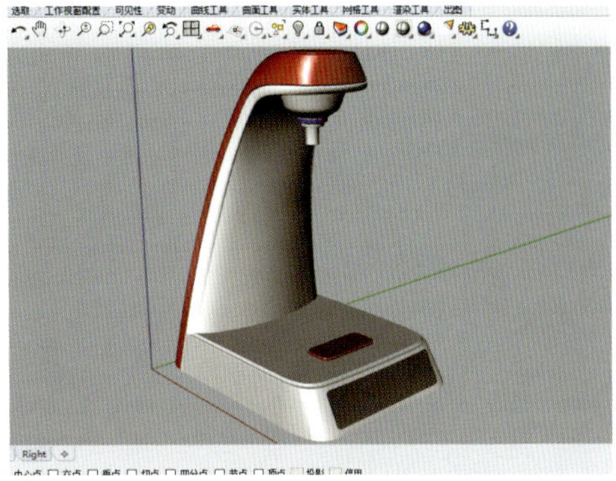

图7.81 一个简单的小模型基本完成

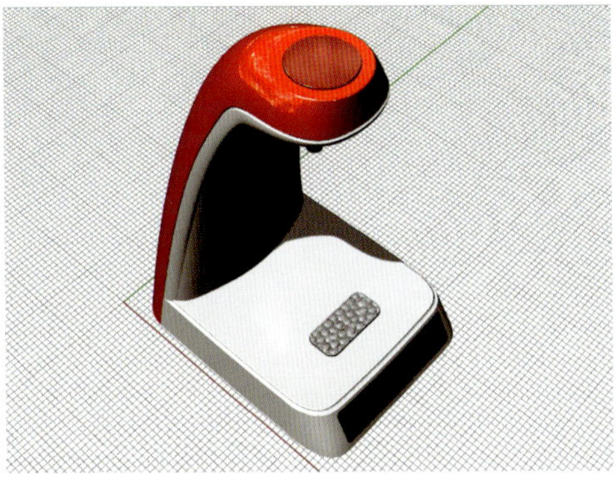

图7.82 俯视（前）效果图

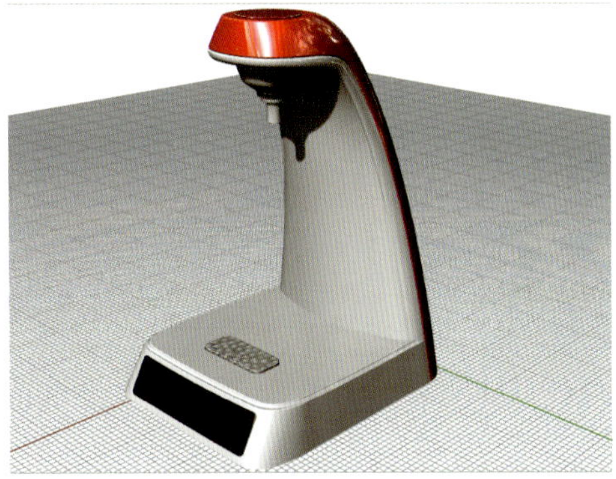

图7.83 前（右）视图

课程实训

单元课题实训

1. 按照本章实例要求尝试净水机建模的完整过程。

2.构思并设计一款类似的净水机、榨汁机或咖啡机等产品。具体要求与提示可参考第六章。

第八章 血糖仪建模

本章教学目标

本章介绍了一款血糖仪产品的建模方法及流程。学习过程中注意教材中对产品造型的分析过程，并在此基础上使用的各种工具命令使用方法。

8.1 造型分析与建模思路

8.1.1 血糖仪造型分析

该血糖仪造型设计采用了与很多电子产品类似的形态布局，有着显示屏幕、按键等细节。总体而言，这款血糖仪的形态中规中矩，但有着造型变化过渡自然，设计简洁而不失耐看的细节特征。

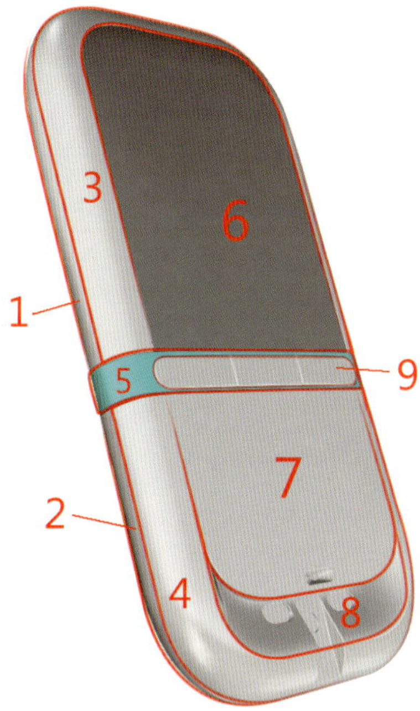

图8.1 血糖仪区域划分

8.1.2 建模思路

如图8.1所示：

1、2、3、4号区域：先将它们视作一个区域，然后画线框，再用旋转成形命令生成。

5号区域：用曲线命令将1、2、3、4号区域未分割前的整体用曲线命令切割生成。

6号区域：和7号区域一起，用曲面偏移得到的曲线切割3号和4号区域生成。

7号区域：曲面偏移切割得到的曲面，在top视图中向上平移至背景图相应位置，用切割第5区域的线条切掉多余的部分。

8号区域：用分割7号区域分割后的4号区域，复制4号区域的边缘线，在TOP视图上使用三轴缩放工具，再通过设定XYZ坐标命令让它在Right视图上是一条直线并处于对应位置，再通过生成平面和曲面混接生成。

9号区域：用分割和曲面偏移命令生成。

8.2 建模流程

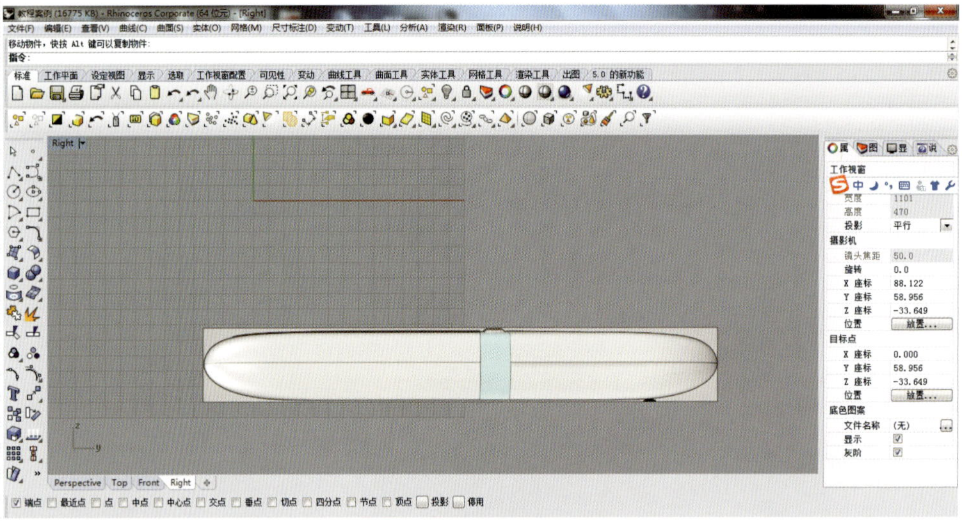

图8.2 设置Right视图背景图

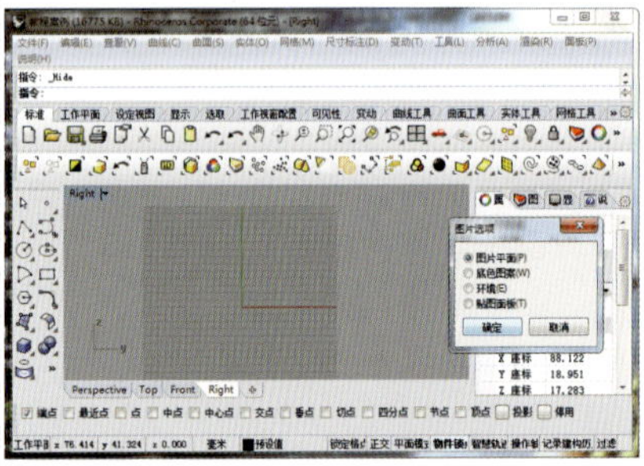

图8.3 选择图片并放置

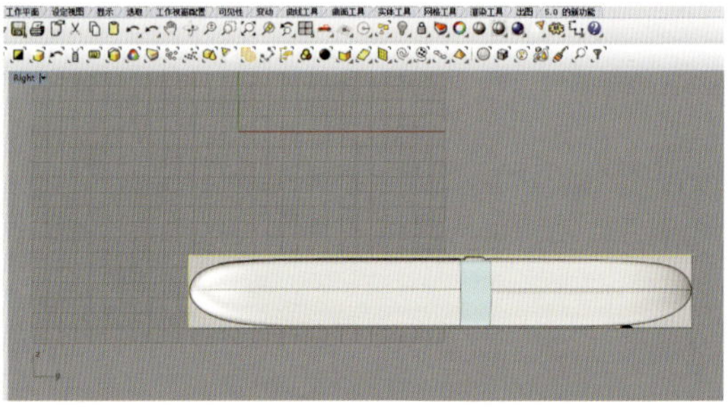

图8.4 用直线工具做辅助线

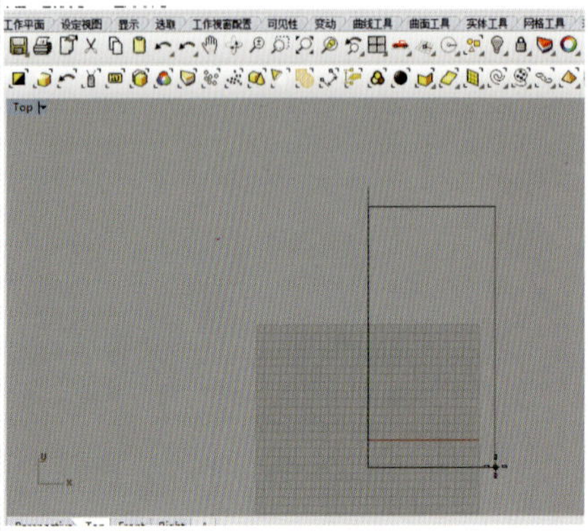

图8.5 设置Top视图背景图

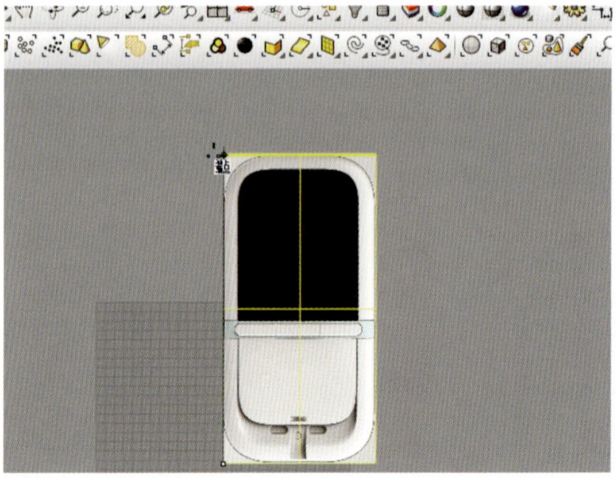

图8.6 使用三轴缩放工具编辑图片图8.7背景图编辑完成

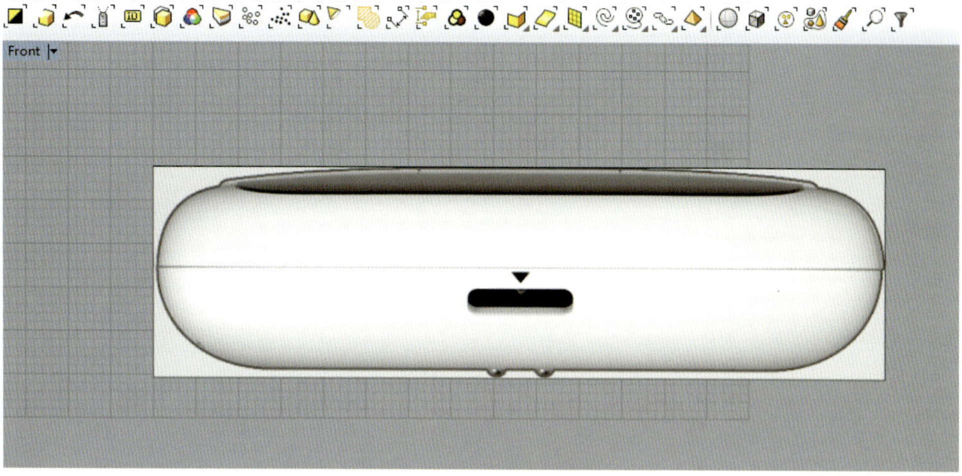

图8.7 设置Top视图背景

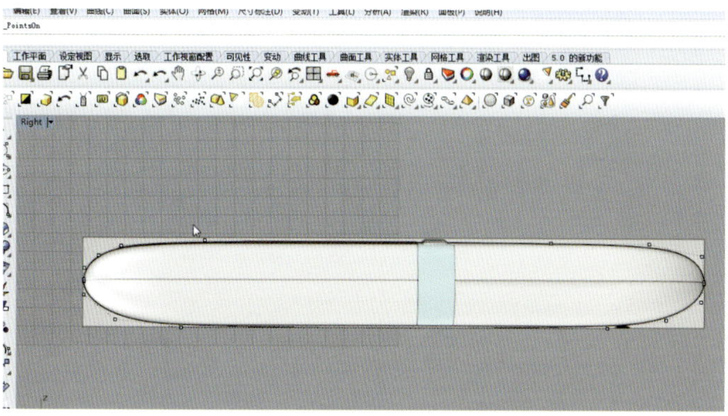

图8.8 曲线工具参考背景图绘制轮廓线

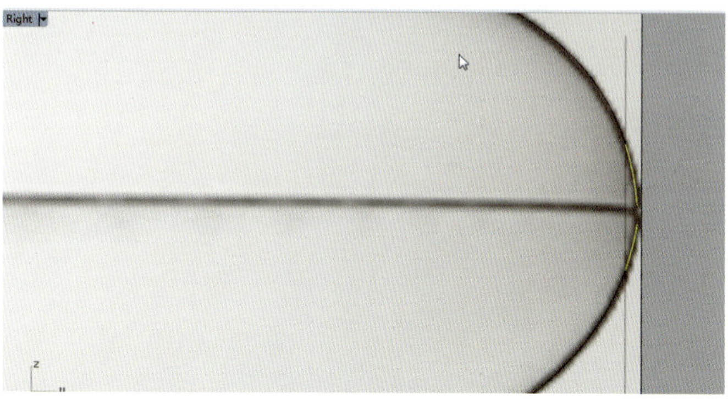

图8.9 绘制辅助线分割

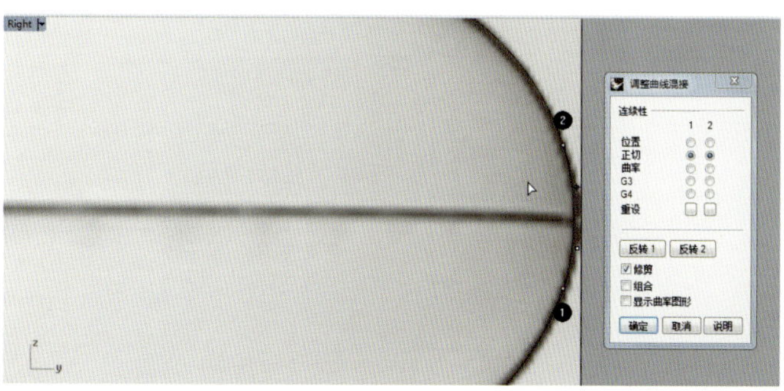

图8.10 混接边缘线

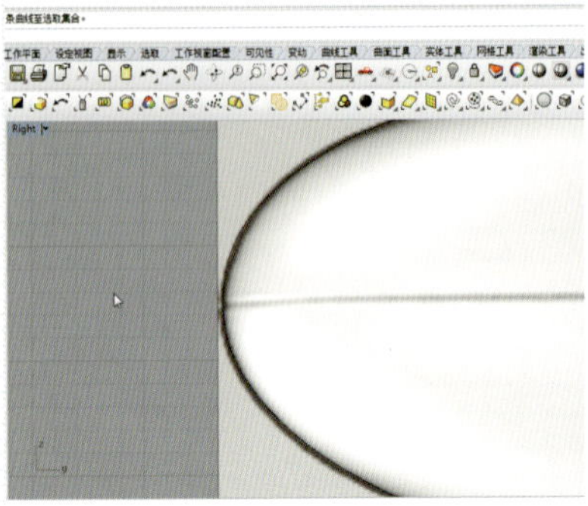

图8.11 对另一端进行分割、混接

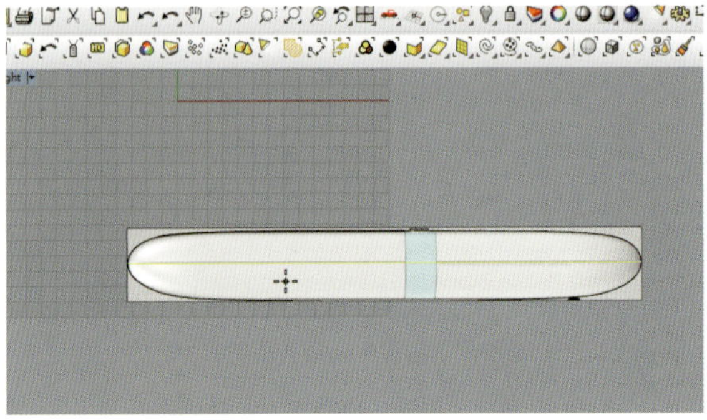

图8.12 直线命令绘制分模线

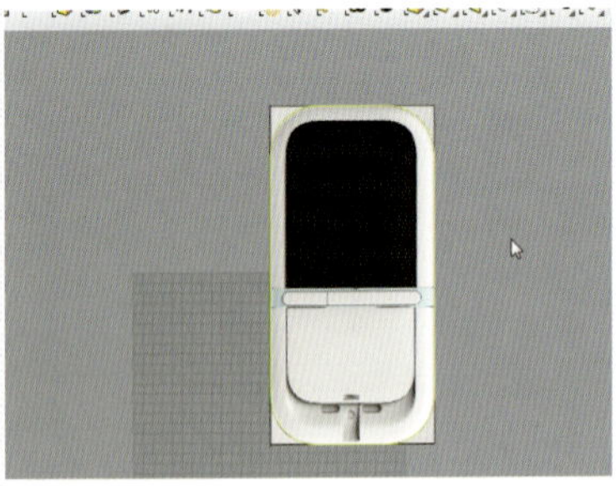

图8.13 圆角矩形绘制外轮廓线

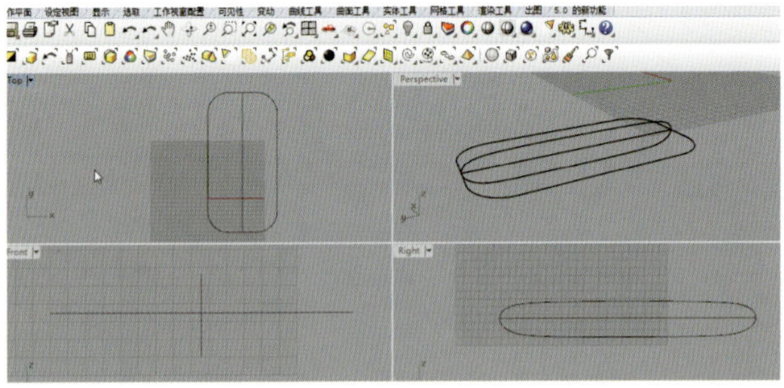

图8.14 线框布局完成

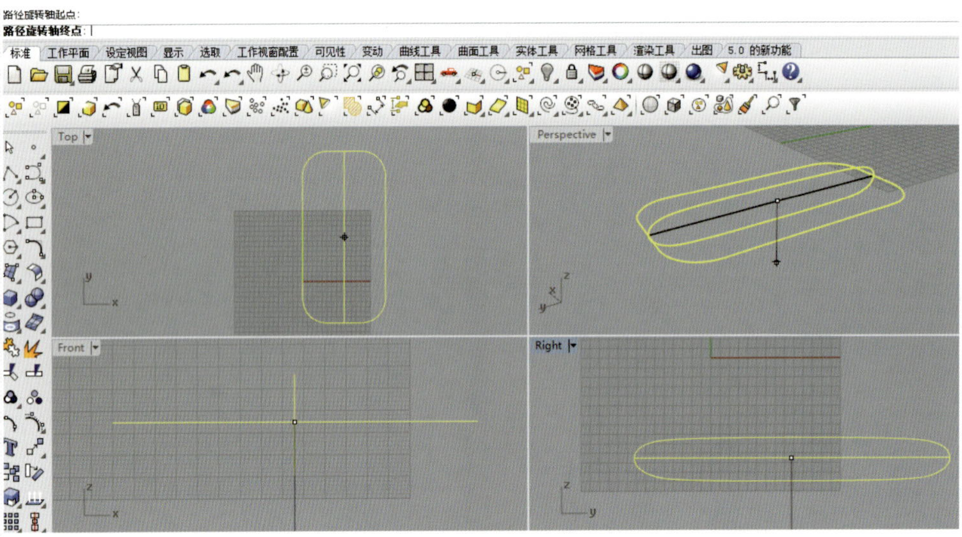

图8.15 右键按旋转成形命令生成曲面

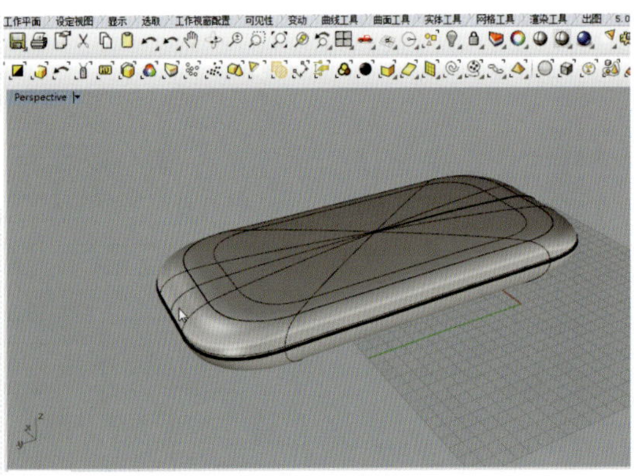

图8.16 生成的曲面

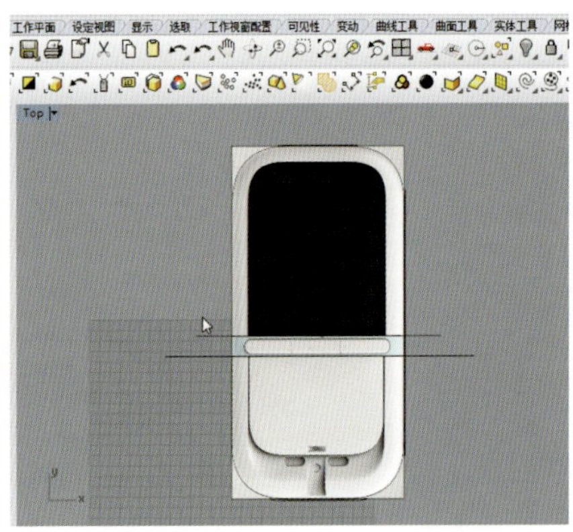

图8.17 参考背景图绘制分割线

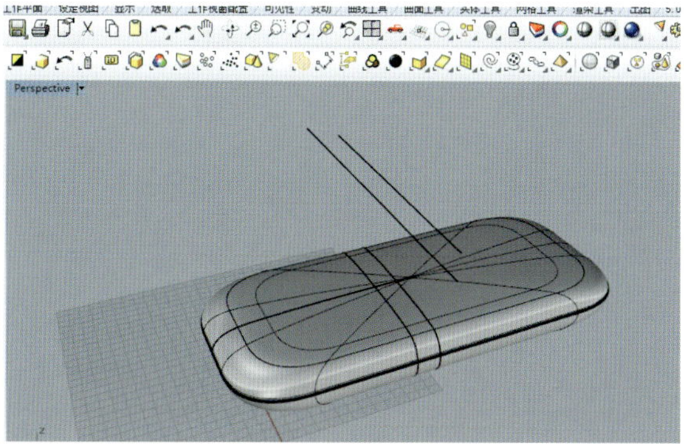

图8.18 隐藏背景图观察分割线

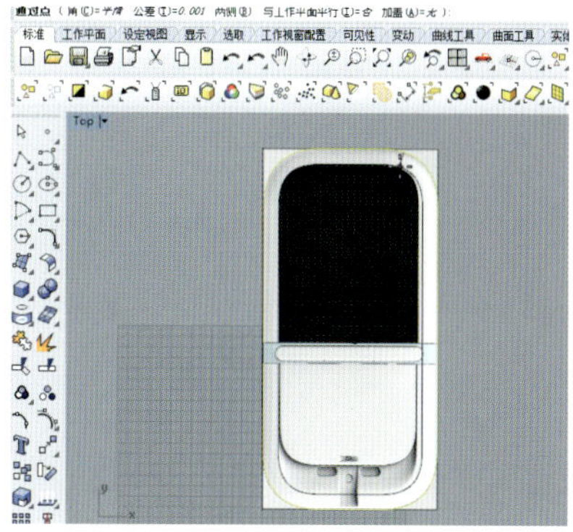

图8.19 创建偏移曲线

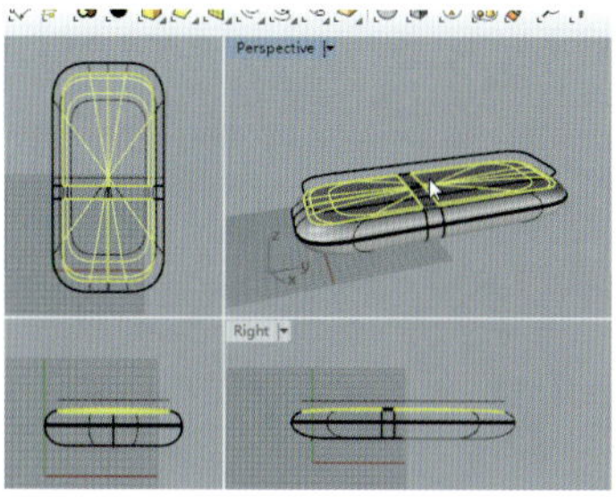

图8.20 利用偏移曲线分割面

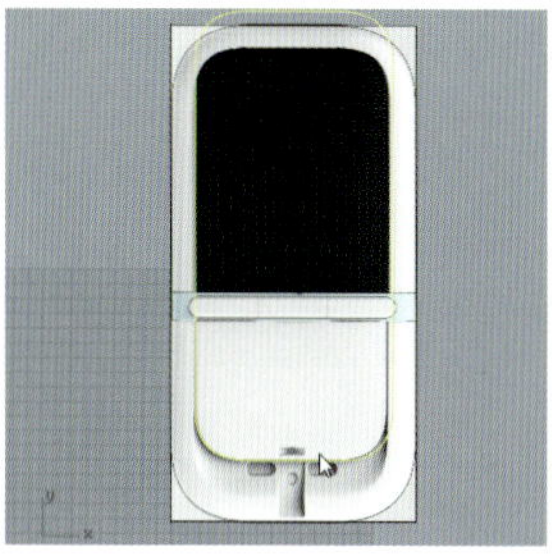

图8.21 参考背景图向上移动偏移曲线

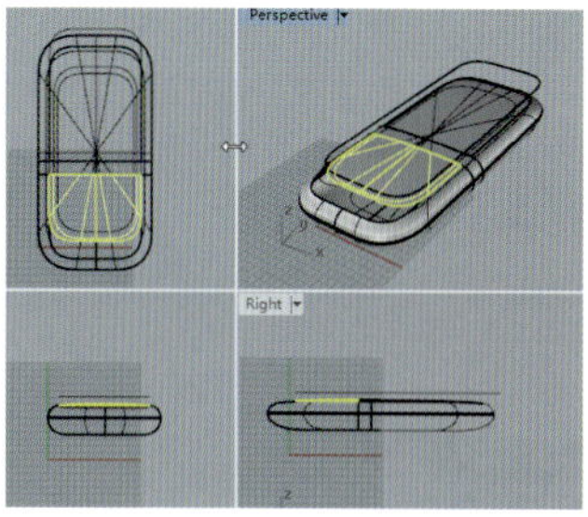

图8.22 修剪曲面

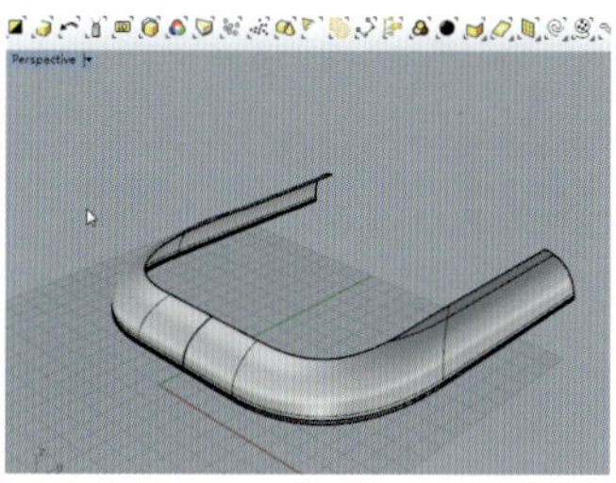

图8.23 管理模型隐藏模型其他部分

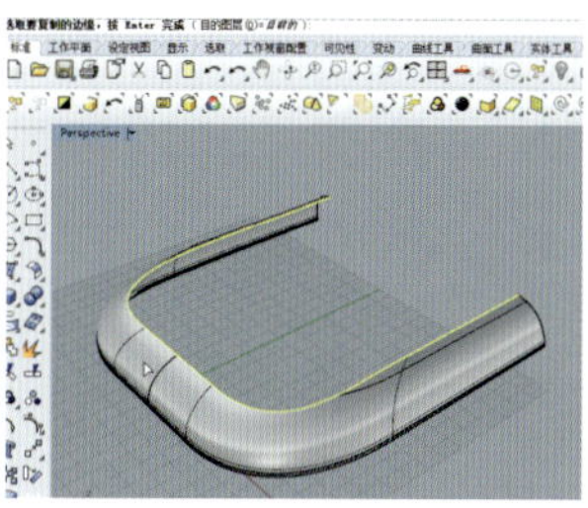

图8.24 复制边缘

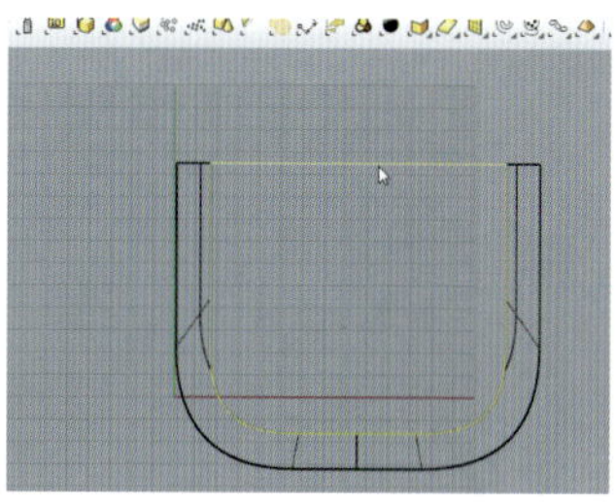

图8.25 选中内轮廓曲线

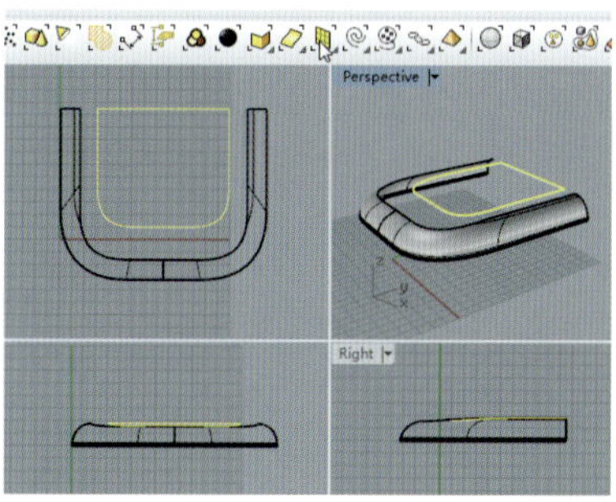

图8.26 三轴缩放工具缩小曲线

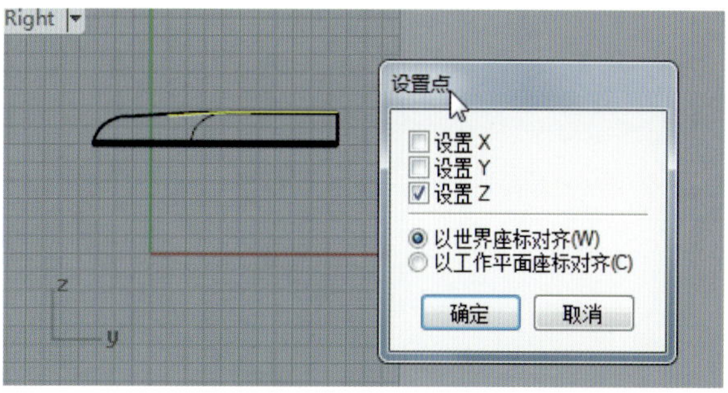

图8.27 对曲线设定XYZ坐标命令图

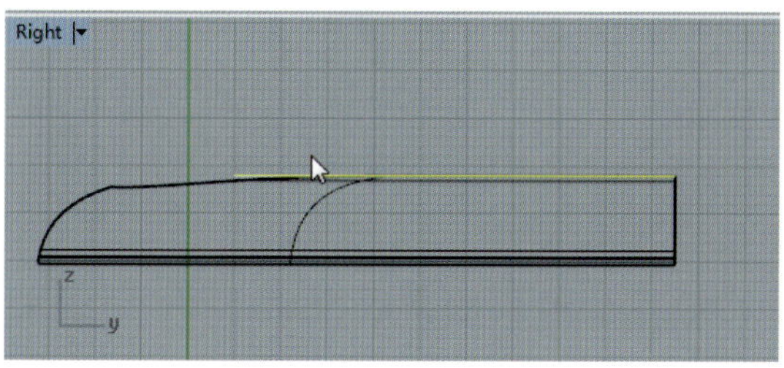

8.28 曲线转为平面线

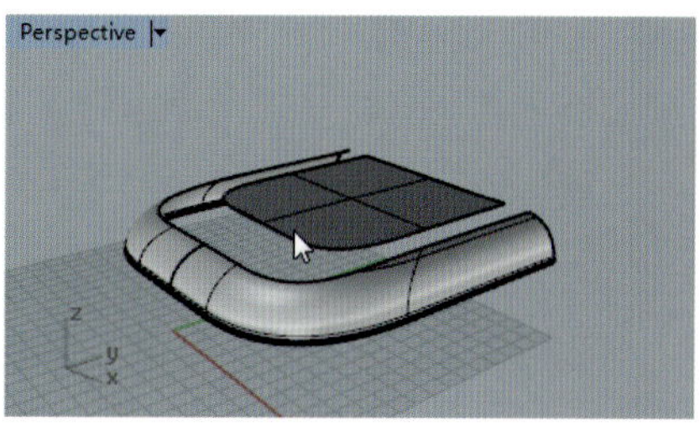

图8.29 创建曲面图

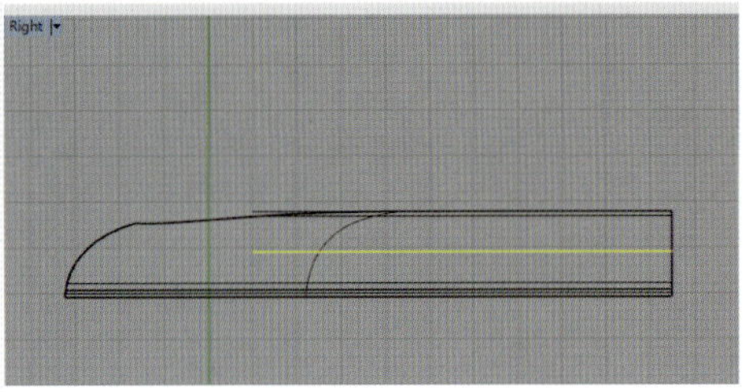

8.30 移动曲面至适当位置

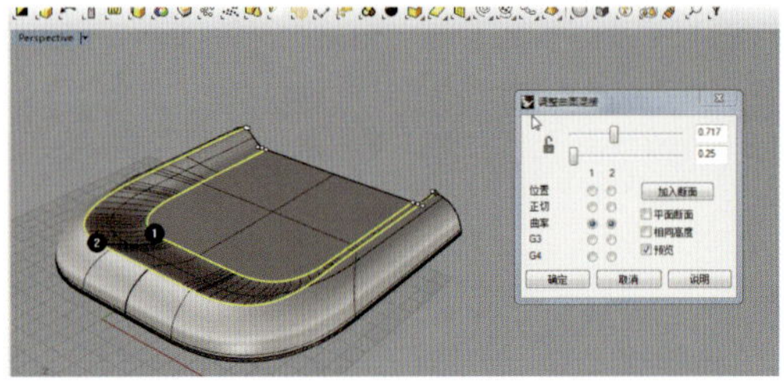

图8.31 创建混接曲面

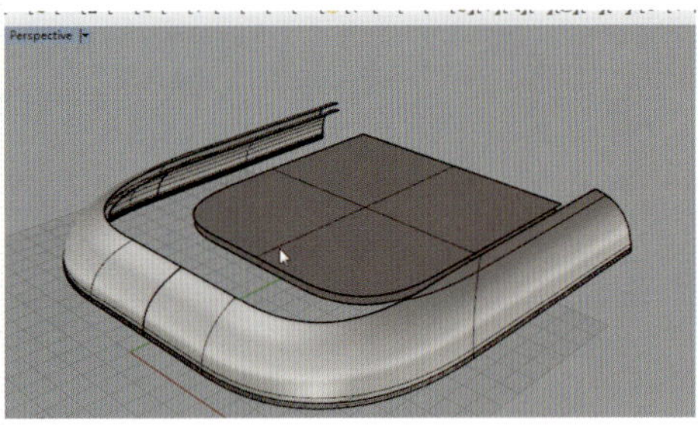

图8.32 隐藏混接面并将两个面向里偏移

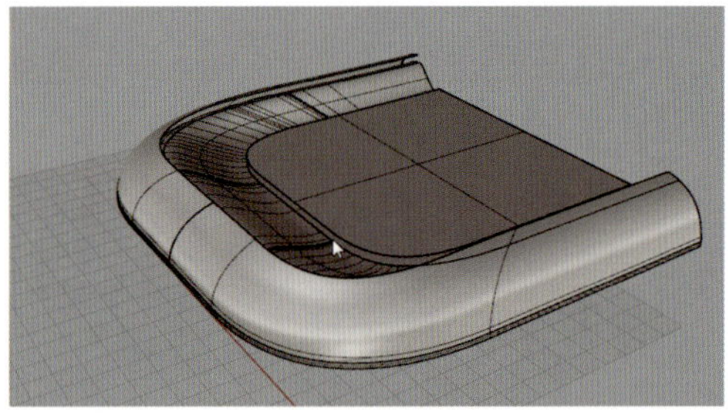

图8.33 再次混接偏移出的两个曲面

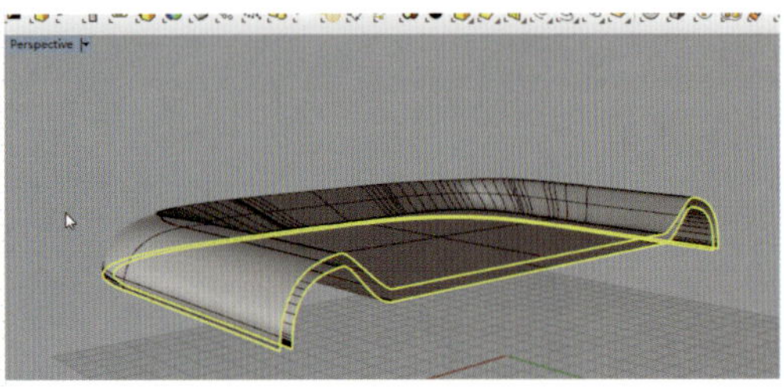

图8.34 创建并组合边缘线条

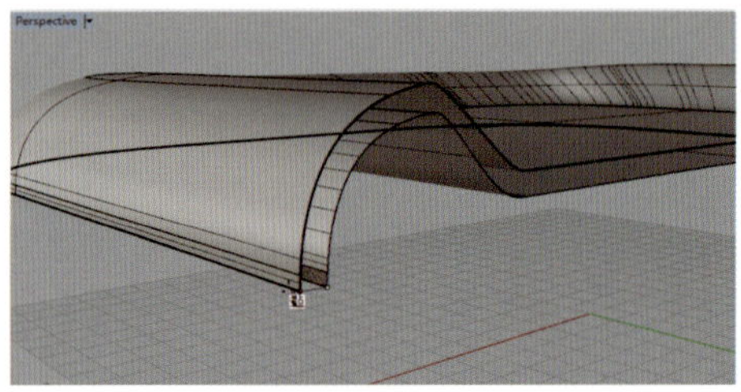

图8.35 直线命令连接两个面端点

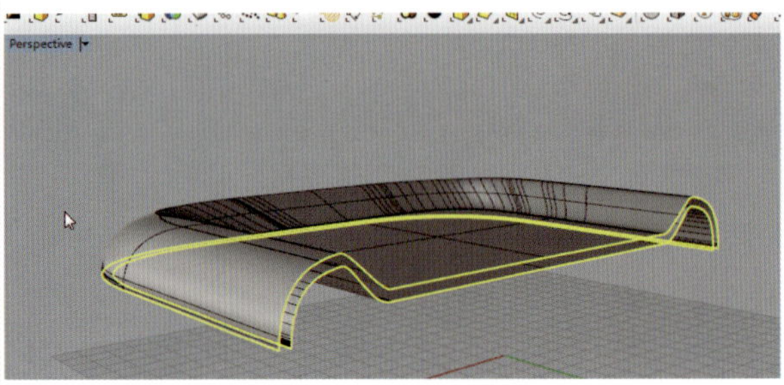

图8.36 双轨扫掠生成曲面并组合所有曲面

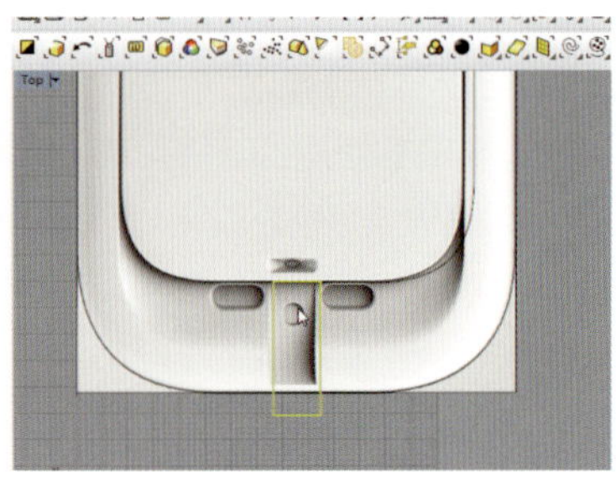

图8.37 绘制矩形图

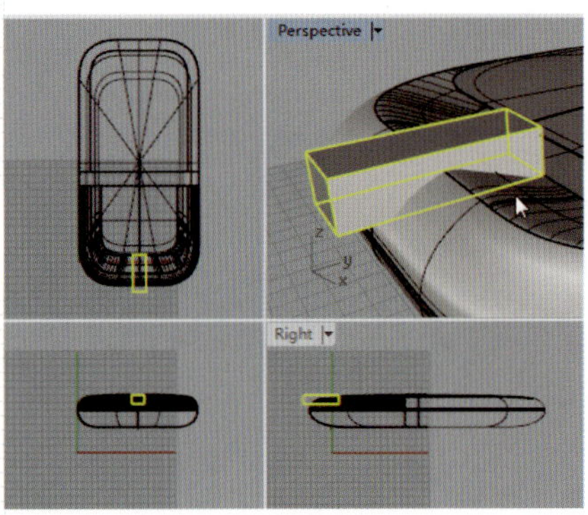

8.38 利用矩形挤出实体

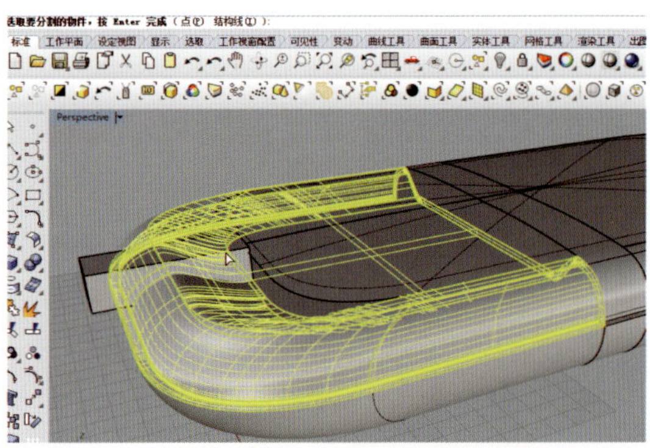

图8.39 选择被分割曲面

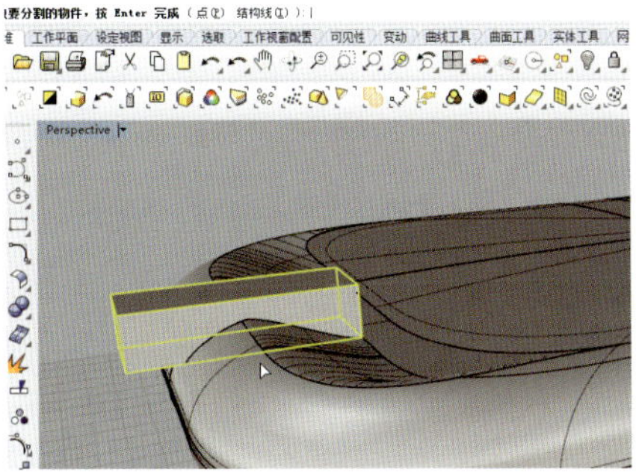

图8.40 选择挤出物件分割曲面

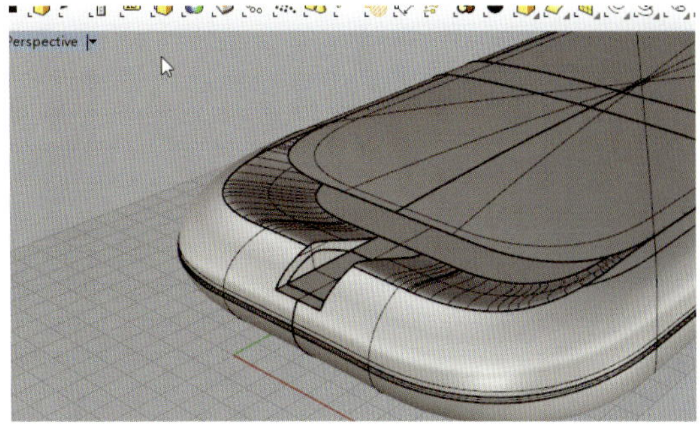

图8.41 将切割后多余的面删除

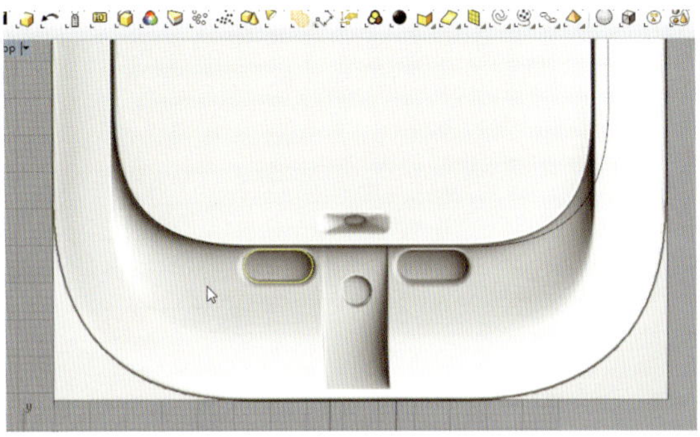

图8.42 绘制凹槽轮廓线

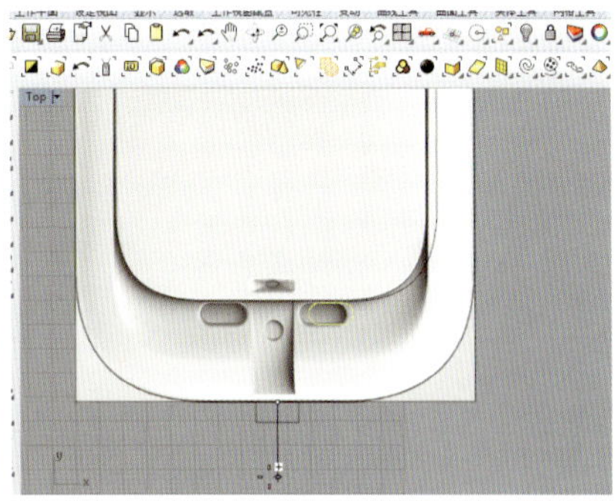

图8.43 镜像轮廓线

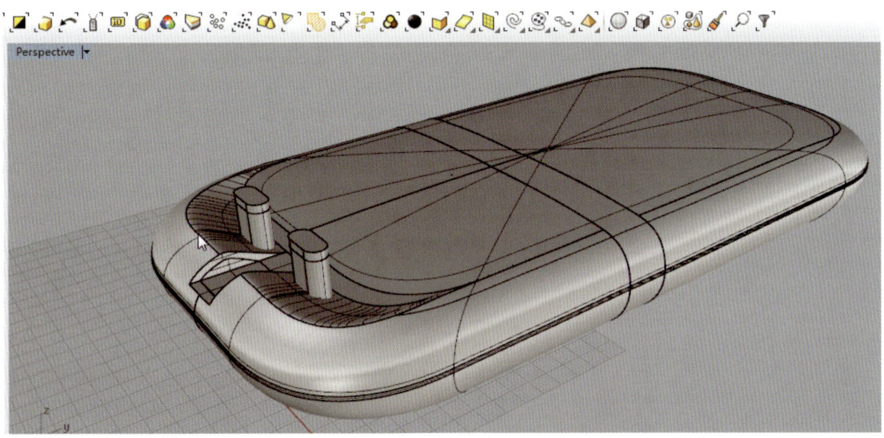

图8.44 创建布尔运算用的实体

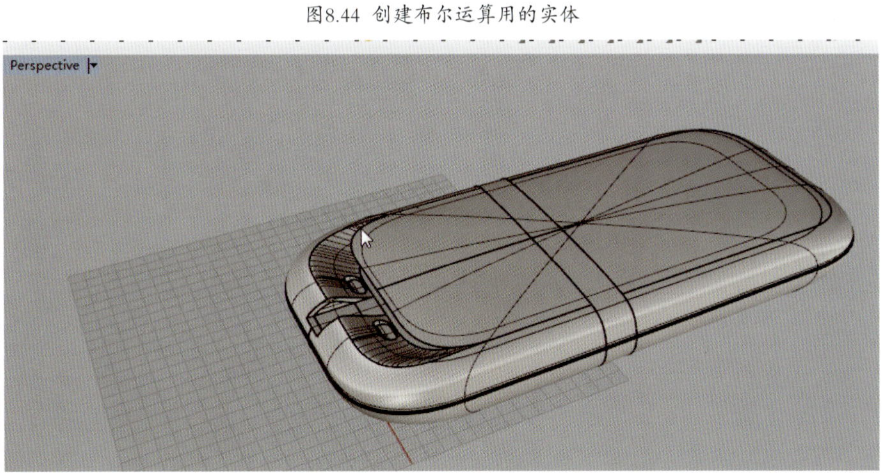

图8.45 布尔运算差集

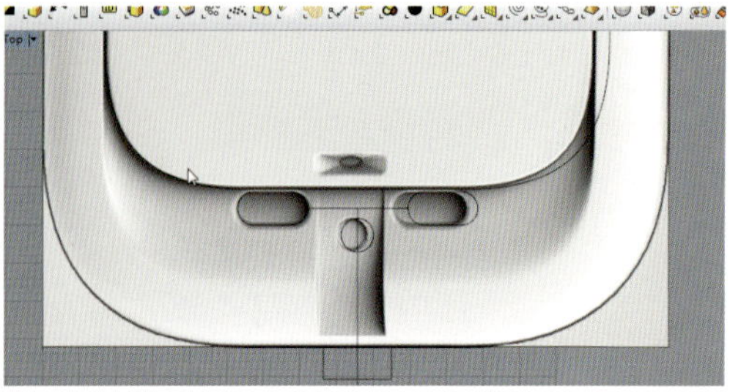

图8.46 绘制圆

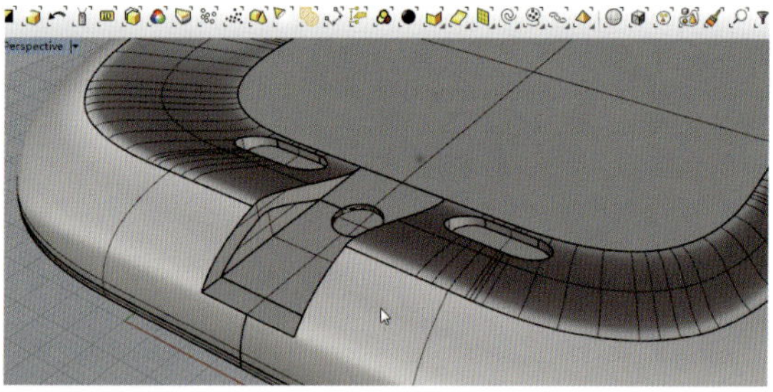

图8.47 挤出实体并做布尔运算差集

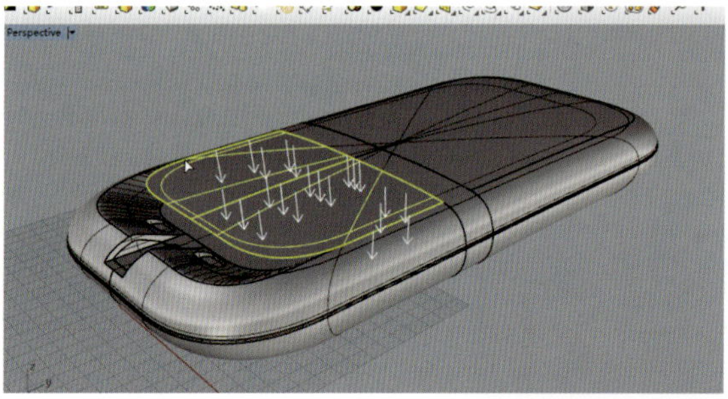

图8.48 偏移图示曲面

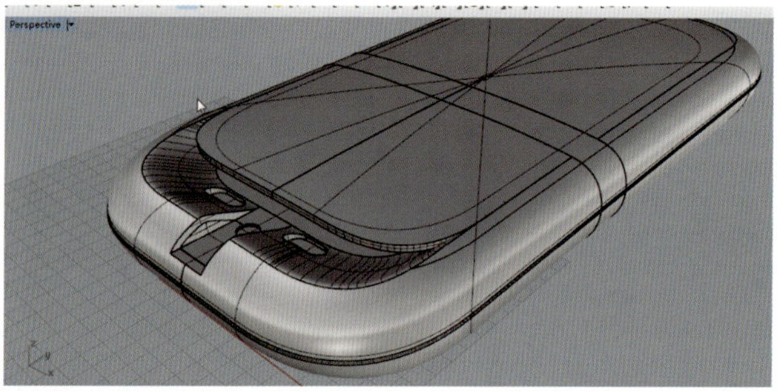

图8.49 连接两个曲面生成实体

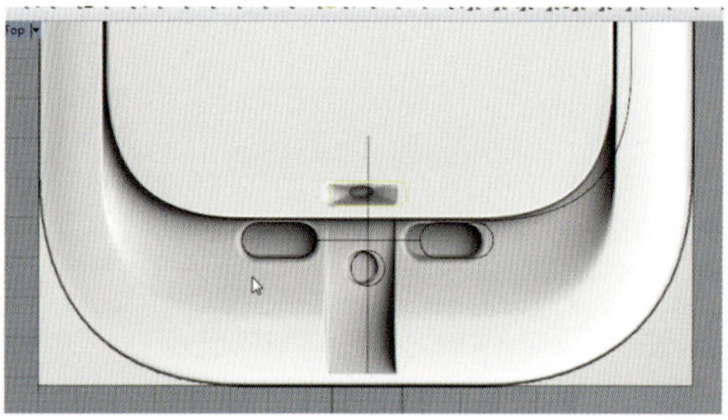

图8.50 绘制圆角矩形

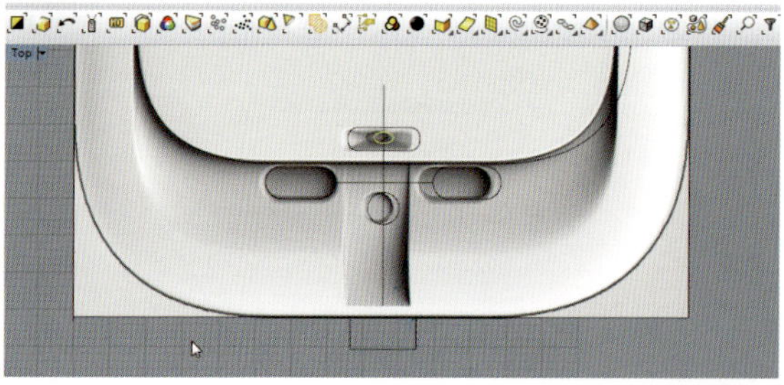

图8.51 绘制椭圆

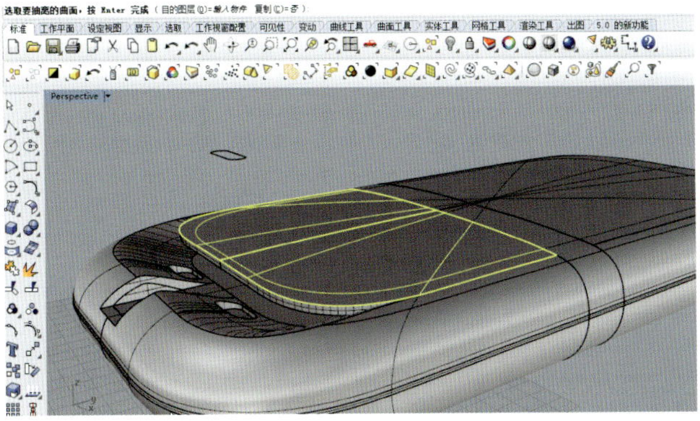

图8.52 抽离曲面

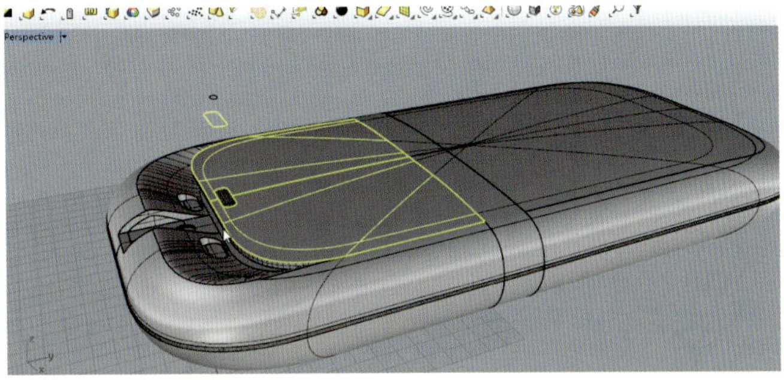

图8.53 选择圆角矩形对抽离面进行切割

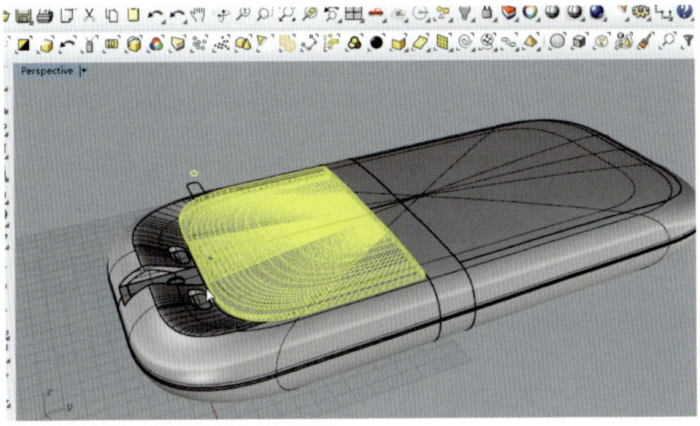

图8.54 选择椭圆对被抽离面进行切割

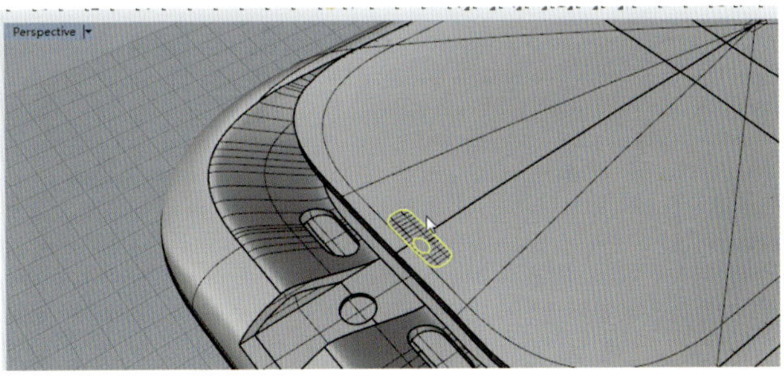

图8.55 复制被割边缘生成曲线

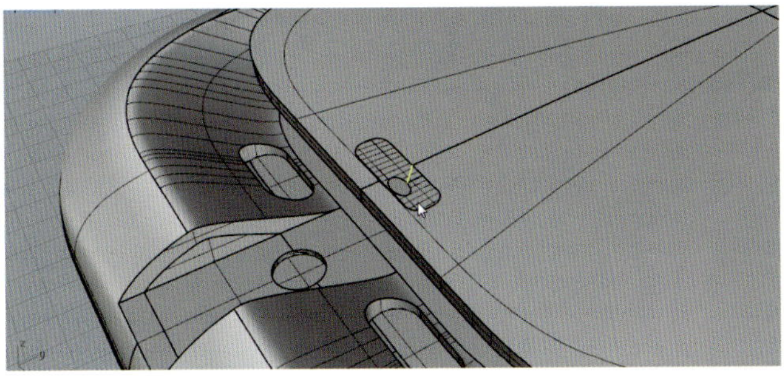

图8.56 选择四分点绘制曲线

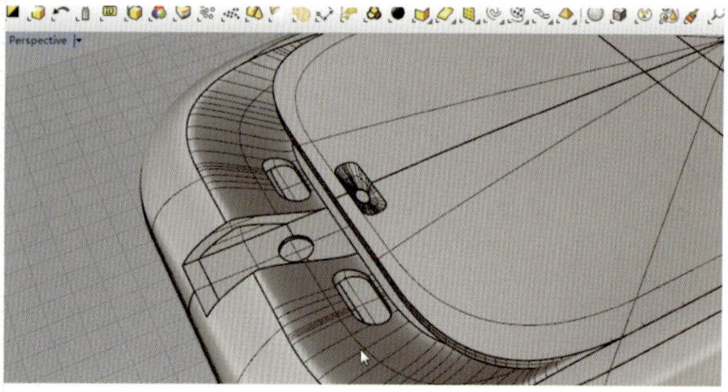

图8.57 双轨扫掠生成曲面

图8.58 圆角矩形和直线工具绘制出按键的外轮廓

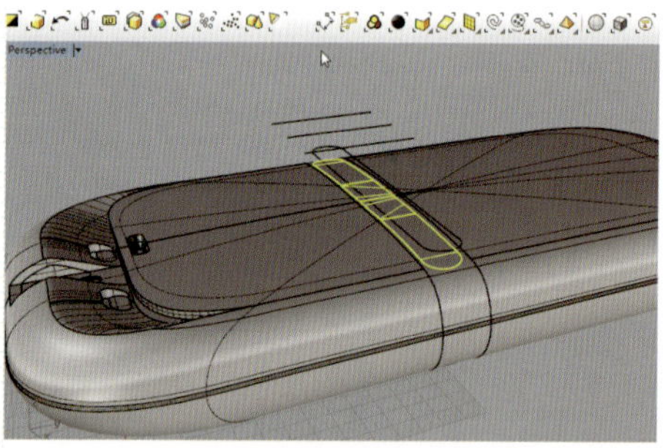

图8.59 分割曲面

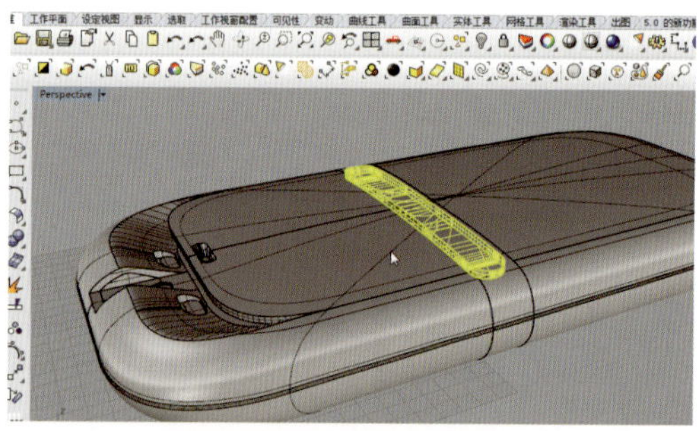

图8.60 偏移被分割曲面成实体

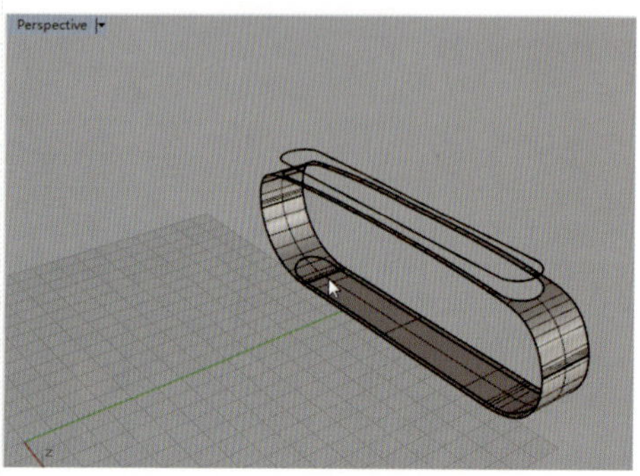

图8.61 删除被切割的多余曲面

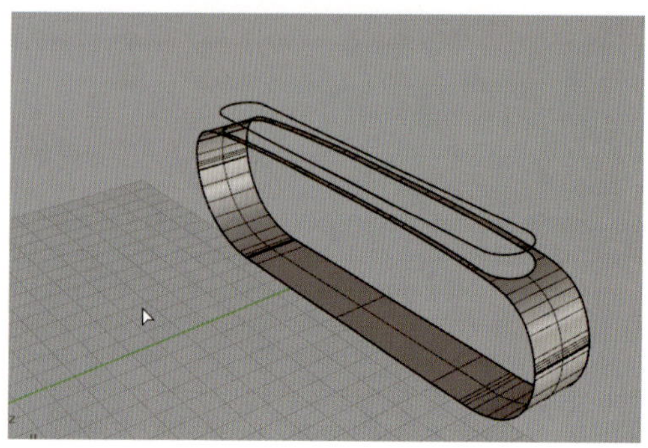

图8.62 取消底部的修剪

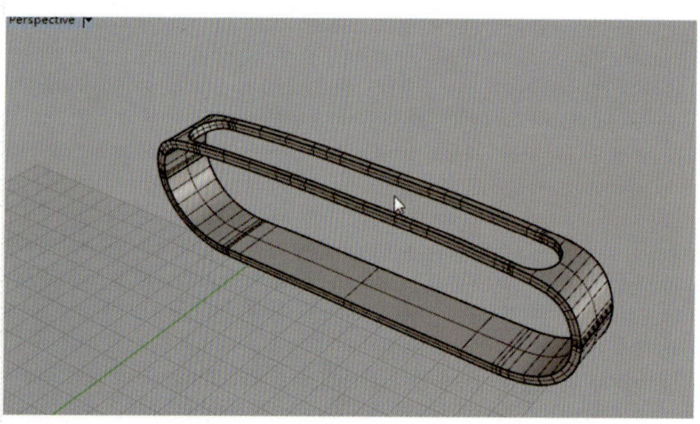

图8.63 偏移曲面命令生成实体

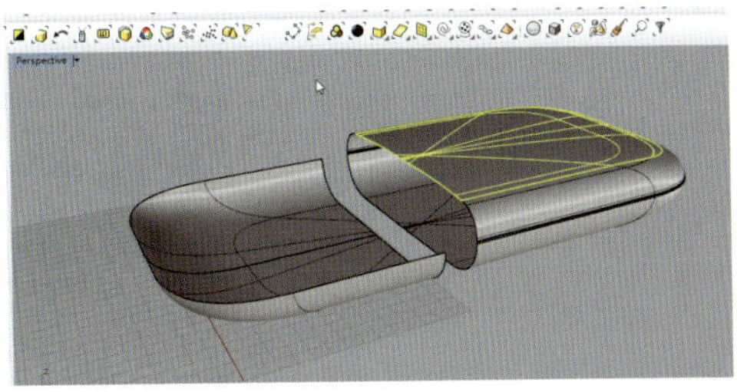

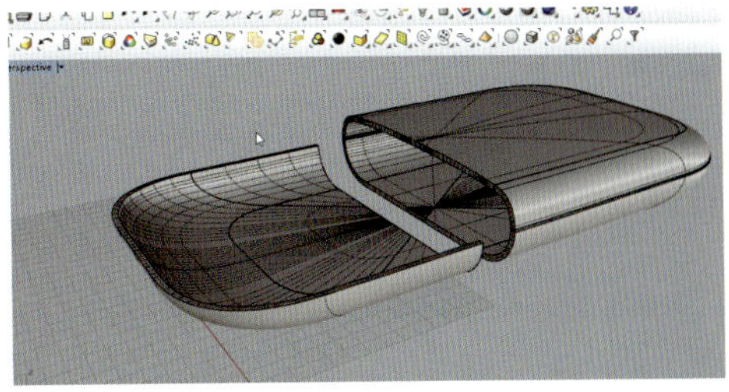

图8.64（左）将剩下没有成为体的四个面进行向内偏移，得到图8.65（右）

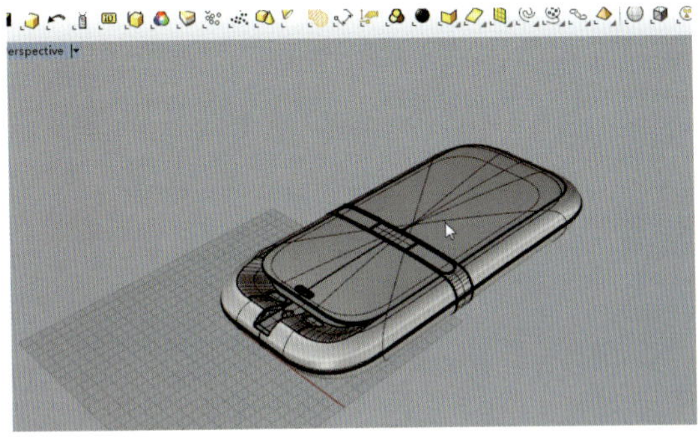

图8.66 将所有边缘进行倒角

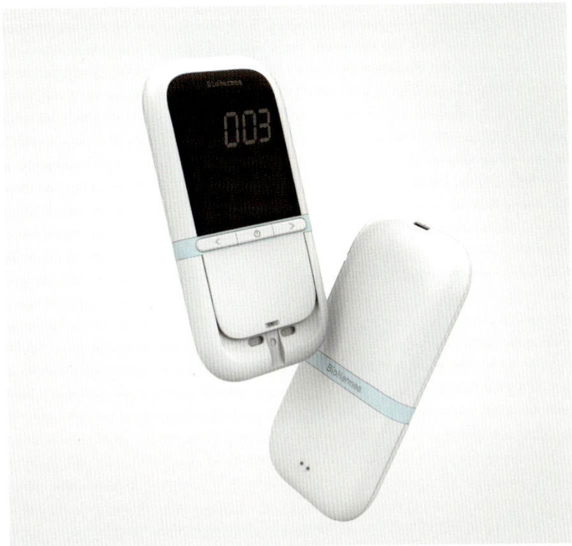

8.67 渲染效果

课程实训

单元课题实训

1. 按照本章实例要求尝试血糖仪建模的完整过程。

2.构思并设计一款类似的家用医疗产品。具体要求与提示可参考第六章。

第九章　美容仪建模

本章教学目标

本章介绍了一款美容仪产品的建模方法及流程。学习过程中注意教材中对美容仪产品造型的分析过程。

9.1 造型分析与建模思路

9.1.1 美容仪造型分析

此美容仪整体造型以有机曲面形态为主，需要掌握合理的布线能力才能较好地完成模型建构，把手位置的过渡面衔接也需要保持好连续性，因此对初学者而言有一定难度。开始描点绘制曲线前，应先分析模型各轮廓线的走向，以便更好地把握整体形态。

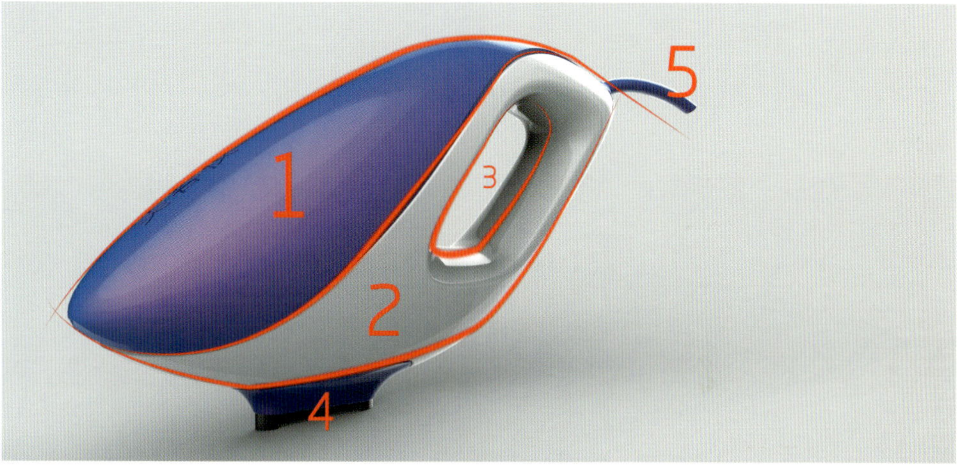

图9.1 模型轮廓及结构线

9.1.2 建模思路

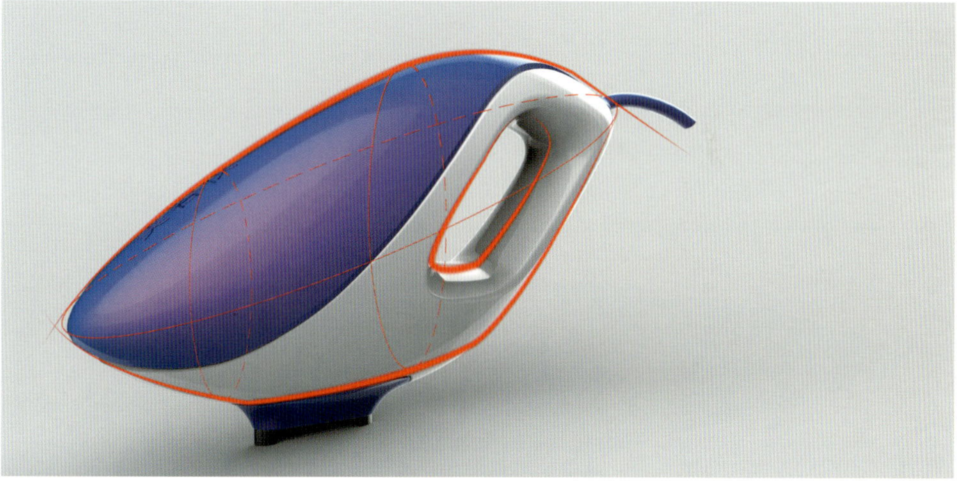

图9.2 区域划分

如图9.2所示：

1号区域：1号区域与2号区域整体画线从网线建立曲面生成。

2号区域：2号区域通过布尔运算交集分成两部分，分别是1号区和2号区。

3号区域：在2号区中进行布尔运算差集剪出3号区。

4号区域：4号区通过分割工具以及双轨成型工具生成。

5号区域：5号区通过单轨扫掠生成。

9.2 建模流程

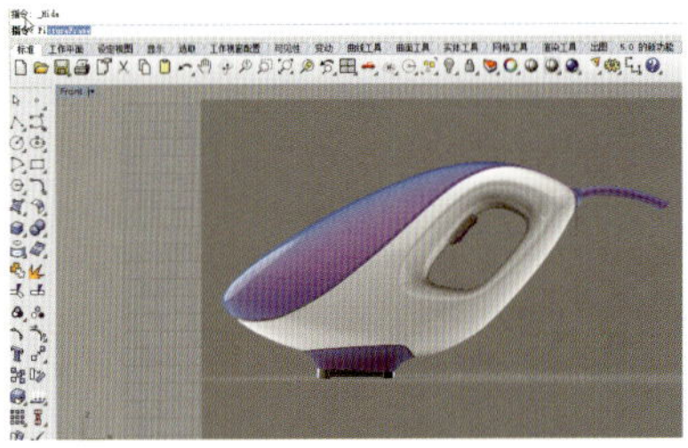

图9.3 设置前视图背景图

图9.4 参考背景图画轮廓线

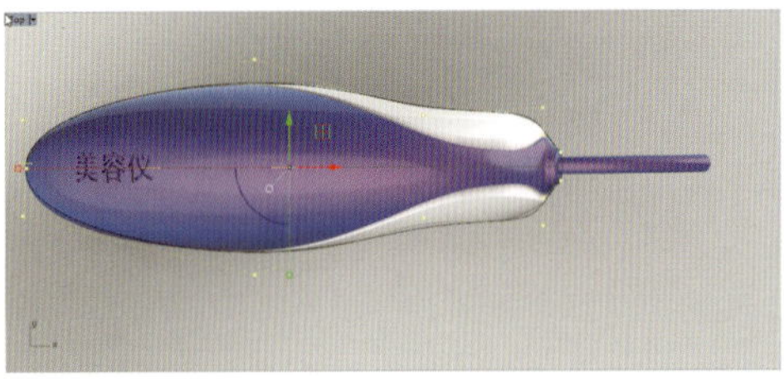

图9.5 参考俯视背景图画结构线

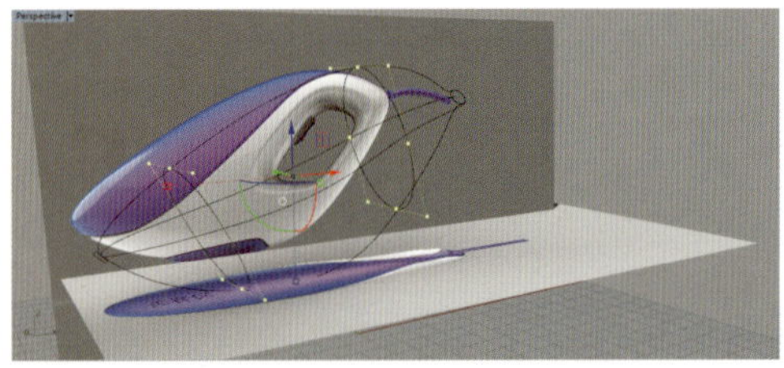

图9.6 绘制模型的结构线

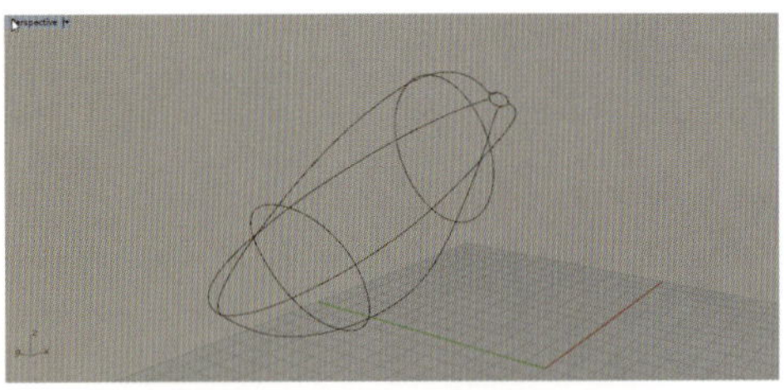

图9.7 模型结构线绘制完毕

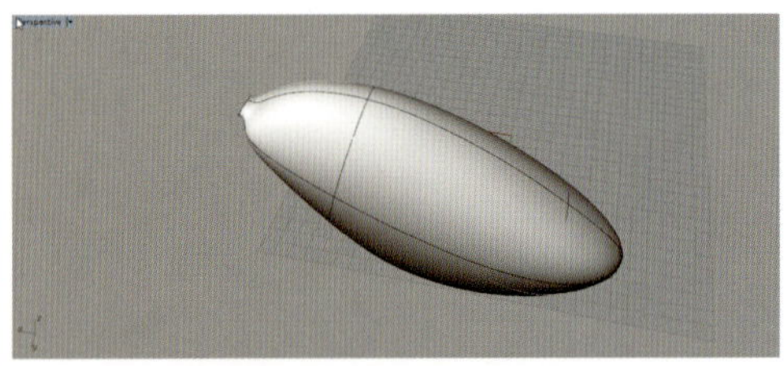

图9.8 网格建面工具生成曲面

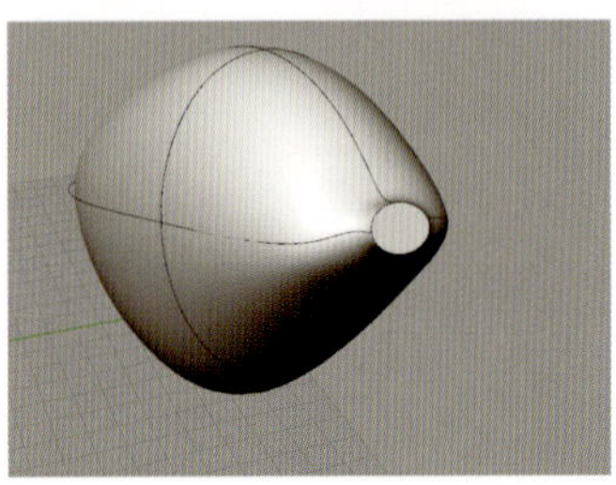

图9.9 加盖封闭曲面并组合为实体

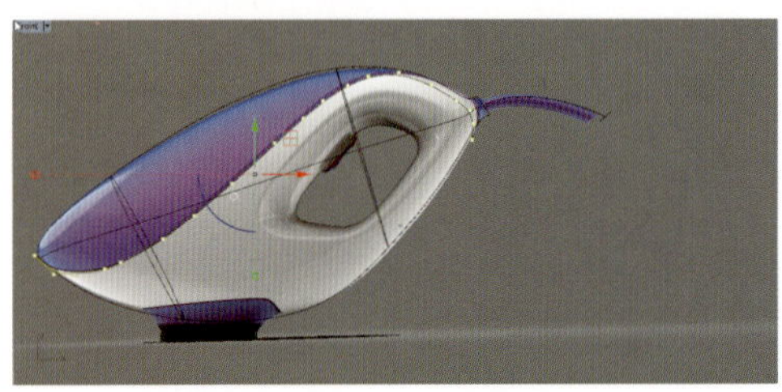

图9.10 隐藏实体后绘制侧面分模线

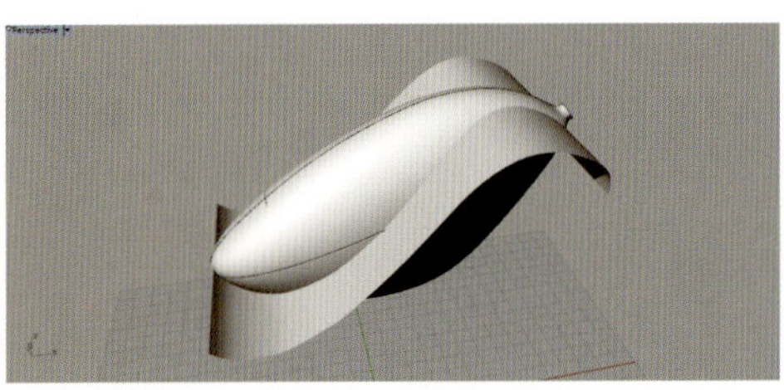

图9.11 分模线挤出生成曲面

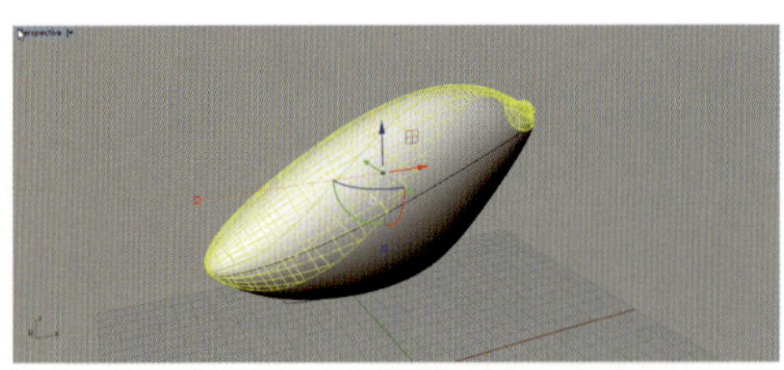

图9.12 修剪工具将实体分割为两部分

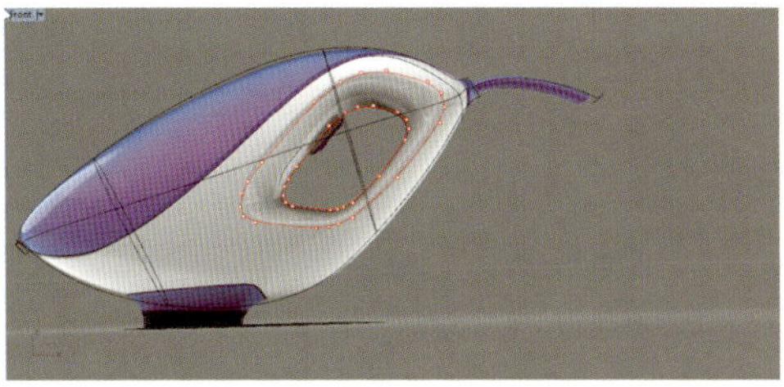

图9.13 绘制把手轮廓曲线

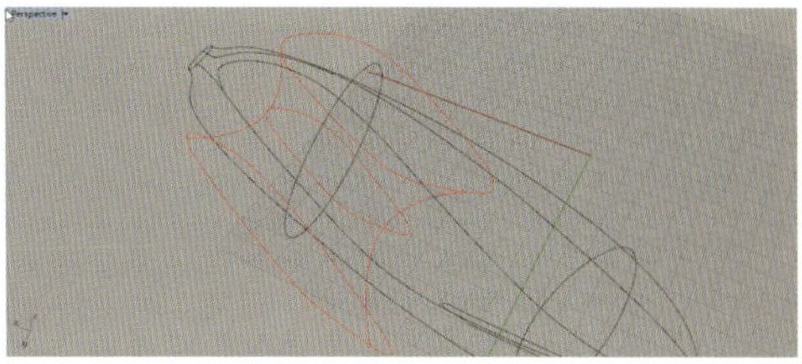

图9.14 绘制图中红色曲线

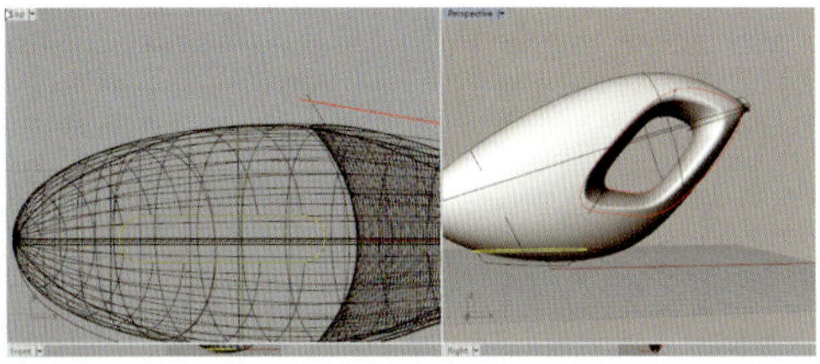

图9.15 双轨扫掠工具生成图示曲面

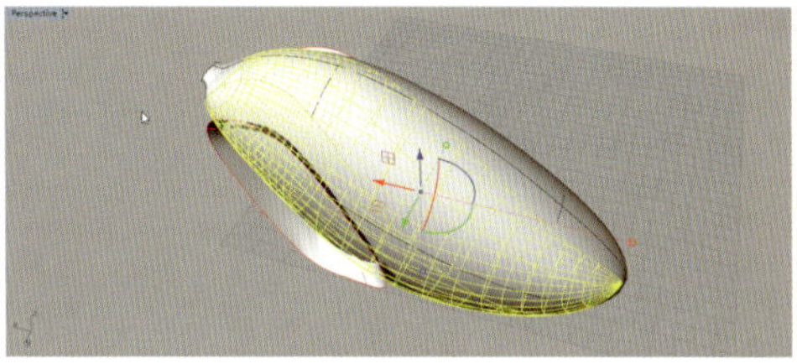

图9.16 布尔运算分割曲面

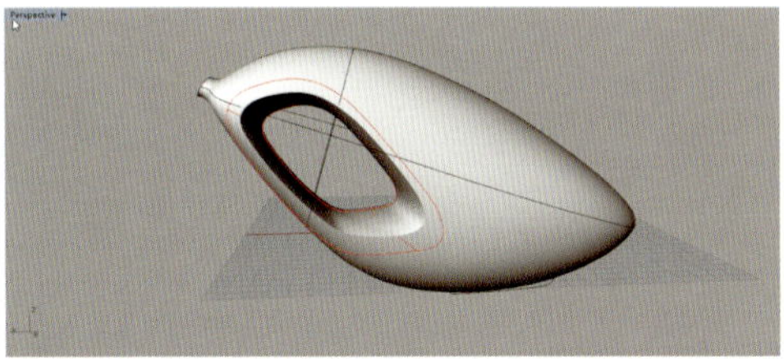

图9.17 分割后删除把中间不需要的部分

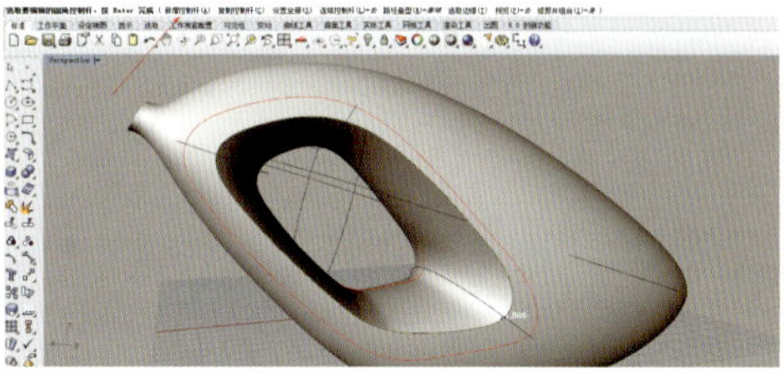

图9.18 使用圆角工具输入合适数值建立圆角

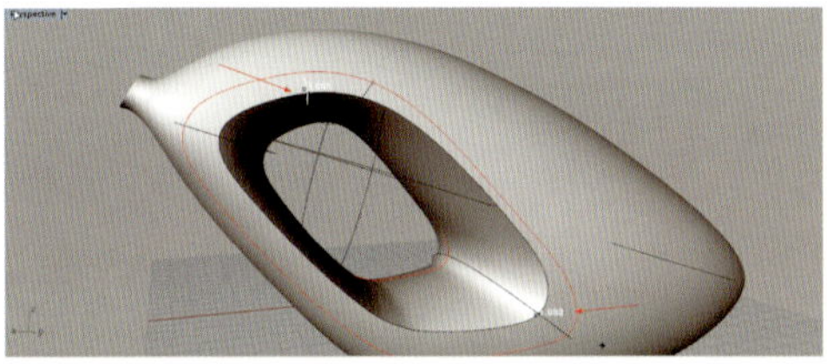

图9.19 尝试合适的圆角数值

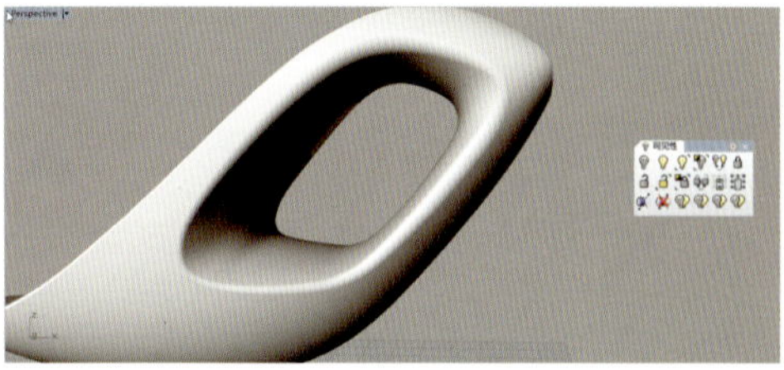

图9.20 倒角后的着色显示

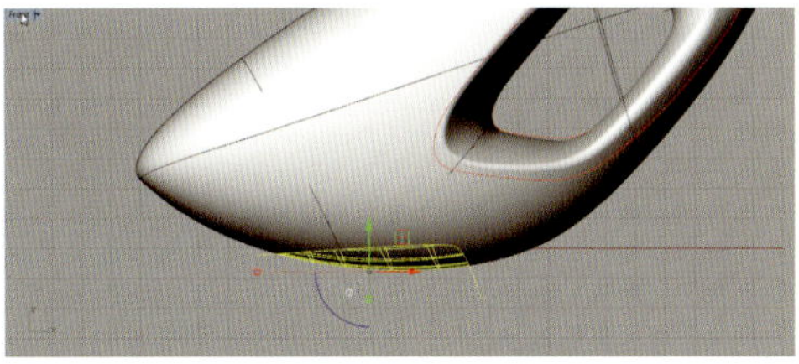

图9.21 绘制分割曲线并完成曲面分割

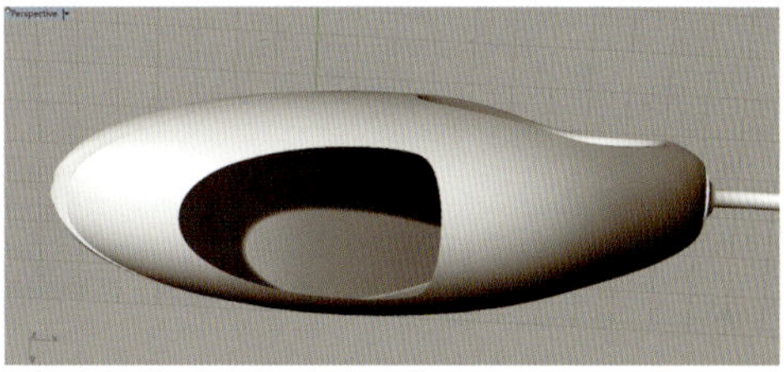

图9.22 分割完成删除不需要的曲面

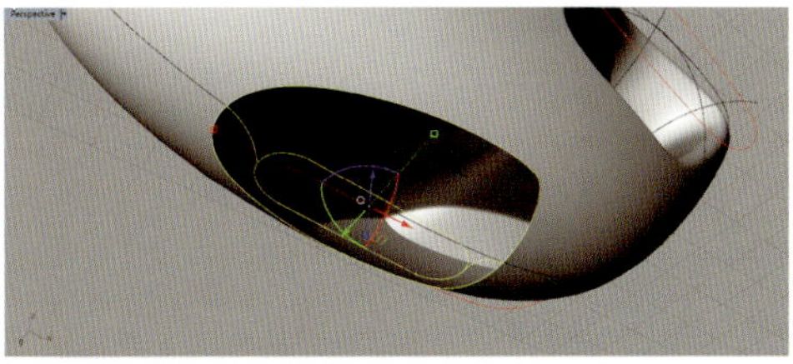

图9.23 用曲线工具和锁点模式完成图示布线

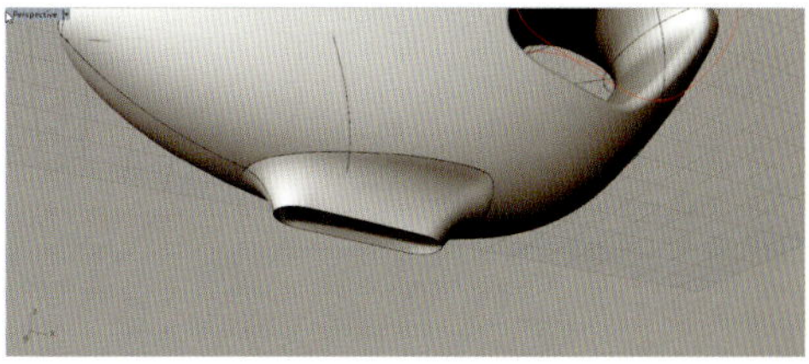

图9.24 双轨扫掠生成曲面

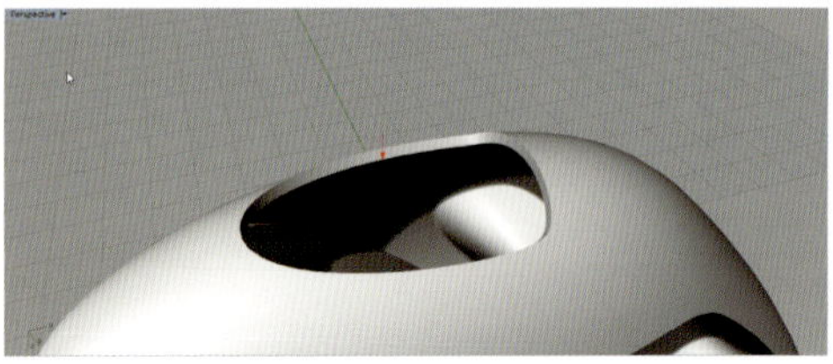

图9.25 挤出曲线创建曲面

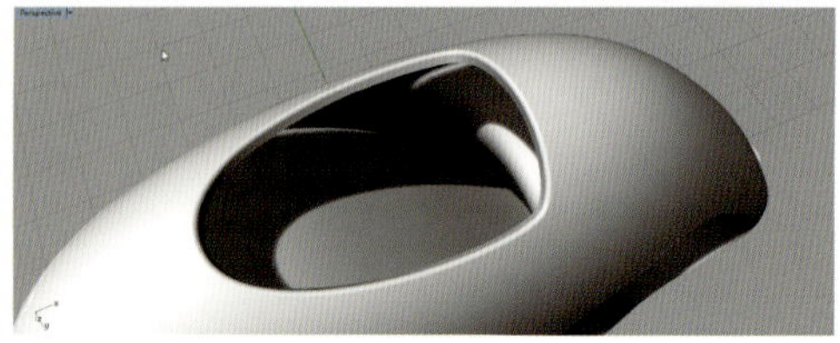

图9.26 倒圆角创建圆角

图9.27 显示隐藏物件并加厚倒圆角处理

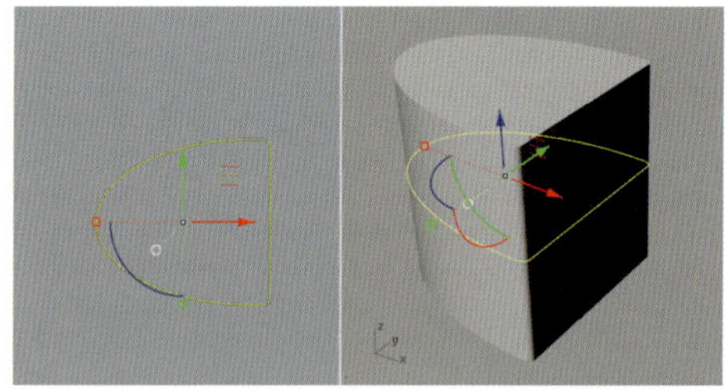

图9.28 绘制半椭圆曲线后挤出成实体

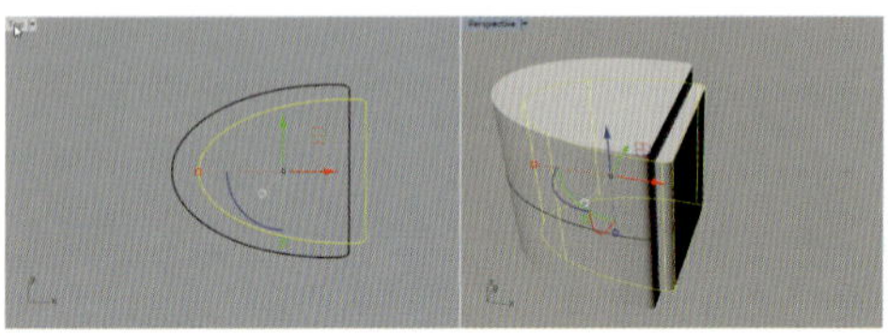

图9.29 复制实体后缩小并进行布尔运算差集

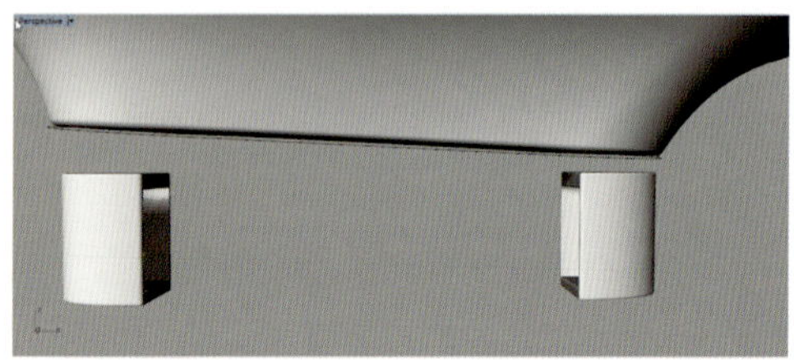

图9.30 镜像布尔运算所得的实体

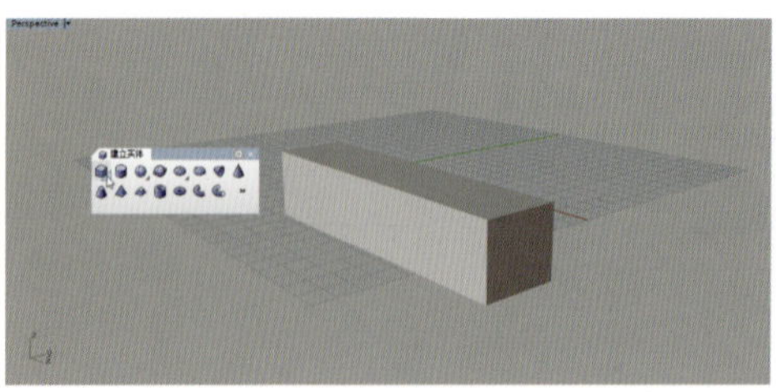

图9.31 绘制一个长方体并倒圆角

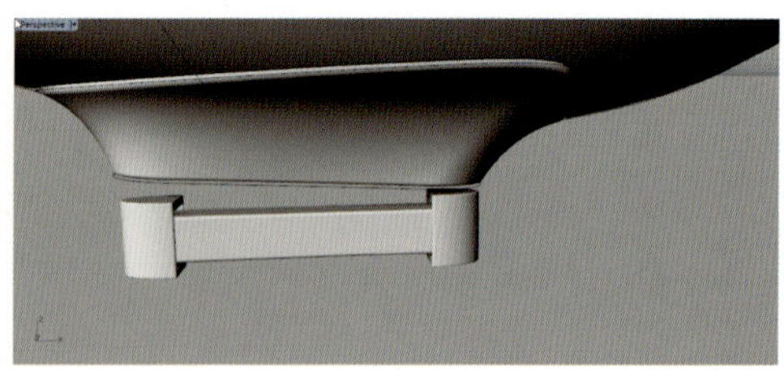

图9.32 将长方体移动到适当位置

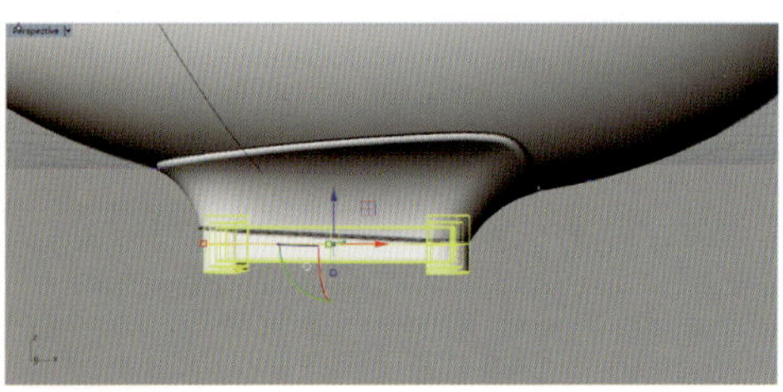

图9.33 移动图示黄色零部件到适当位置

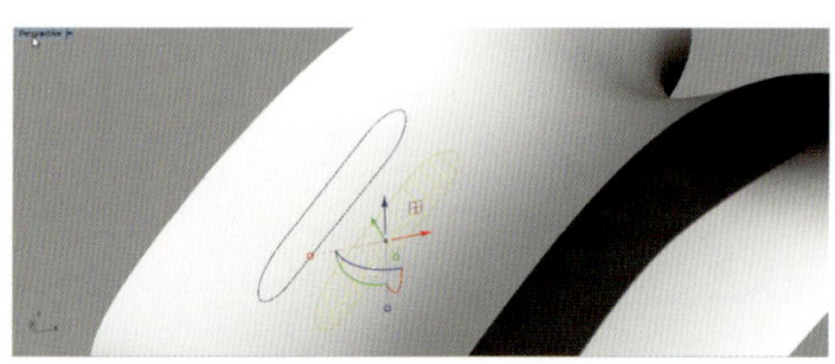

图9.34 隐藏按键部分之外的其他曲面后绘制圆角曲线

图9.35 分割按键曲面

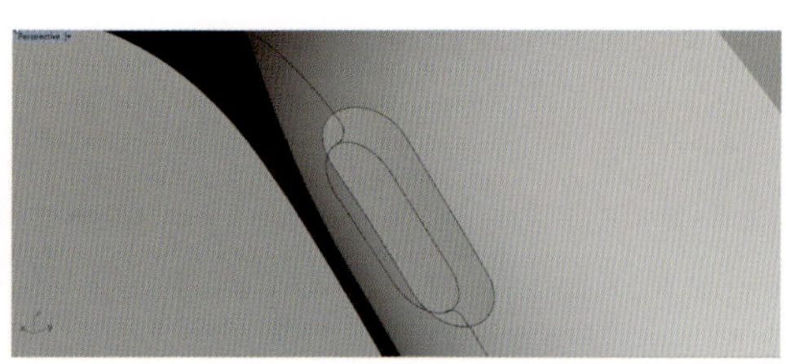

图9.36 按图示曲线布局布线

图9.37 双轨扫掠生成曲面

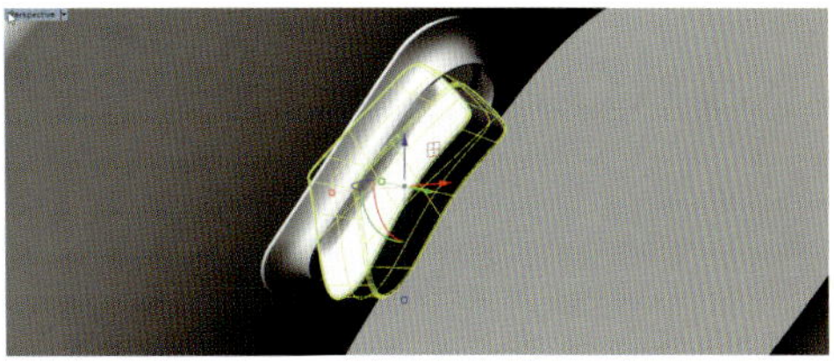

图9.38 绘制按键轮廓曲线挤出后倒圆角

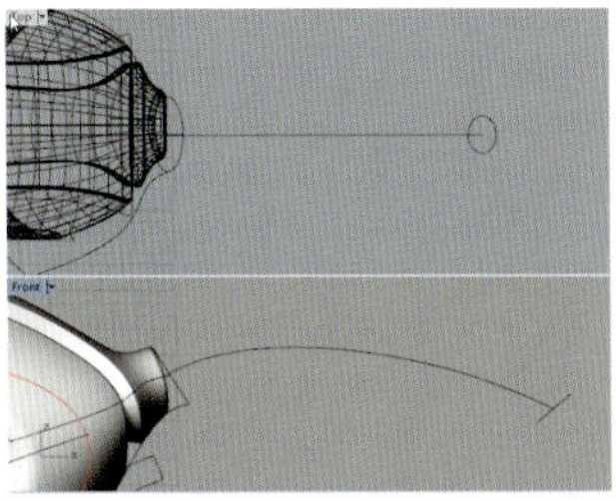

图9.39 绘制电源线轮廓

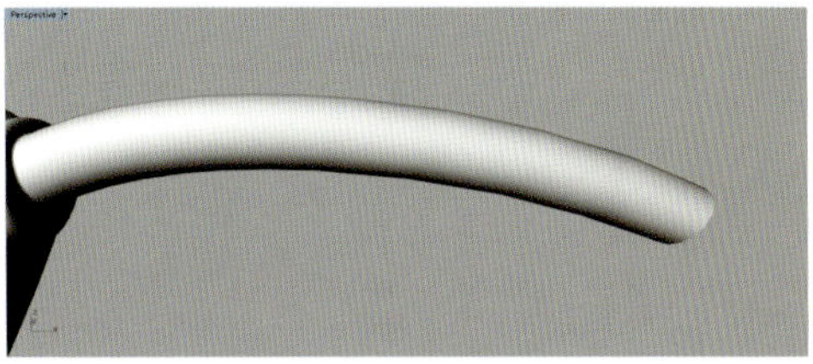

图9.40 生成圆管曲面

图9.41 文字物件工具生成文字

图9.42 创建的文字实体

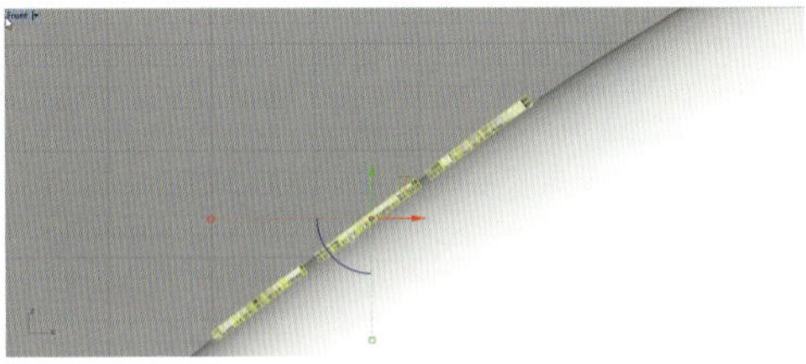

图9.43 移动文字实体到适当位置并做布尔运算差集

图9.44 布尔运算差集后效果

图9.45 对文字部分倒圆角

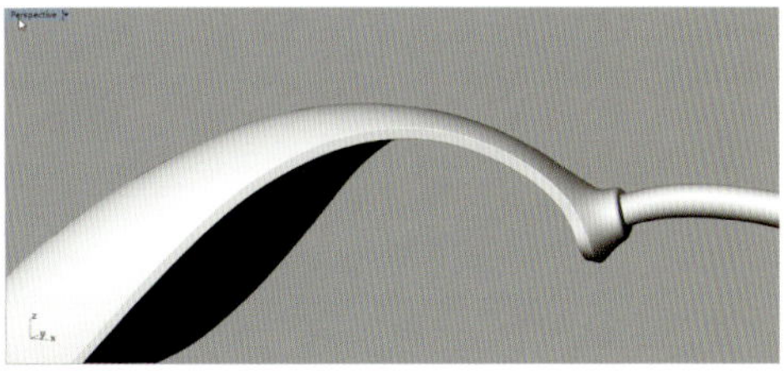

图9.46 上部零件倒角

图9.47 底部零件倒圆角

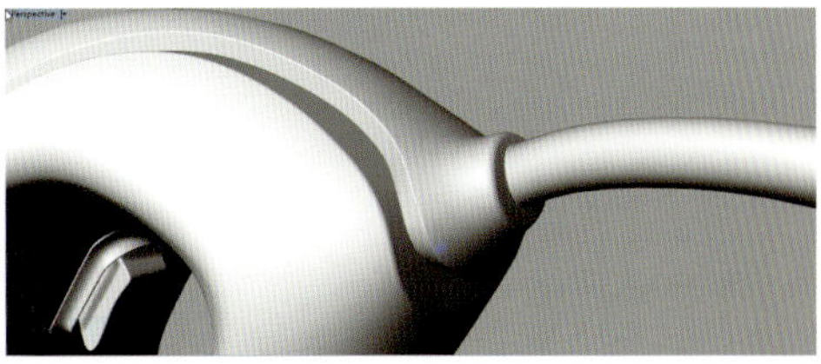

图9.48 电源线接入处倒圆角

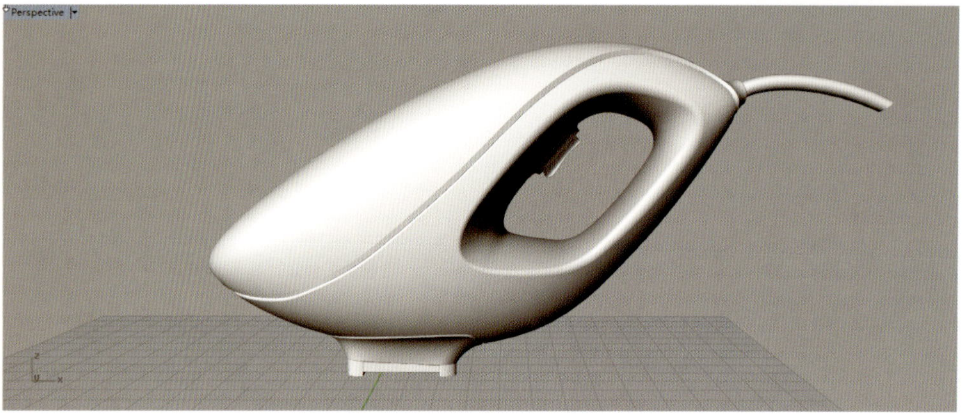

图9.49 完成后的整体效果

9.3 美容仪渲染图

图9.50 效果图一

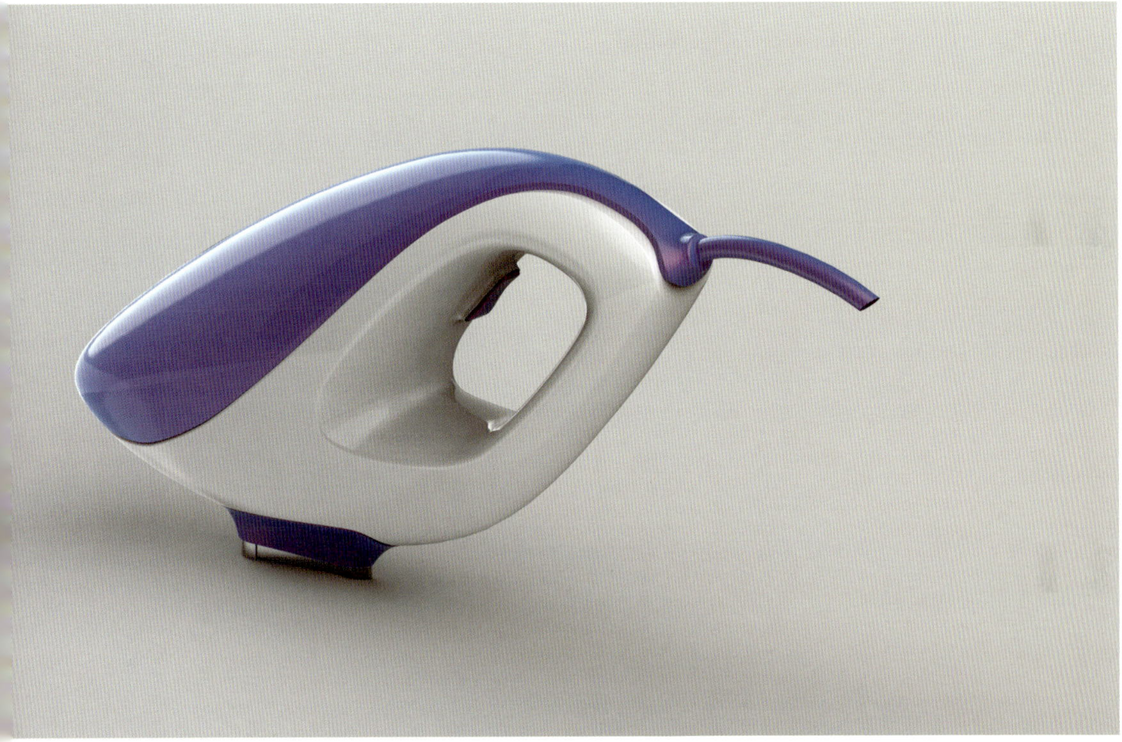

图9.51 效果图二

课程实训

单元课题实训

1. 按照本章实例要求尝试美容仪产品建模的完整过程。

2.构思并设计一款类似的有机曲面造型产品。具体要求与提示可参考第六章。

第十章　手持电刨建模

本章教学目标

本章介绍了一款手持电刨的建模方法及流程。学习过程中注意教材中对手持电刨产品造型的分析过程。

10.1 建模思路

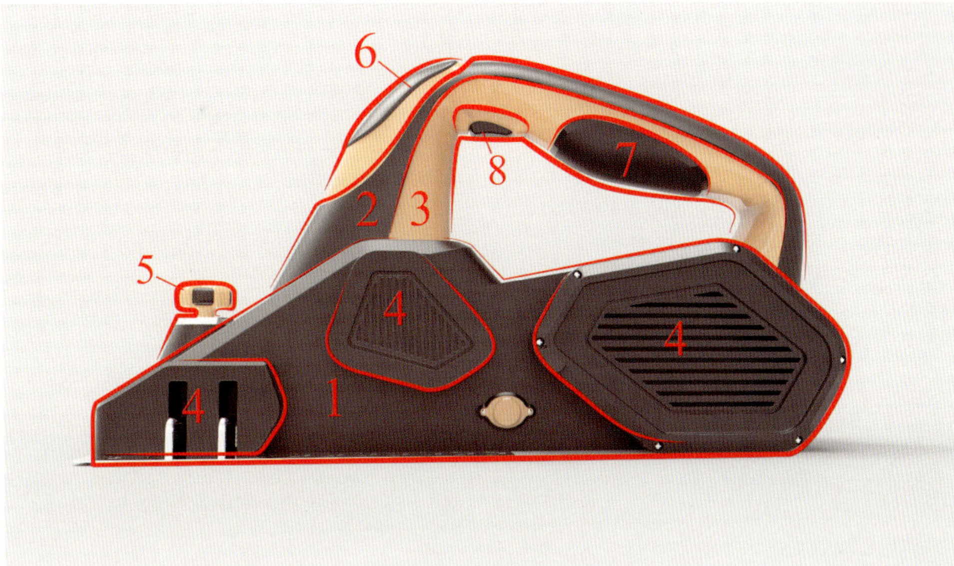

图10.1 区域划分

建模思路划区域来分会更显著，如图10.1所示。

1号区域：画出轮廓线，用挤出封闭的平面直线直接生成。

2号区域：暂将2、6号区域看成一个整体，在top视图和front视图画线调整。

3号区域：利用画2号区域时用的辅助线，再添加横截线用双轨扫掠和调控制点生成。

4号区域：通过画轮廓线挤出和布尔差集生成。

5号区域：画轮廓线用旋转成形生成。

6号区域：切割2号区域之后用曲面偏移和混接生成。

7号区域：切割3号区域之后用曲面偏移和混接生成。

8号区域：切割3号区域后用曲面偏移、混接曲面、布尔运算差集生成。

10.2 建模流程

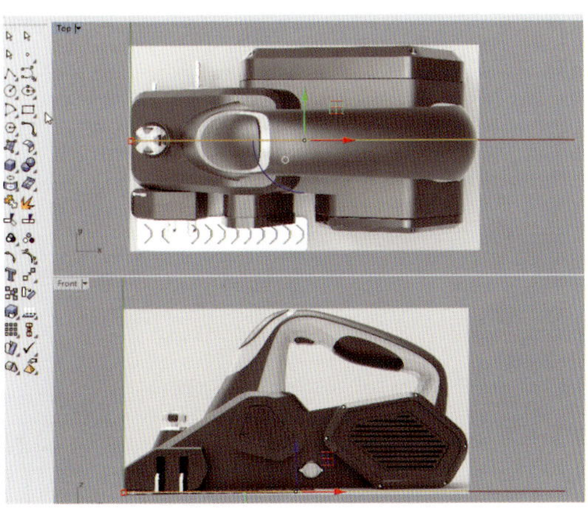

图10.2 在top和front视图上放置背景图并绘制中心线

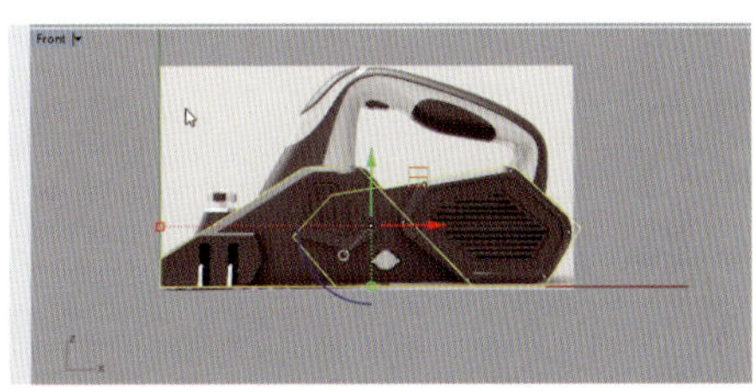

图10.3 直线工具绘制电刨底座轮廓线

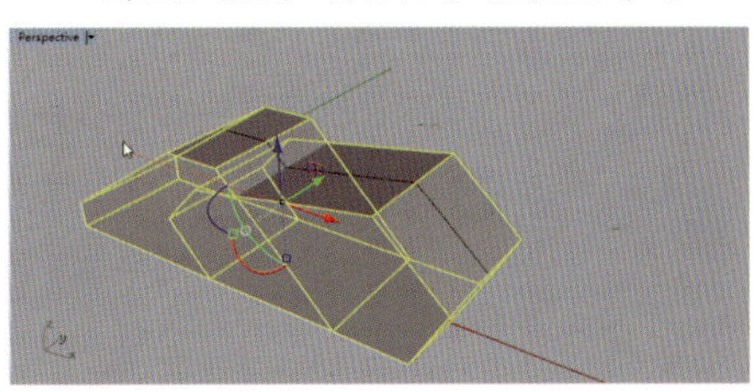

图10.4 挤出封闭实体生成底座大致外形

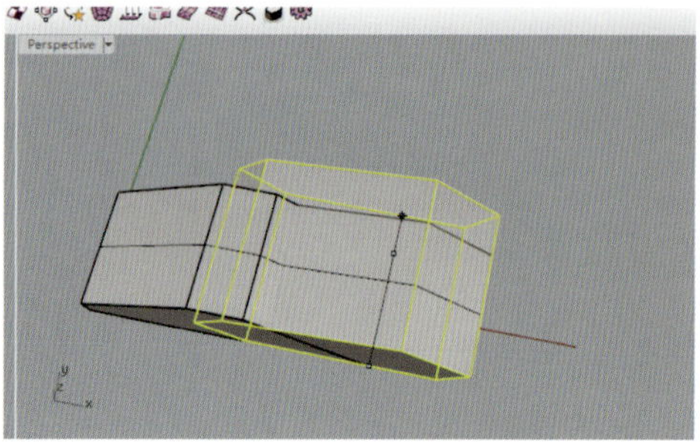

图10.5 用单轴缩放实体至图示状态

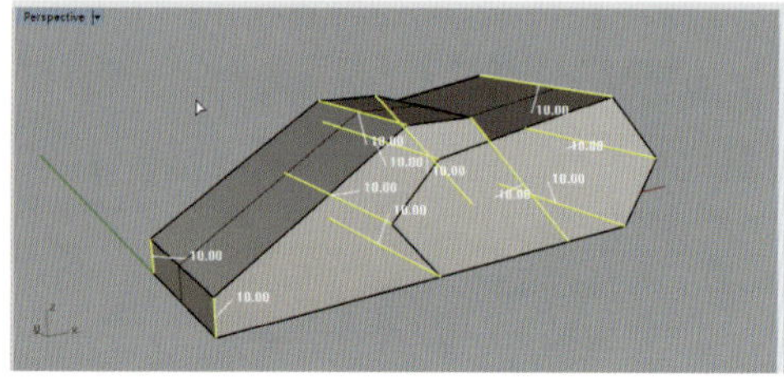

图10.6 在图示边缘倒角

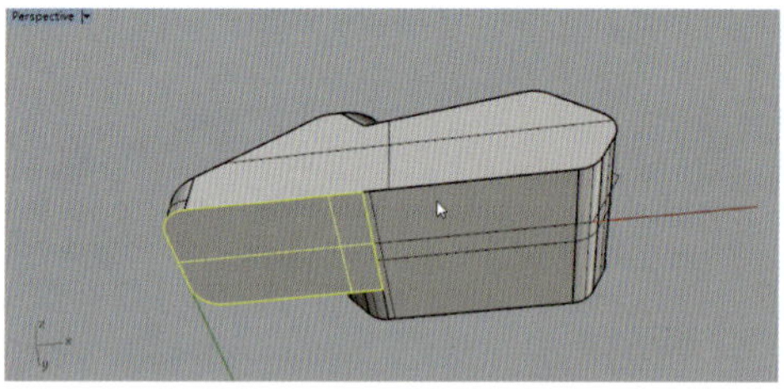

图10.7 联集布尔运算合并两并消除多余的结构线

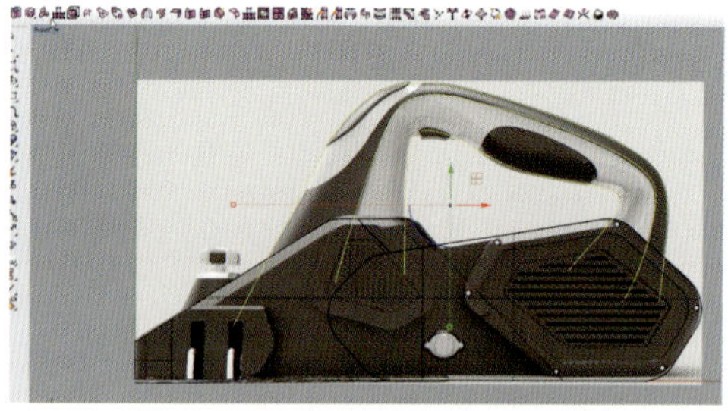

图10.8 曲线工具绘制把手轮廓线

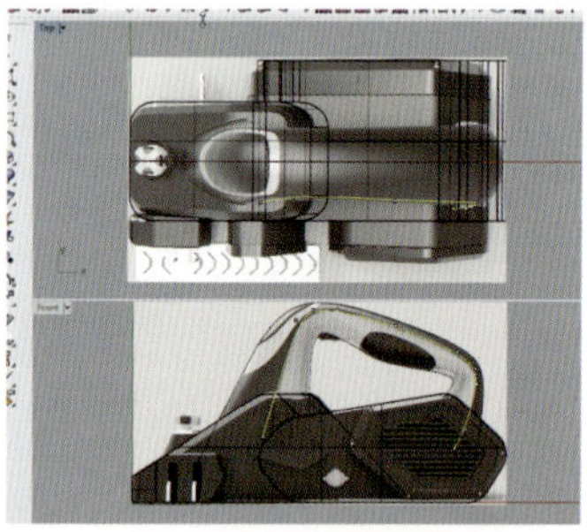

图10.9 打开控制点以top视图为参考调整曲线

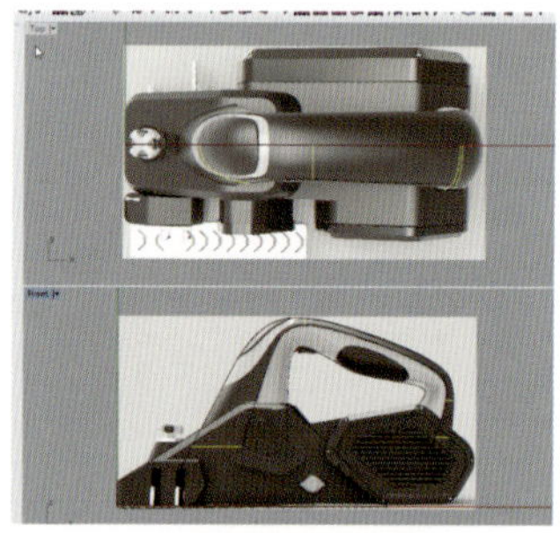

图10.10 曲线工具绘制截面线

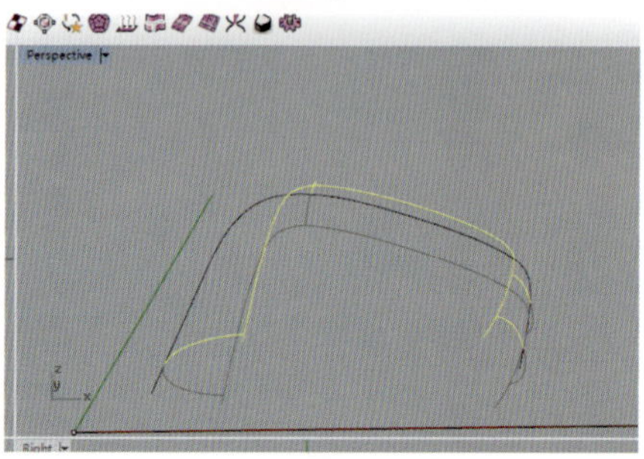

图10.11 沿X轴镜像

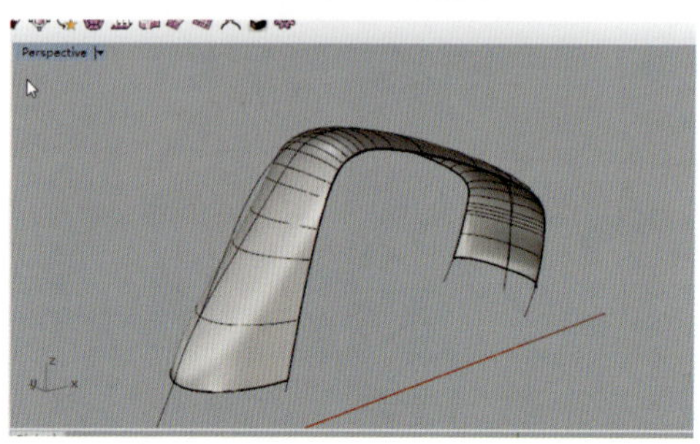

图10.12 用合并工具合并截面线

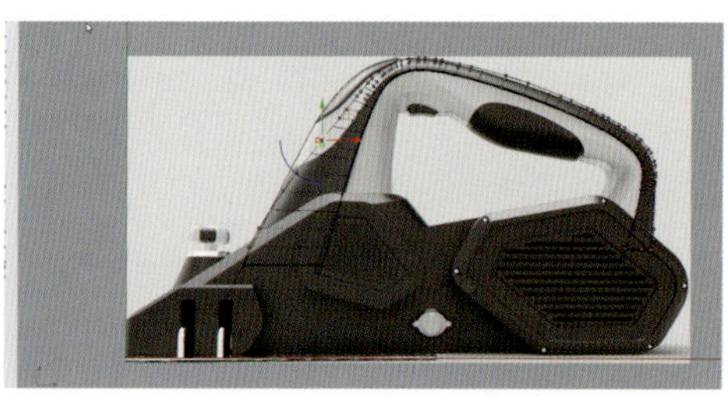

图10.13 双轨扫掠生成曲面

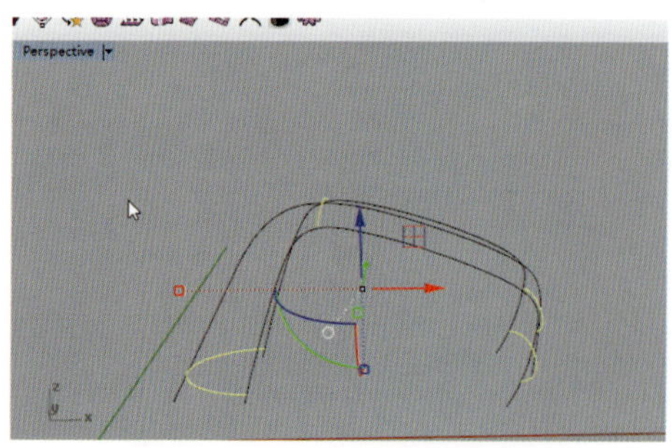

图10.14 显示并调整控制点位置

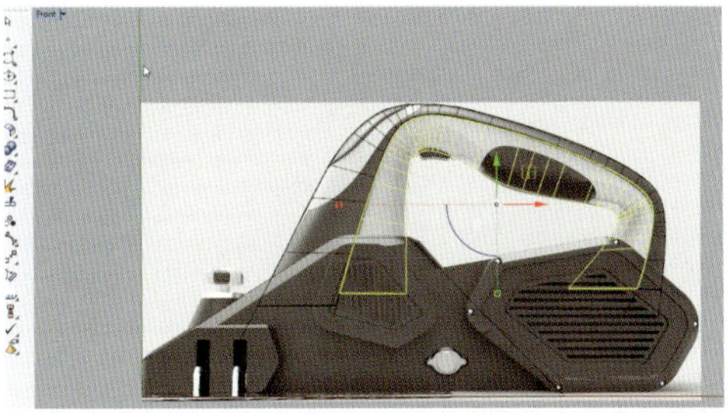

图10.15 用同样的布线方式绘制出图示区域

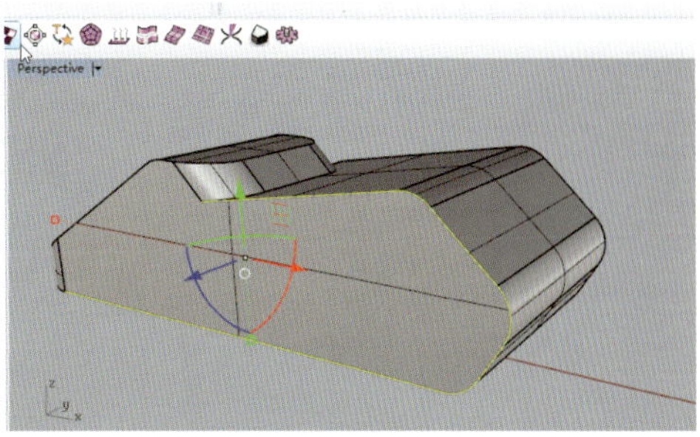

图10.16 复制图示线段边缘并合并成一条曲线

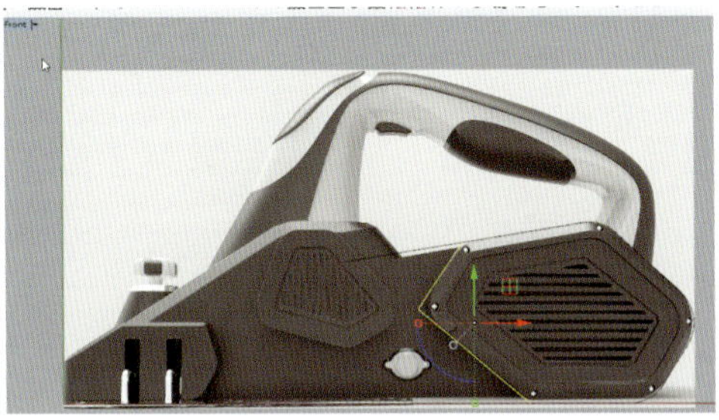

图10.17 用直线命令绘制图示曲线

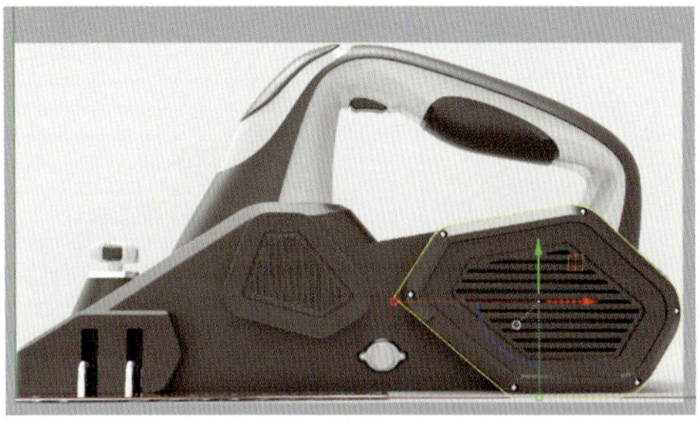

图10.18 修剪删除多余的线条

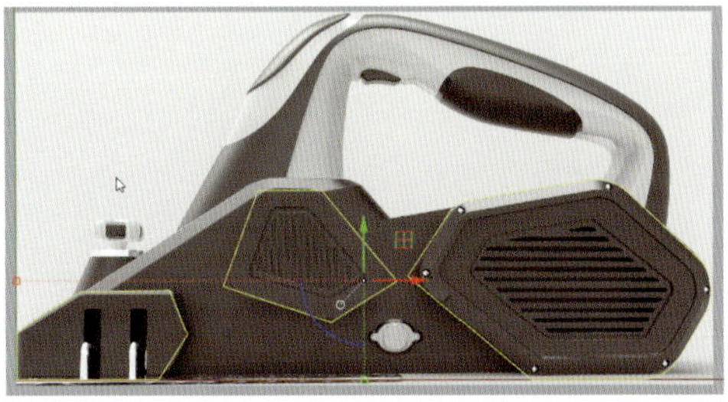

图10.19 绘制其他两个块面轮廓线

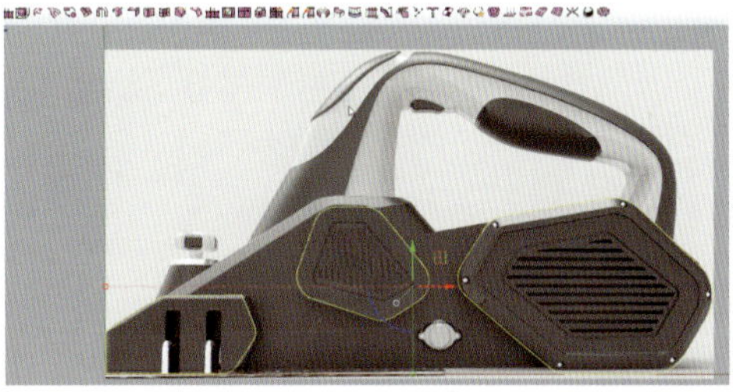

图10.20 对轮廓线倒圆角

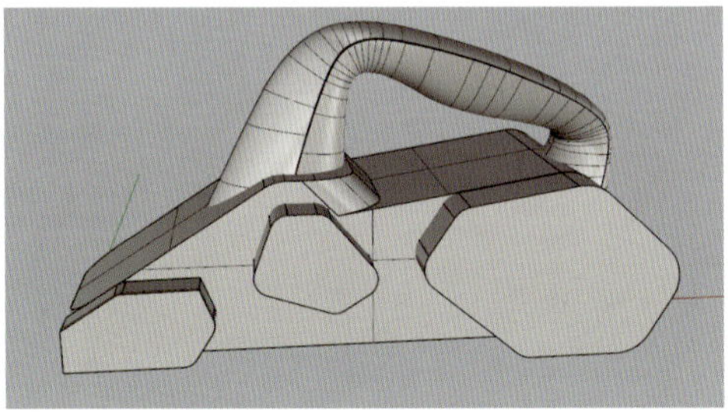

图10.21 挤出生成实体

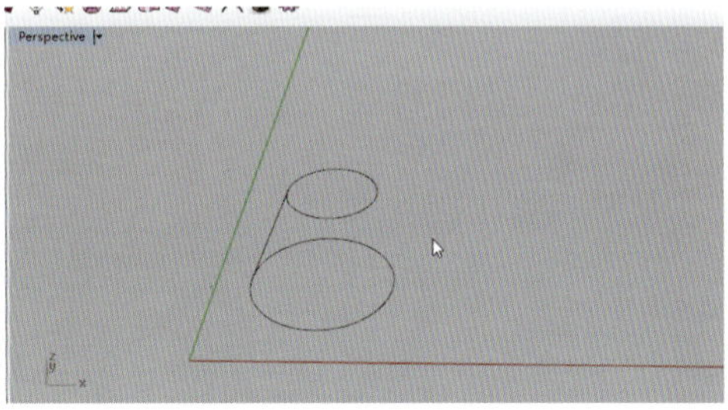

图10.22 画出图示轮廓线

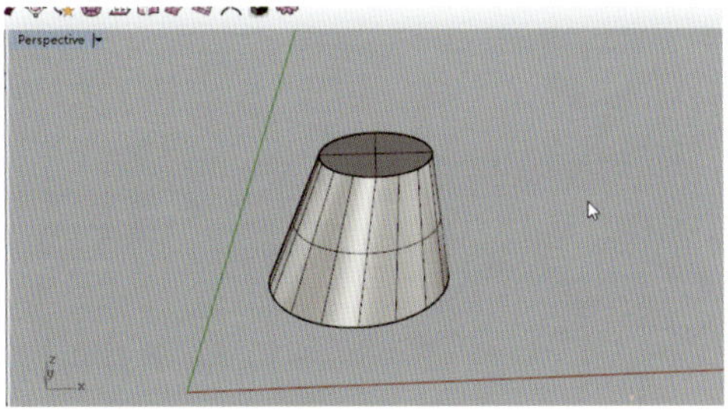

图10.23 双轨扫掠绘制曲面并加盖

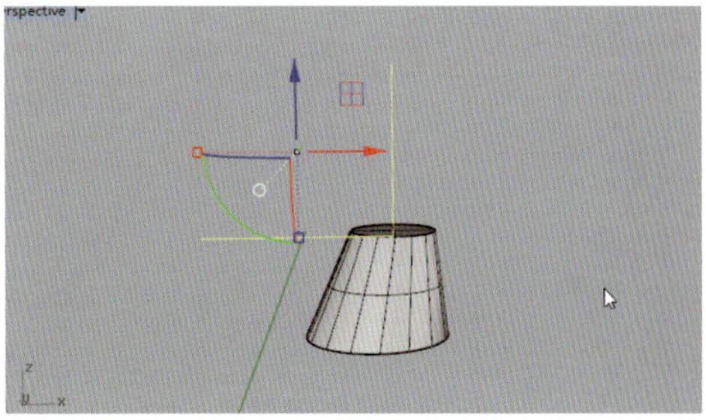

图10.24 捕捉中心点绘制图示辅助线

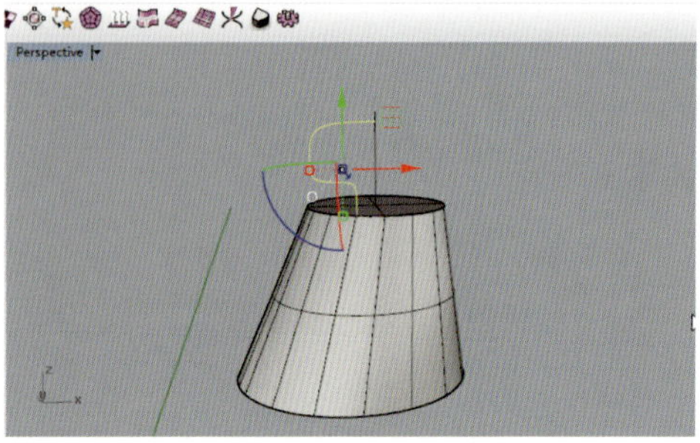

图10.25 绘制图示轮廓线

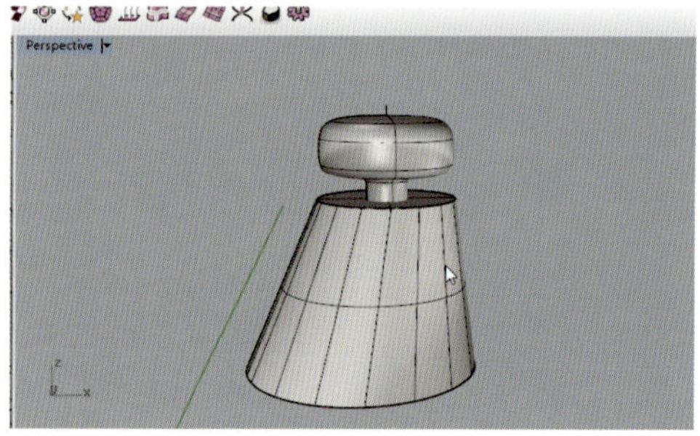

图10.26 旋转成型生成曲面

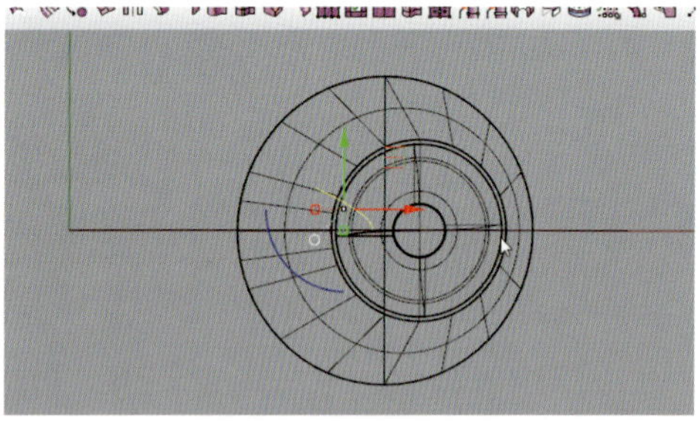

图10.27 绘制图示轮廓线

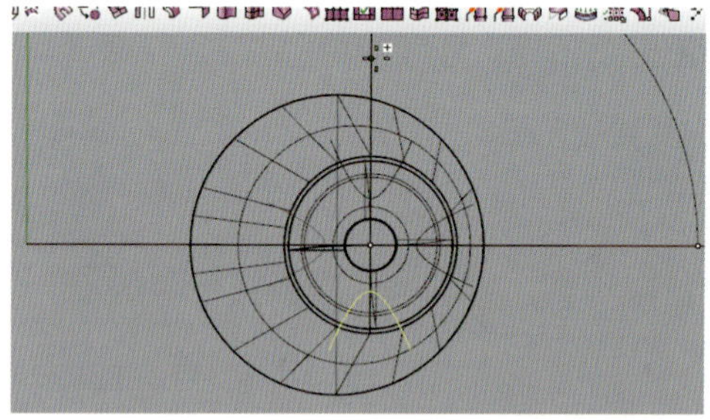

图10.28 旋转复制绘制出四条曲线

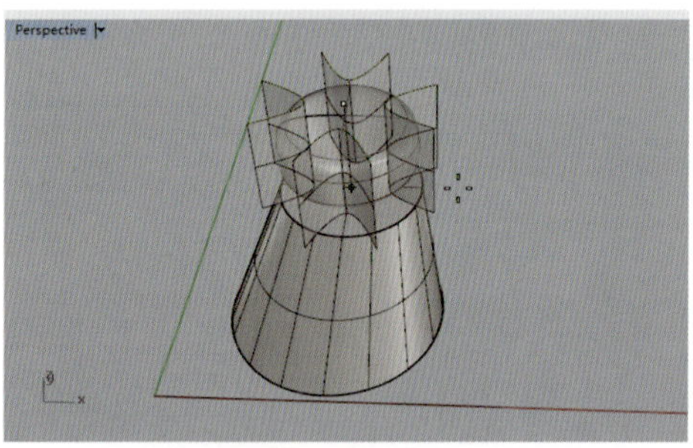

图10.29 挤出生成曲面

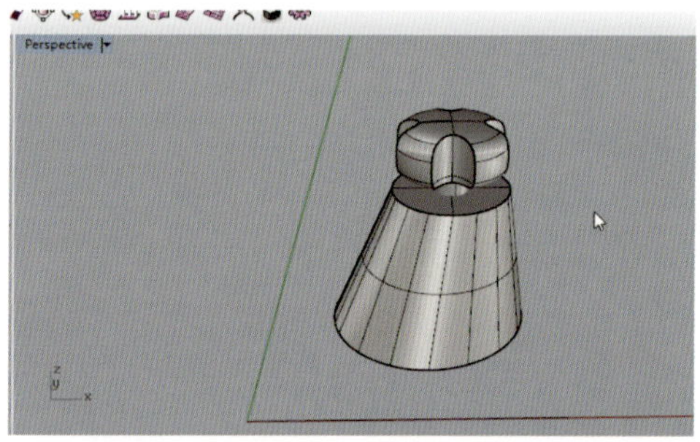

图10.30 使用修剪命令删除多余曲面并合并

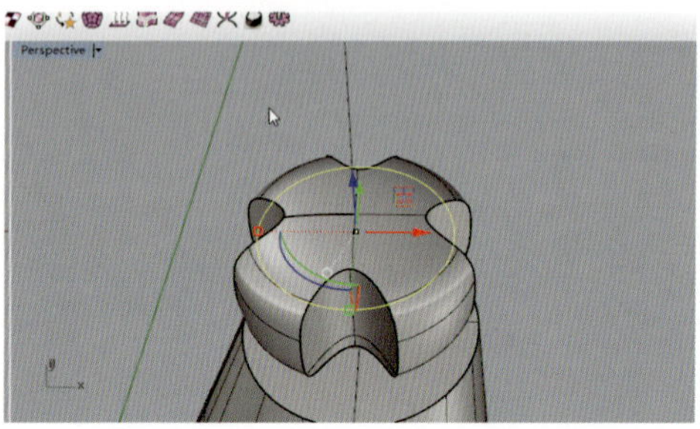

图10.31 以辅助线为中心画圆

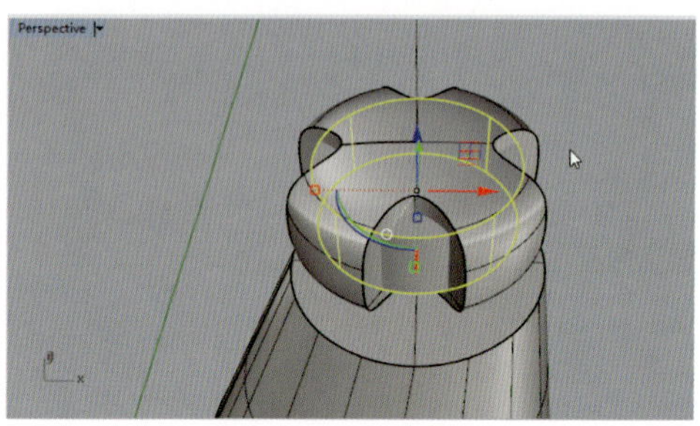

图10.32 挤出生成曲面

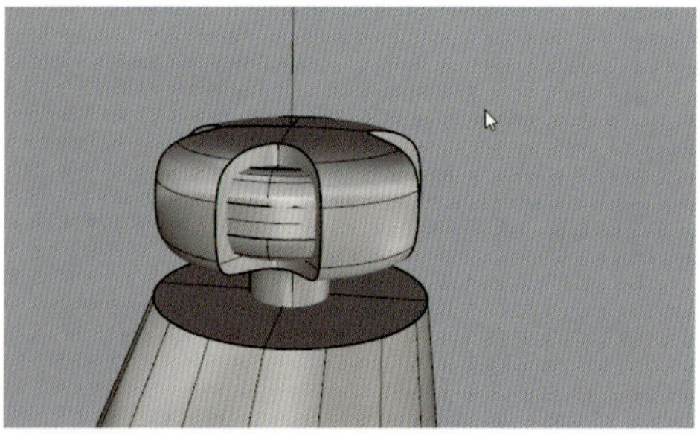

图10.33 倒圆角

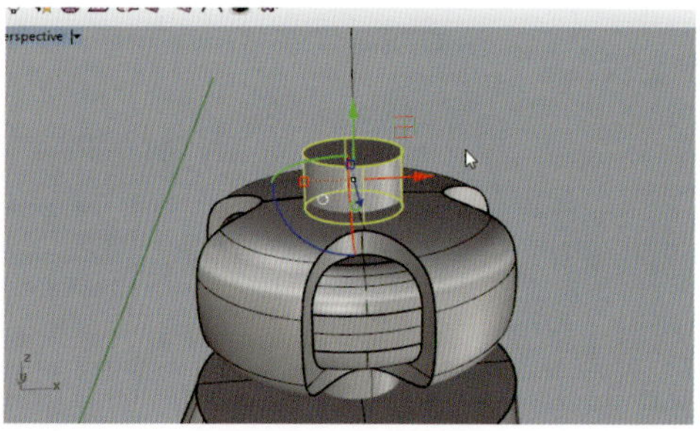

图10.34 绘制图示柱体

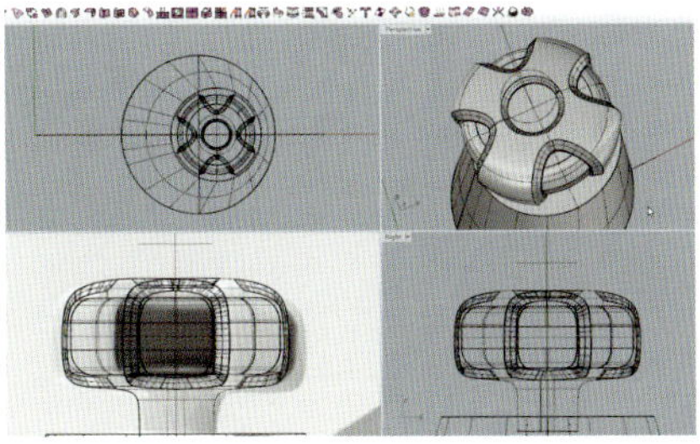

图10.35 布尔运算差集后倒斜角

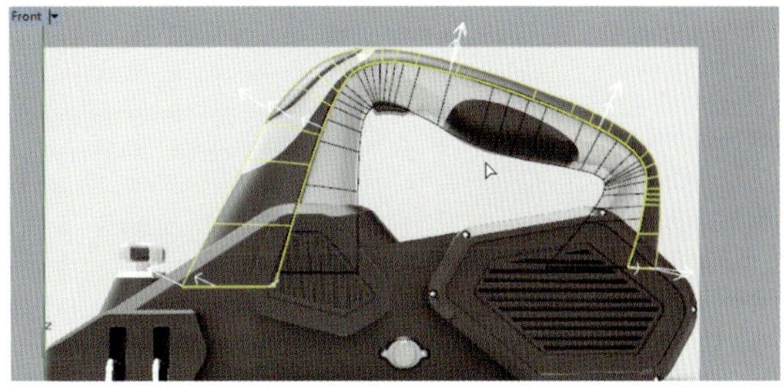

图10.36 偏移曲面创建实体

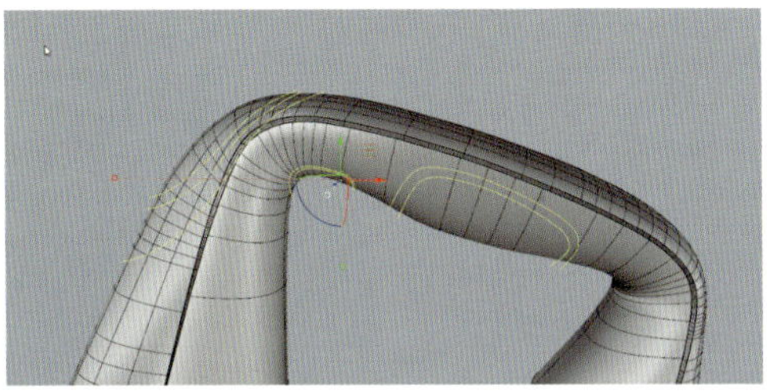

图10.37 绘制图示切割用的曲线

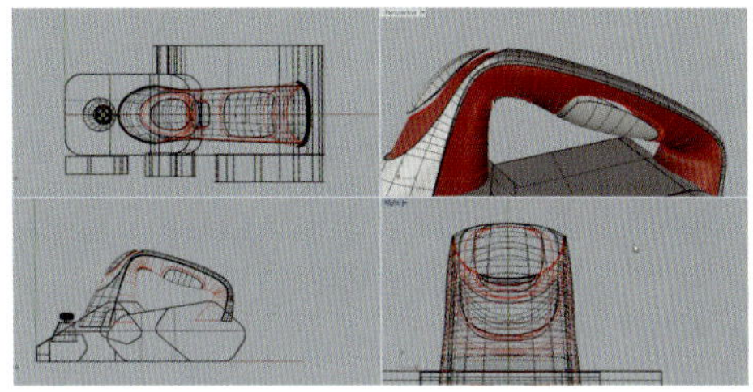

图10.38 修剪删除多余的曲面

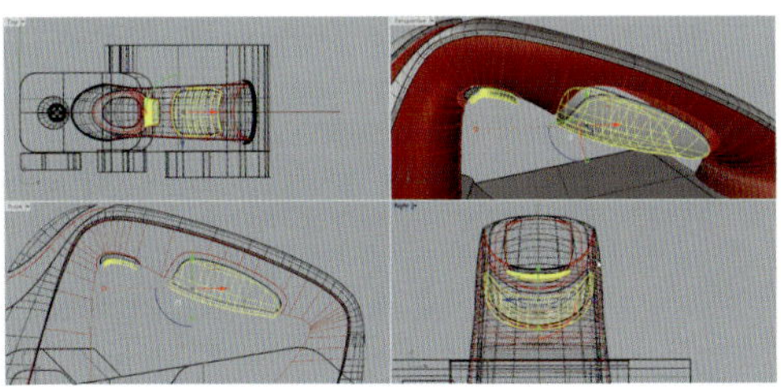

图10.39 调整图示部分的大小与位置

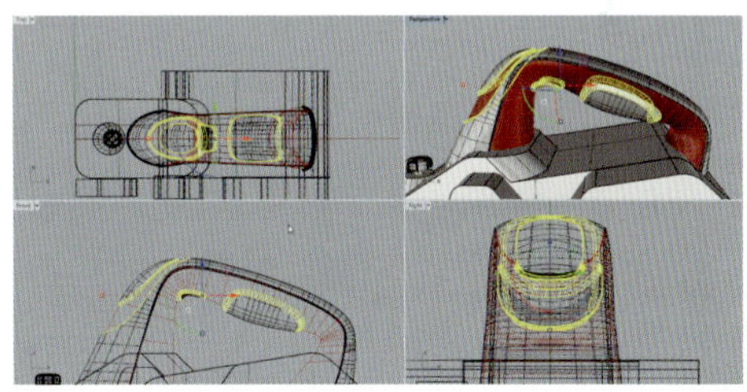

图10.40 使用混接曲面命令创建空缺部分的曲面

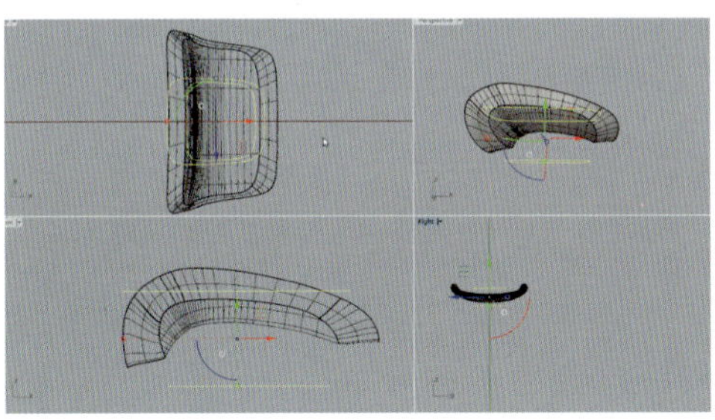

图10.41 绘制图示轮廓线

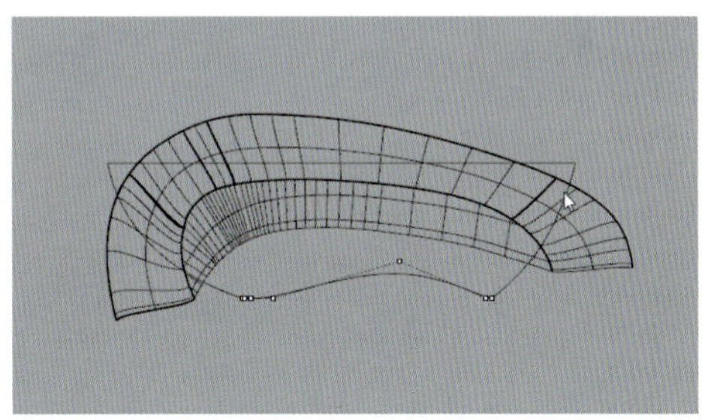

图10.42 在front视图绘制并调整曲线控制点

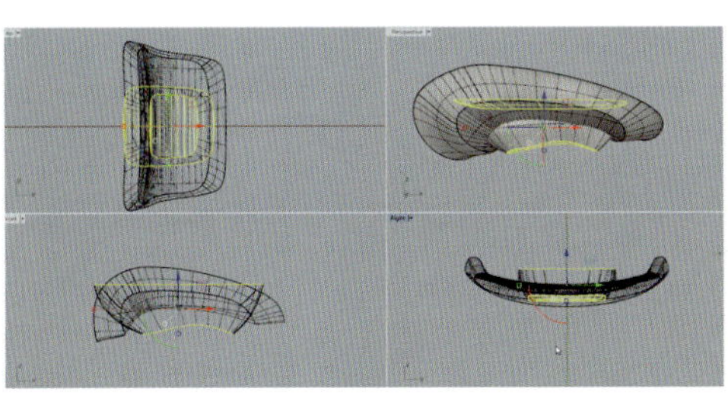

图10.43 双轨扫掠创建曲面并加盖

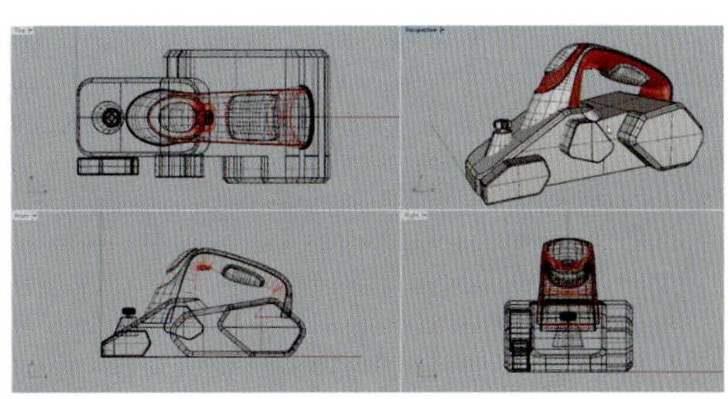

图10.44 在相应的边倒斜角和圆角

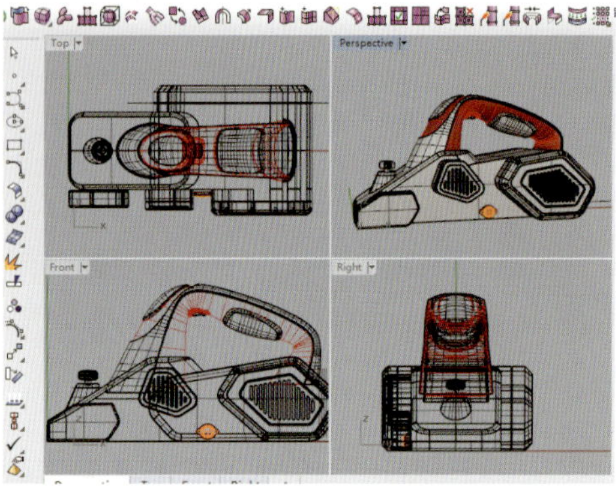

图10.45 添加格栅、螺钉孔等细节

10.3 建模着色效果

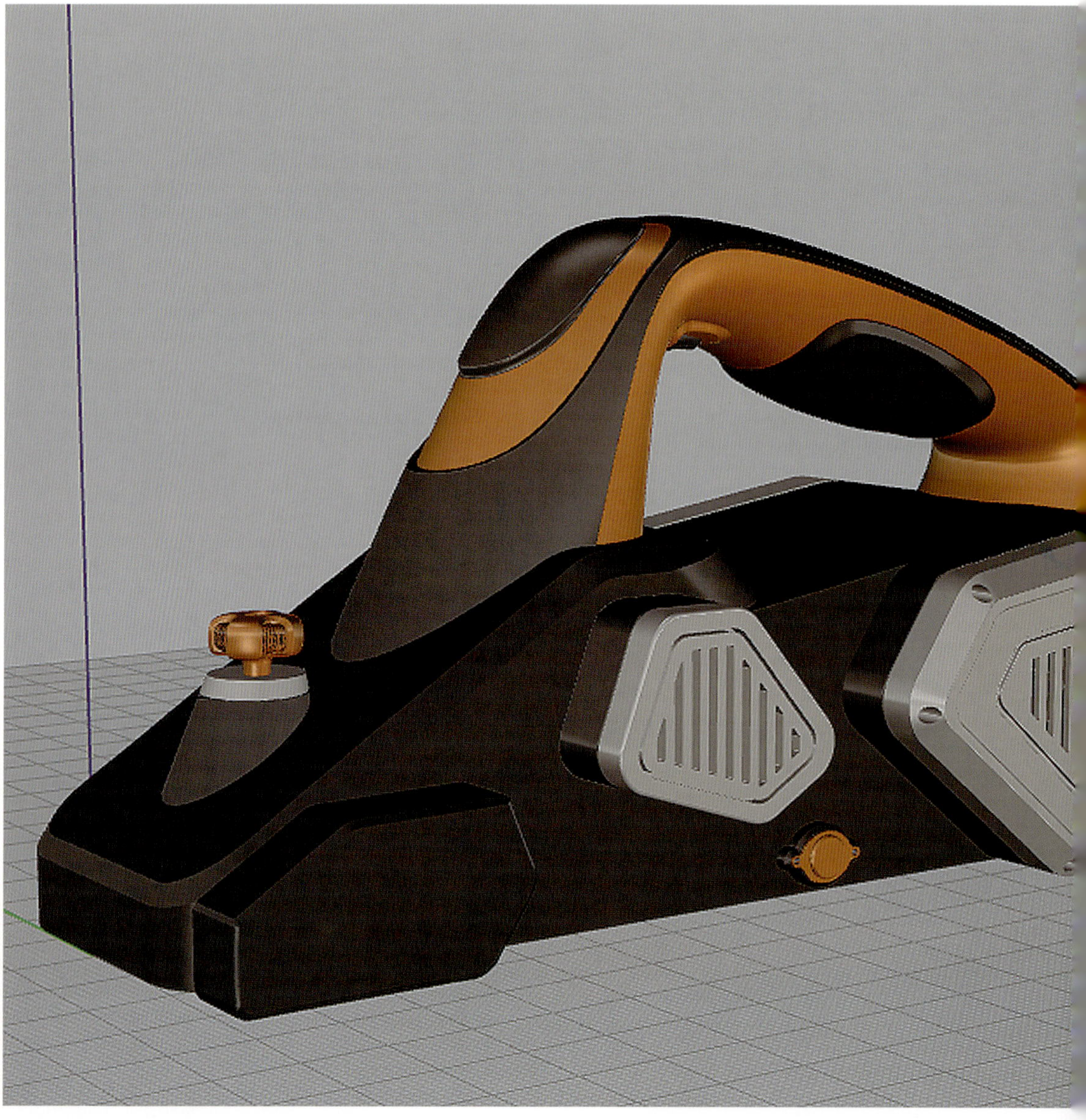

课程实训

单元课题实训

1. 按照本章实例要求尝试手持电刨建模的完整过程。
2. 构思并设计一款手持电动工具产品。具体要求与提示可参考第六章。

图10.46 小型电刨着色图

第十一章　渲染插件keyshot

本章教学目标

本章教学主要针对的是Rhino3D之外的插件——渲染插件Keyshot，keyshot是一款实时渲染工具，提供了产品设计常用的材质球，并可以自定义各种材质。而且，该软件界面简洁、便于理解和操作、学习成本低，是表现真实感产品设计的优秀工具。

11.1 keyshot概述

KeyShot（TheKeytoAmazingShots）是一个互动性的光线追踪与全域光渲染程序，无需复杂的设定即可产生相片般真实的3D渲染影像。KeyShot是实时渲染软件，具有效率高、操作方便、简单易学的特点，是一款优良的光线跟踪和全局光照渲染程序的渲染软件，是由LuxionApS发行制作并完成和不断地升级。KeyShot和另一款渲染插件HyperShot都是由LuxRender开发制作的，但是由于HyperShot技术和版权问题不得不停止更新。

KeyShot不仅可以作为插件安装到Rhino3d中，也可以单独安装使用，是一款比较方便实用的渲染软件。KeyShot自3.0以来功能逐渐完善，直到目前的6.0最高版本，越来越人性化的设计，帮助使用者方便地实现真实感渲染。

11.2 渲染工作流程

Keyshot的渲染工作流程与其他常用渲染软件的工作流程差异不大，其渲染工作流程分步骤来说包括以下一些步骤：1.导入模型，2.赋予材质，3.添加颜色，4.添加环境，5.添加背景，6.添加贴图，7.整体调整，8.动画制作，9.渲染输出。

11.3 手机渲染实例

接下来以一款以三面屏幕为主要创新点的概念手机的渲染为例说明其工作流程。

图11.1 选择并导入模型

图11.2 给模型部件分别赋予不同的材质

图11.3 给模型赋予适当颜色

图11.4 添加环境光并调整角度

104

图11.5 添加背景环境

图11.6 调整模型的位置

图11.7 给模型物件赋予纹理贴图

图11.8 调整贴图的比例、位置与角度

图11.9 整体调整各细节

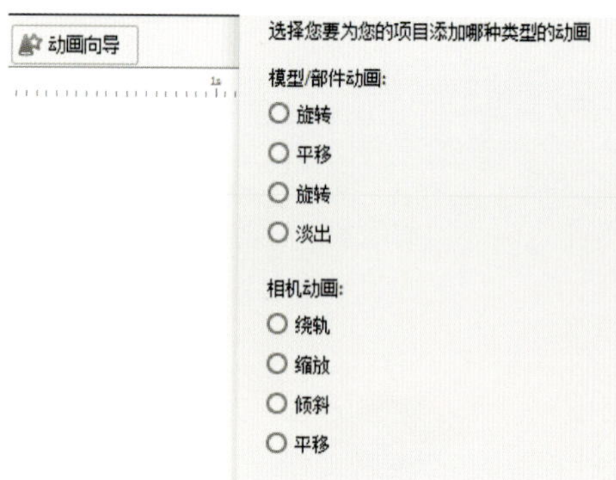

图11.10 选择动画类型

图11.11 设置动画参数

如下图为设计结果；

图11.12 为0帧时

图11.13 为37帧时

图11.14 为140帧时

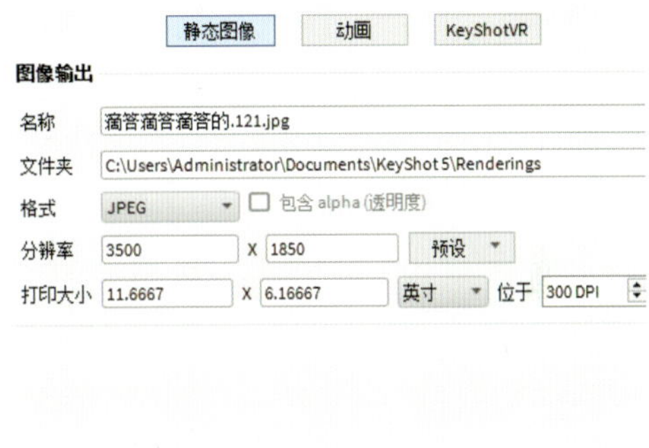

图11.15 设置分辨率渲染输出

11.4智能手表渲染实例

图11.16 预期达到的效果

图11.17 选择并导入模型

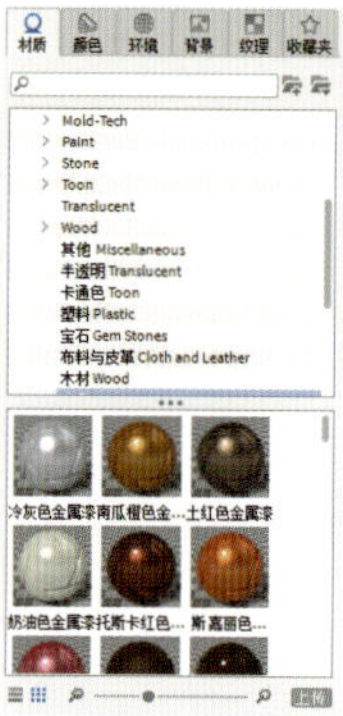

图11.18 打开材质库

图11.19 调整模型到适合的角度

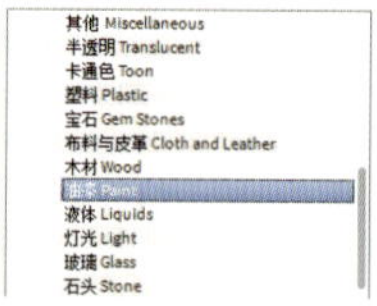

图11.20 选择材玻璃库或油漆库

图11.21 给智能手环荧屏添加玻璃材质

图11.22 智能手表添加橡胶材质

图11.23 智能手环添加橡胶材质

图11.24 手表外框添加金属材质

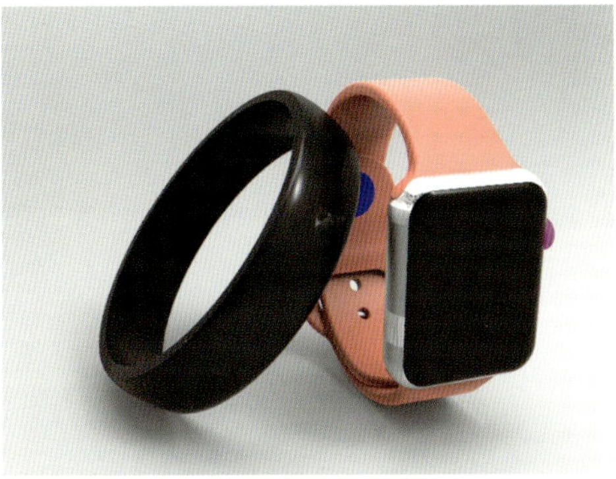
图11.25 给手表屏幕添加黑玻璃材质

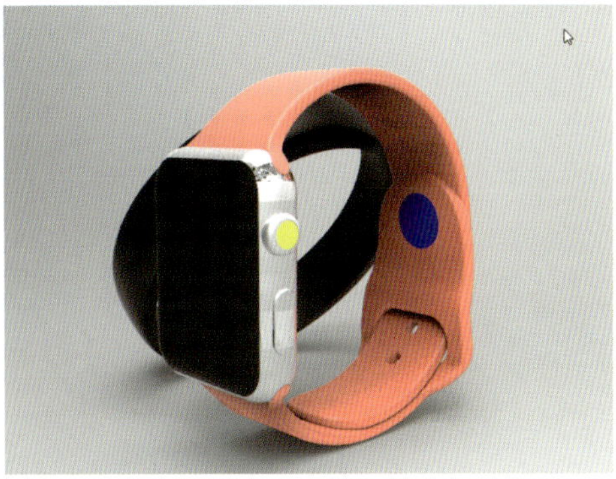
图11.26 给手表侧面的按键添加金属材质

图11.27 为手表背面添加油漆金属材质

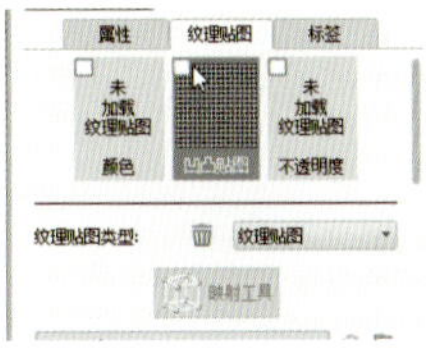

图11.28 取消手表金属外框的凹凸贴图

图11.29 赋予适当的场景环境

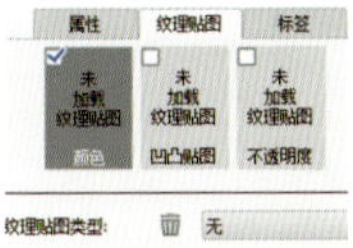

图11.30 为智能手环屏幕选择纹理贴图

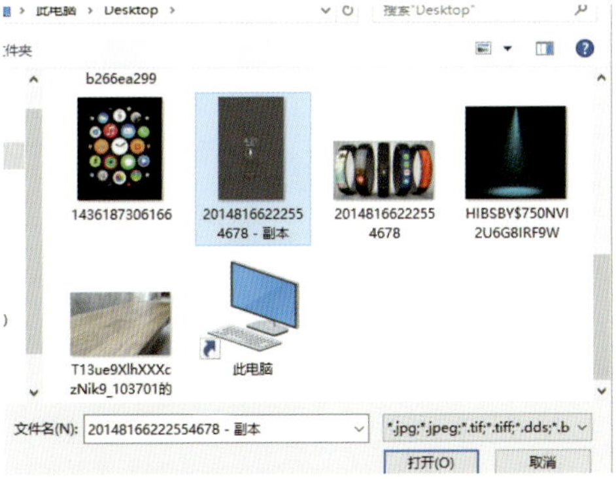

图11.31 选择并导入手环贴图

图11.32 调整贴图参数

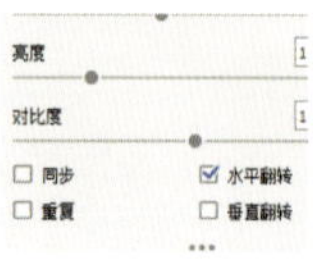

图11.33 选择水平翻转并关闭同步和重复

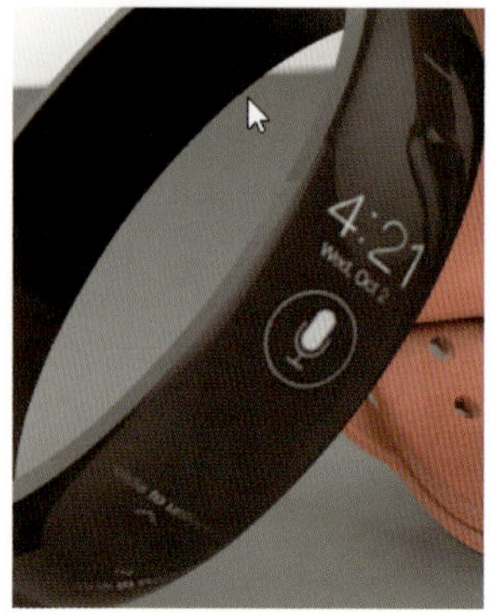

图11.34 调整贴图到屏幕中心位置

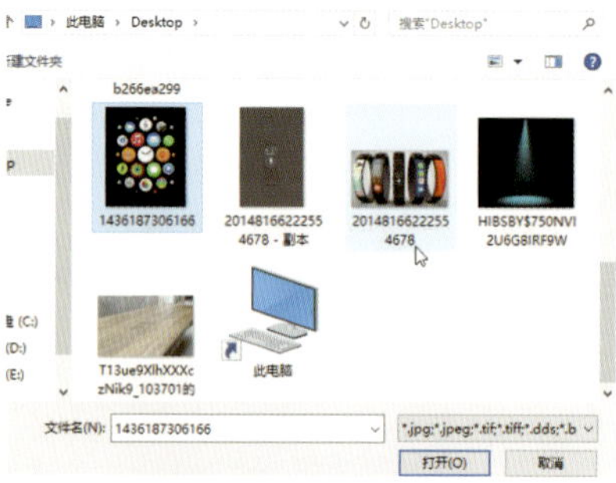

图11.35 导入手表屏幕贴图

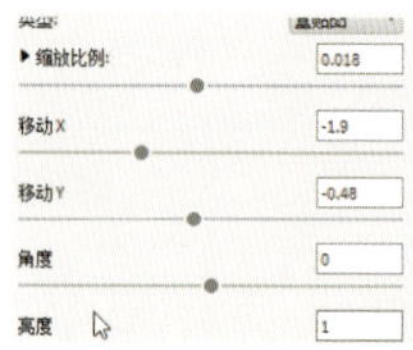

图11.36 调整手表屏幕贴图的参数设置

图11.37 调整贴图到屏幕中心位置

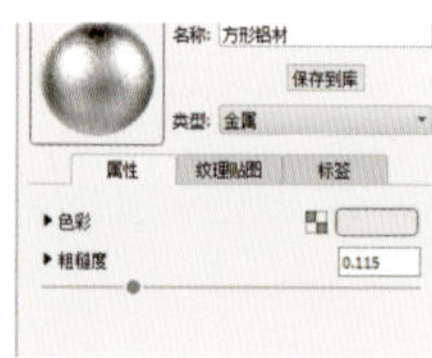

图11.38 手表外框粗糙度和颜色设置

图11.39 手表外框局部效果

图11.40 调整手表表带的颜色属性和参数

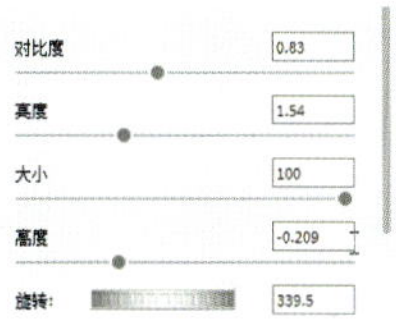

图11.41 调整环境参数

图11.42 环境参数设置效果

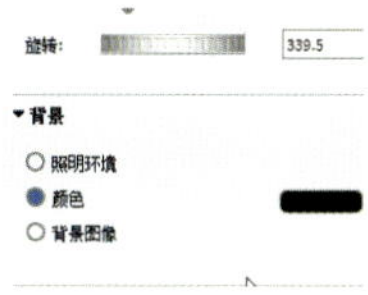

图11.43 选择背景颜色为黑色

图11.44 背景修改后效果

图11.45 选择地面反射

图11.46 地面反射效果

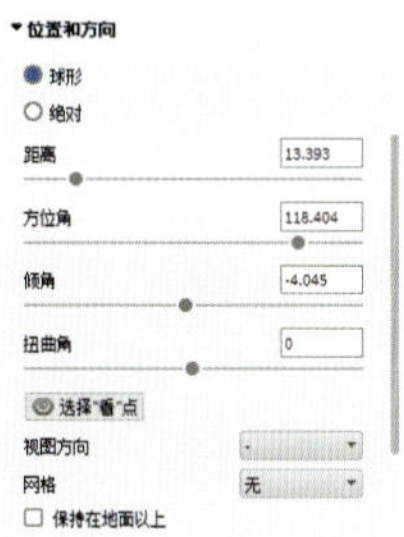

图11.47 相机位置和方向参数

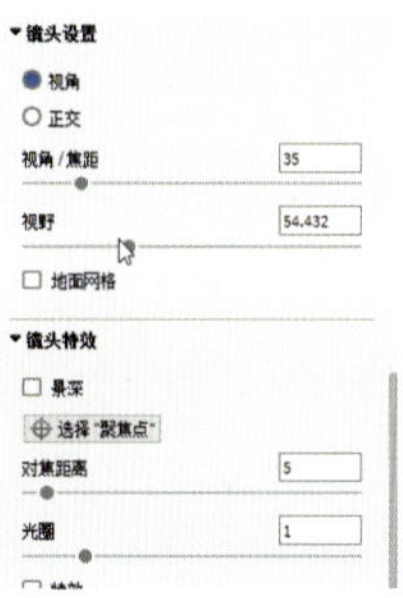

图11.48 相机镜头设置

课程实训

单元课题实训

在keyshot中选择并打开自己建构的产品设计模型，通过Keyshot赋予适当材质，并渲染输出产品效果图。

要求与提示

1. 可以参考第六章和本章中的的渲染工作流程。

2. 建议除静态渲染、保存输出之外，尝试在keyshot创作简单的动画并渲染输出。

第十二章　建模插件T-splines

本章教学目标

1. 在本章教学进程中，我们将着重讲解T-splines插件的建模思路，以及T-splines插件建模技巧。

2. 用T-splines插件可以快速建构有机形态模型。使用Rhino3D的基本功能创建有机形态需要很强的形态分析能力和布线能力，T-splines在这方面的难度要低很多。因此，此插件是对Rhino3D功能的有益补充。

12.1 T-splines概述

T-splines, 作为NURBS细分形式补充的新建模方式，是由T-Splines公司领导开发的一种全新建模技术，它结合了Nurbs和细分表面建模技术的特点，虽然和Nurbs很相似，不过它极大地减少了模型表面上的控制点数目，可以进行局部细分和合并两个Nurbs面片等操作。使建模操作速度和渲染速度都得到提升，尤其是对有机形态的建模更是T-splines所擅长，这与Rhino的基本命令和功能之间形成了很好的互补。

T-Splines 作为一种新的曲面表示方式，是在2003年和2004年的Siggraph papers会议上首次公开。T-Splines 是NURBS 和 SubDs 的扩展，T-splines曲面可以与Rhino的Nurbs曲面完美地进行转换。T-Splines插件在很多行业会用到，比如如图12.1、图12.2、图12.3、图12.4、图12.5、图12.6、如图12.7、图12.8等所示。

图12.1 航天服模型

图12.2 汽车模型

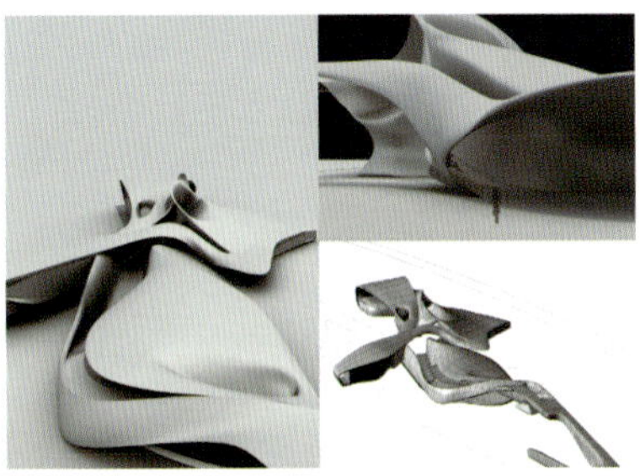

图12.3 建筑模型

图12.4 戒指模型

图12.5 玩具直升机模型

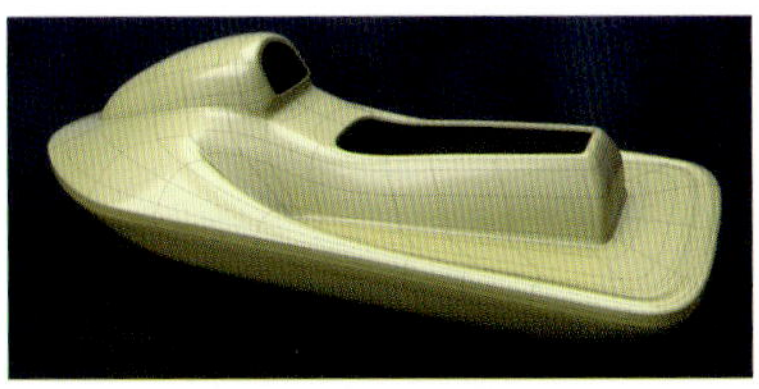

图12.6 汽艇模型

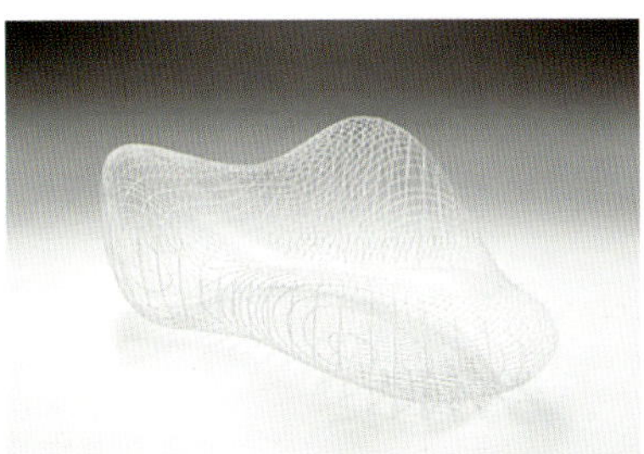

图12.7 家具——沙发模型

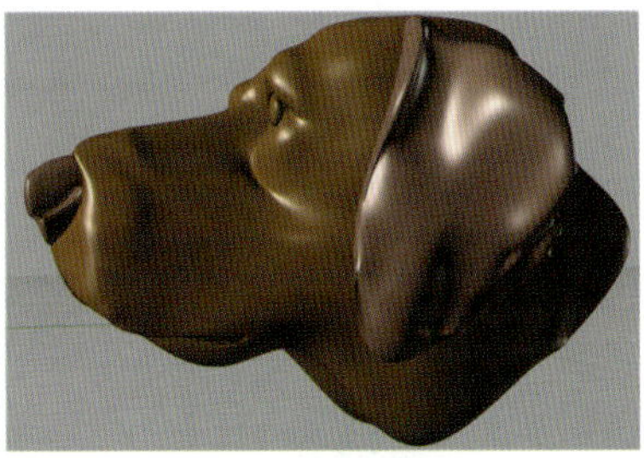

图12.8 生物模型

12.2 T-splines建模方法

1.方法一：利用挤压，来建立物件。

第一步：在指令栏输入“tsTorus”命令画出一个环状体，如图12.9所示。

第二步：敲击键盘“W”键激活移动（translate）。

第三步：敲击键盘“D”键激活面（Face）。按住shift键，选中以下面，如图12.10所示。

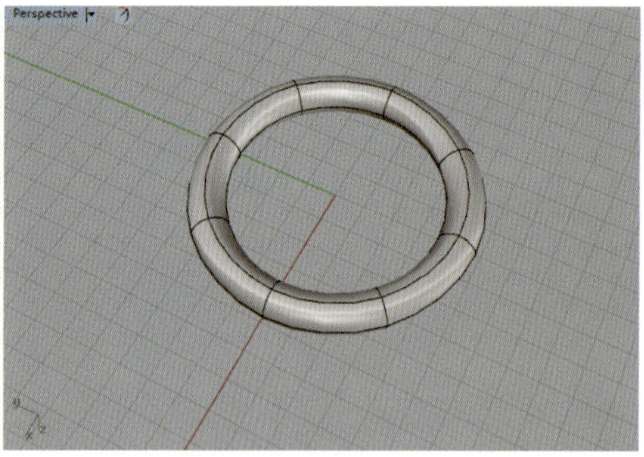

图12.9 环状体

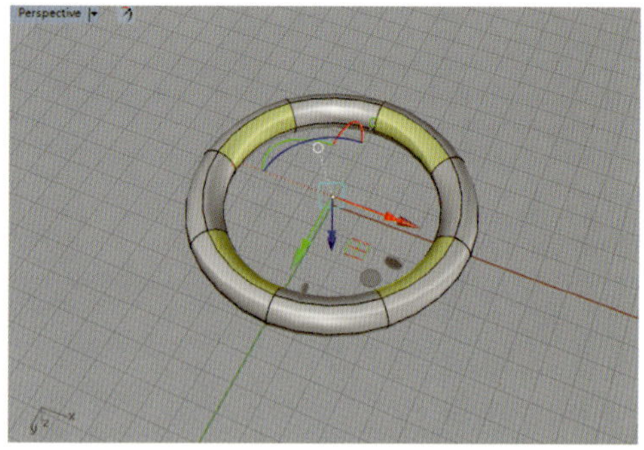

图12.10 选中环状体内测下方四个面

第四步：在指令栏输入“tsExtrude”命令挤压线/面（Extrude edges，faces），得到图12.11。

第五步：选中以下四个面，见图12.12。

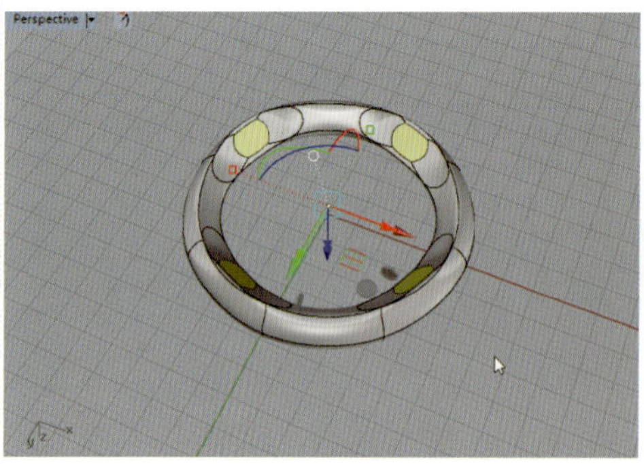

图12.11 点选挤压后的模型状态

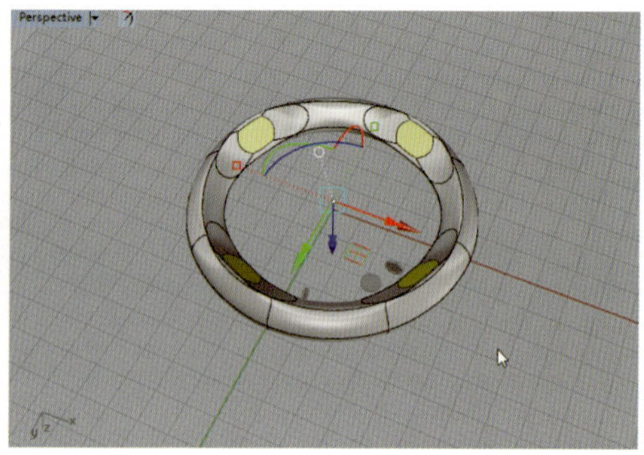

图12.12 选中四个面

第六步：按住鼠标不放拖动蓝色基准坐标到合适位置，见图12.13、图12.14。

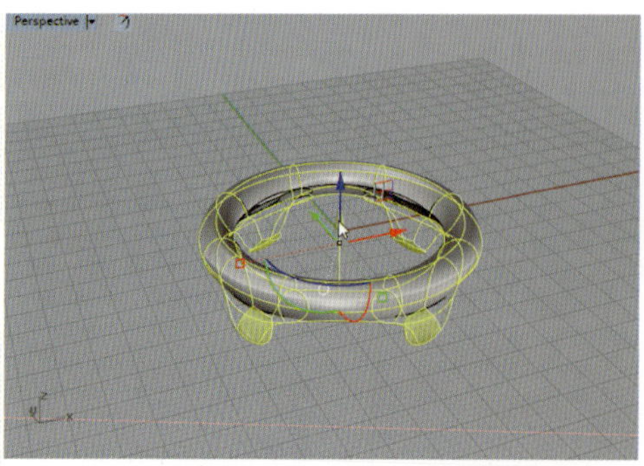

图12.13 按住鼠标不放向下拖动蓝色基准坐标

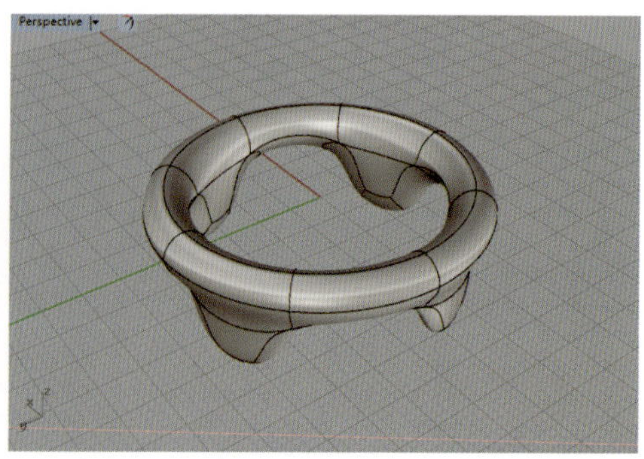

图12.14 拖动蓝色基准坐标得到的图形

第十步：在激活移动（translate）命令的情况下选中物件敲击键盘“A”或“S”或“D”

键激活Vert， Edge，Face进行调整直到调整满意为止。

2.方法二：利用布线，建立T-S面。

第一步：在TOP视图上，在指令栏键盘键入“Polyline”命令用多重直线绘画产品基本轮廓线与结构线的走势，见图12.15。

第二步：复制第一步画的所有线，在Front视图水平移动，见图12.16、图12.17。

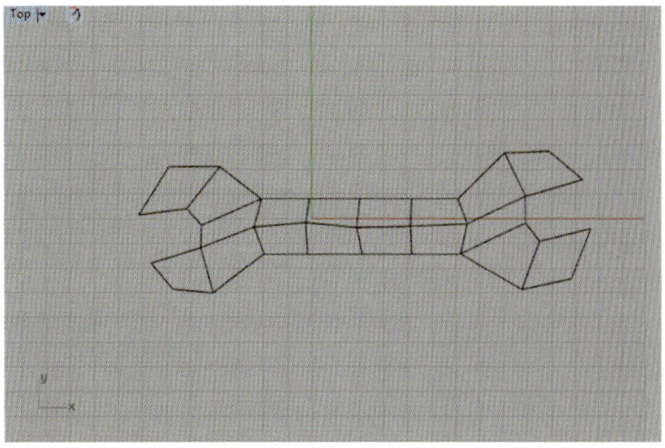

图12.15 在TOP视图用直线绘画产品基本轮廓线与结构线的走势

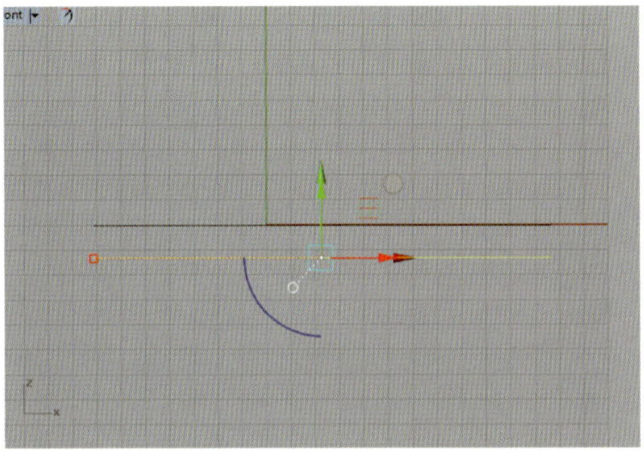

图12.16 复制第一步画的所有线

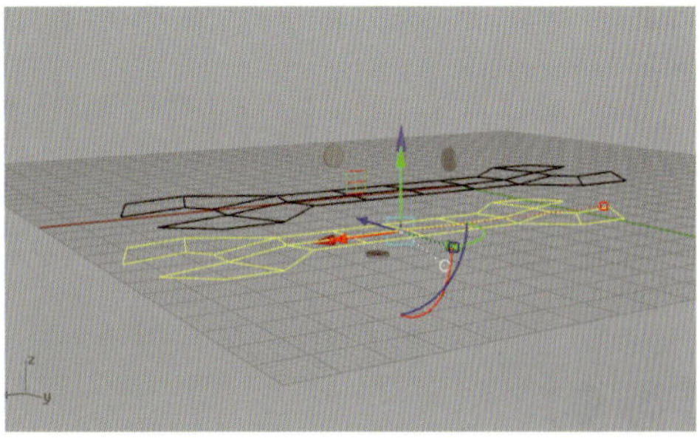

图12.17 在Front视图水平移动复制的线

第三步：在指令栏键盘键入“Line”命令用直线工具连接最外轮廓线的所有顶点，见图12.18、图12.19。

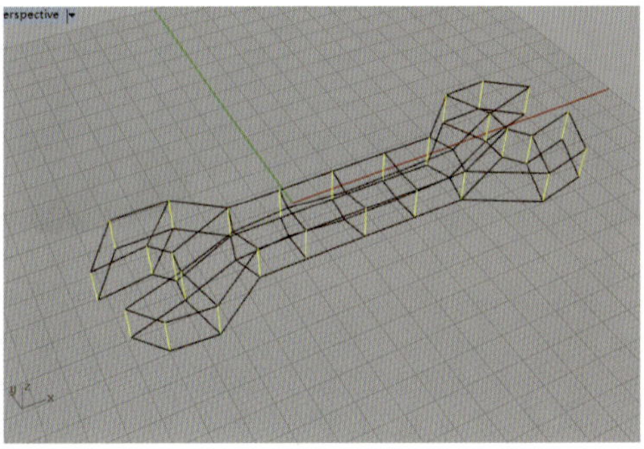

图12.18 用直线连接最外轮廓线的所有顶点

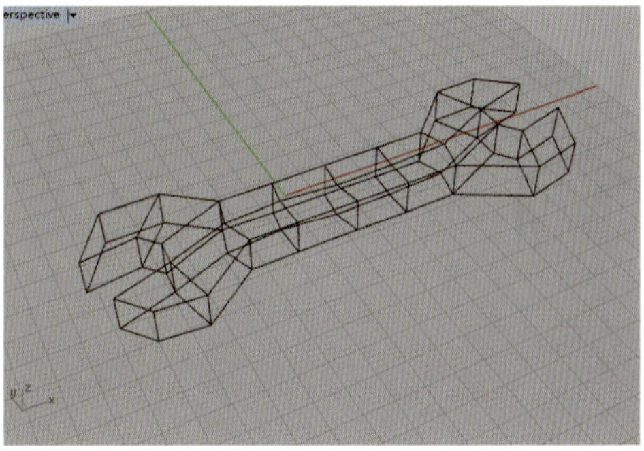

图12.19 用直线连接最外轮廓线的所有顶点

第四步：复制最外边的轮廓线。并用移动工具把刚复制的轮廓线移动到中间，见图12.20、图12.21。

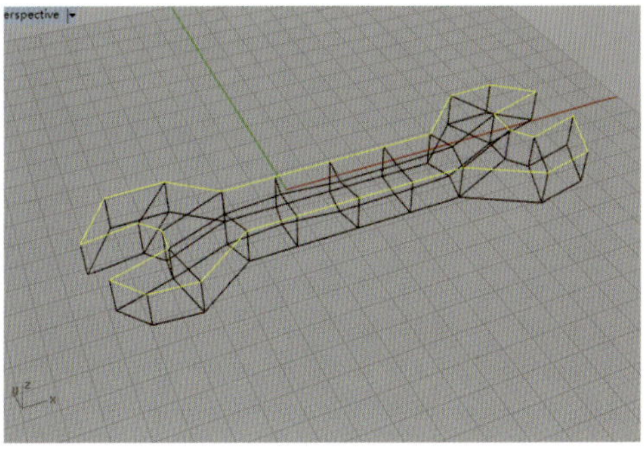

图12.20 复制最外边的轮廓线

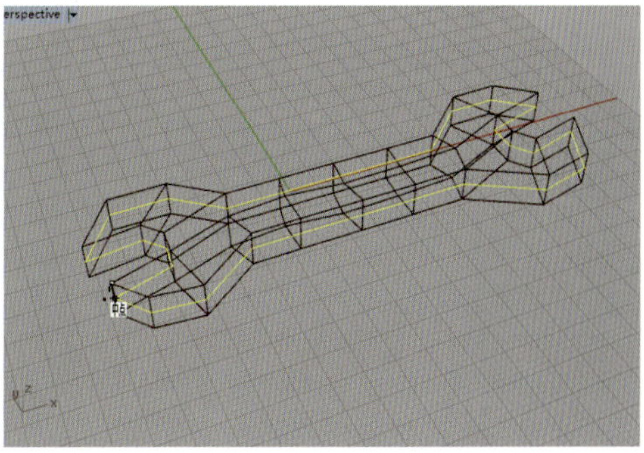

图12.21 把刚复制的轮廓线移动到中间

第五步：框选所有的线。见图12.22

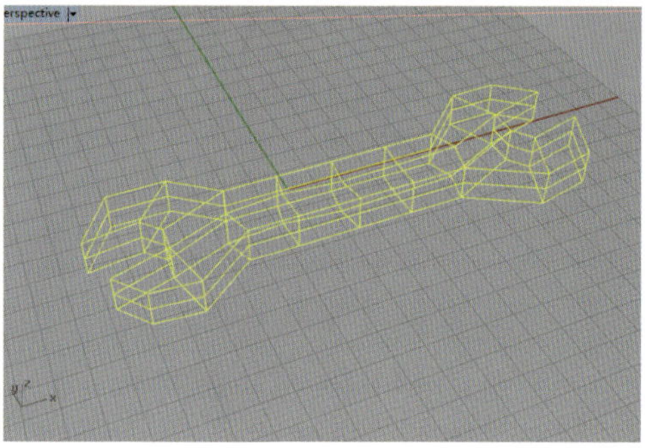

图12.22 框选所有的线

第六步：在指令栏键盘键入“tssplitcurves”命令用切分线命令切分线。弹出窗口直接点击就行了。此时所有的线被切分，见图12.23、图12.24。

第七步：框选所有的线。见图12.25。

第八步：在指令栏键盘键入“tsFromLines”命令用线框到T-S面，然后右键确定。此时所有线形成面。见图12.26（若不成功则需重新布线或者在指令栏键盘键入“tsFillHole”命令用封闭T-S面孔进行补面孔。）。

第九步：选中物件在指令栏键盘键入“tsSmoothToggle”命令T-S面光滑切换见图12.27。

第十步：隐藏所有的线，敲击键盘“W”键激活移动（translate）选中物件敲击键盘“A”或“S”或“D”键激活Vert，Edge，Face进行调整直到调整满意为止。见图12.28。

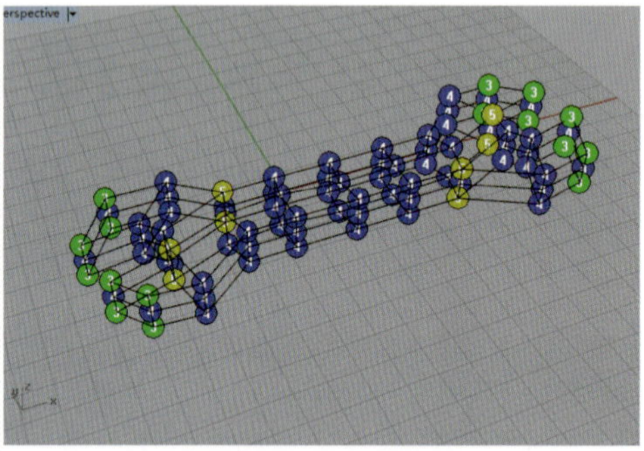

图12.23 切分线示意图

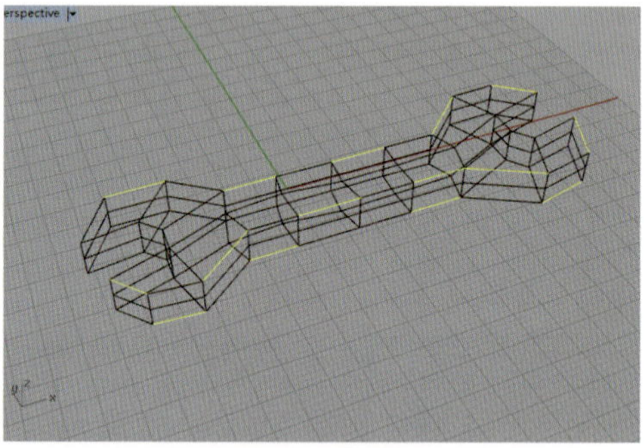

图12.24 切分线

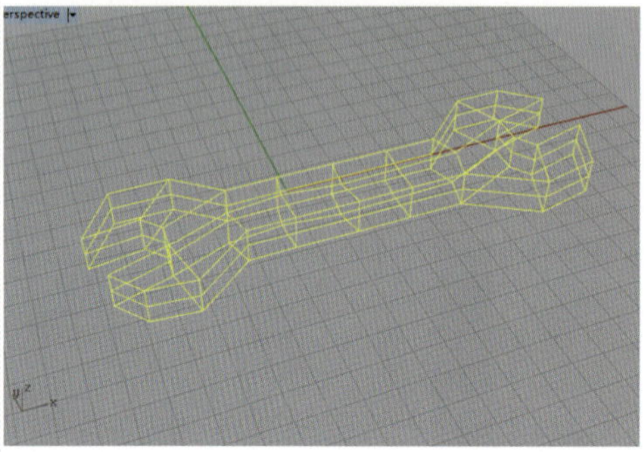

图12.25 框选所有的线

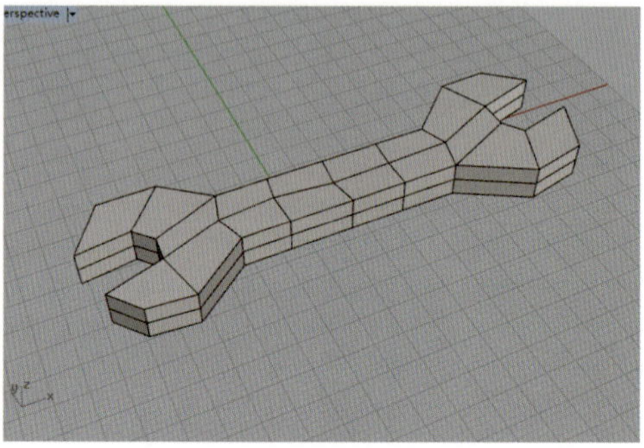

图12.26 线框到T—S面

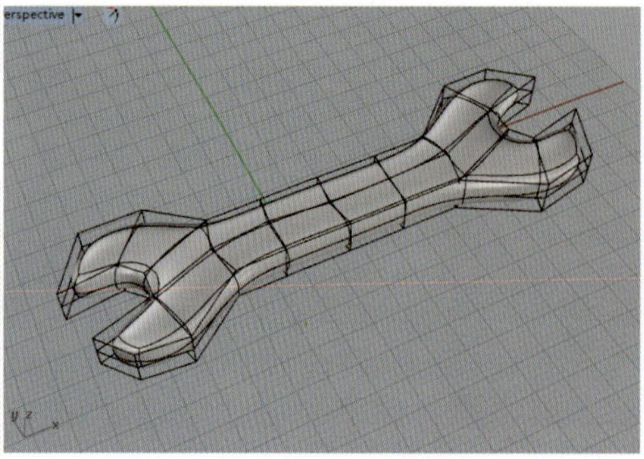

图12.27 tab键切换光滑面

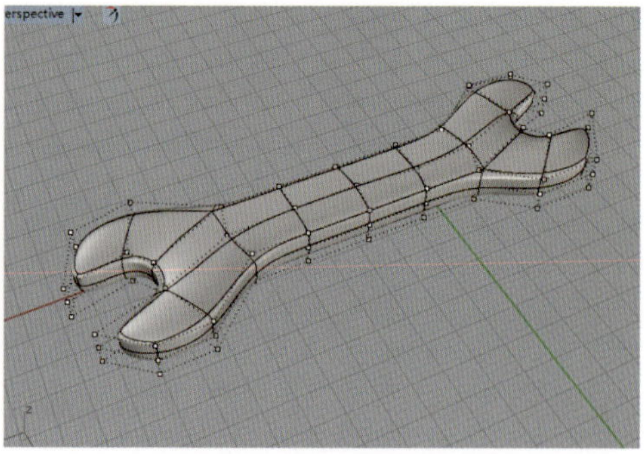

图12.28 开启T—S点编辑

课程实训

单元课题实训

1.通过挤压线或面命令建有机形态的产品模型。

2.应将T-splines建模和Rhino3D的基本建模功能灵活结合使用。

要求与提示

可以通过T-splines官方网站了解更多相关建模实例。同时，应将T-splines建模和Rhino3D的基本建模功能灵活结合使用，发挥各自优势。

第十三章　浮雕插件rhinoart

本章教学目标

1.在本章教学中，将着重讲解浮雕插件Rhino3Dart的建模流程。

2.学习使用浮雕插件Rhinoart完成相应的浮雕建模实例。

13.1 Rhinoart概述

本章将介绍一款浮雕插件RhinoART 1.0及其工作流程。RhinoART 1.0是MecSoft公司2007年推出的Rhino浮雕插件，RhinoART是基于Rhino的浮雕设计插件，它可以使用2D图像（见图13.1）生成浮雕（见图13.2），并可导出到Rhino3d，通过Rhino商业插件RhinoCAM的处理，浮雕模型可应用于加工制造。RhinoART不仅可以在原生Rhino模型上生成浮雕，也可以在任何导入到Rhino中的实体、曲面和网格几何体上完成浮雕设计（见图13.3），而且制作浮雕速度快，便于在创建浮雕的时候实时编辑。

图13.1 2D图像

图13.2 3D浮雕

图13.3 浮雕渲染效果图

13.2 Rhinoart工作流程

一、了解RhinoART工作流程图，见图13.4。

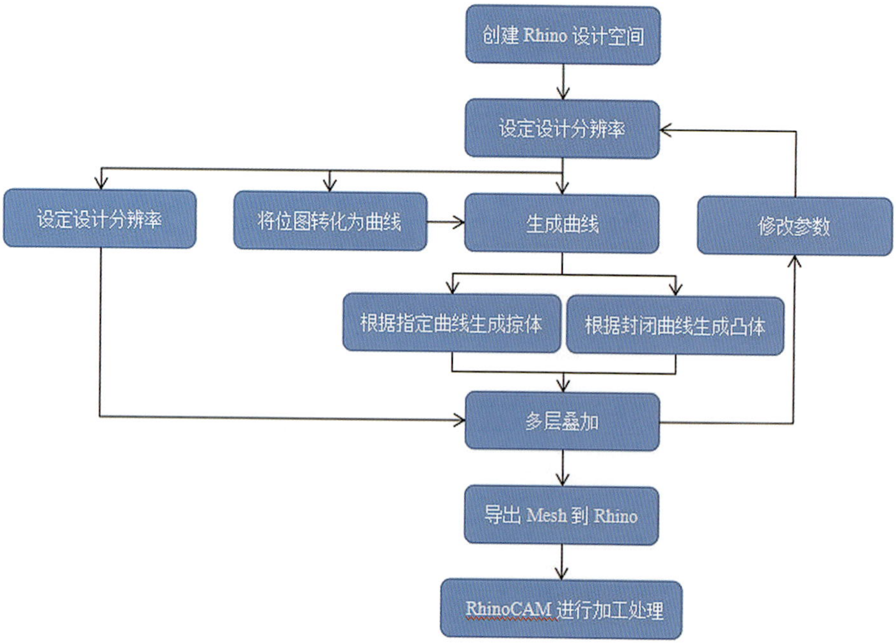

图13.4 RhinoART工作流程图

开启RhinoART，首先创建浮雕在Rhino中的设计空间，它是最终生成模型的位置和范围，包括2D图像生成3D浮雕、图像转化成曲线、生成扫掠体、凸体在内的所有操作都会在设计空间内执行。 RhinoART界面中有一个树形结构浏览器，设计空间中执行过的操作都会罗列在树形结构下，其中任何一个操作发生变化都会改变设计空间中的模型。

组合使用RhinoART的各种工具，可以生成各种各样浮雕效果，如果对结果不满意，可以随时进行删除或修改。最终的效果可以导出Mesh到Rhino中，并可使用RhinoCAM等商业插件进行处理，输出到加工制造环节。

RhinoART按钮

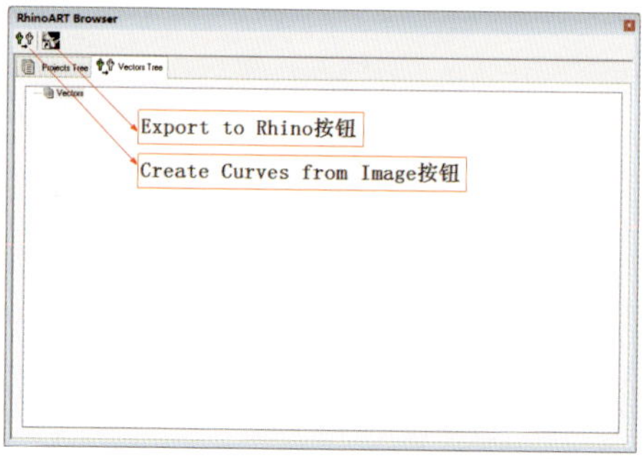

RhinoART按钮

二、设计流程

RhinoART面板上的按钮是按典型的设计流程从左到右布局的。也就是说，使用者通常只需要从最左边的Project Setup按钮开始，依次

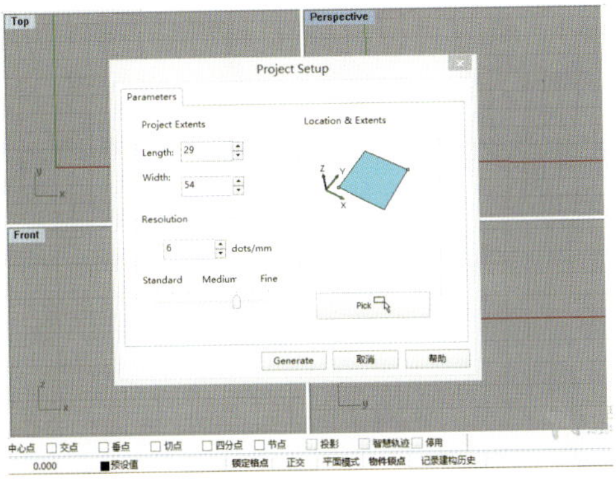

图13.5 创建设计空间

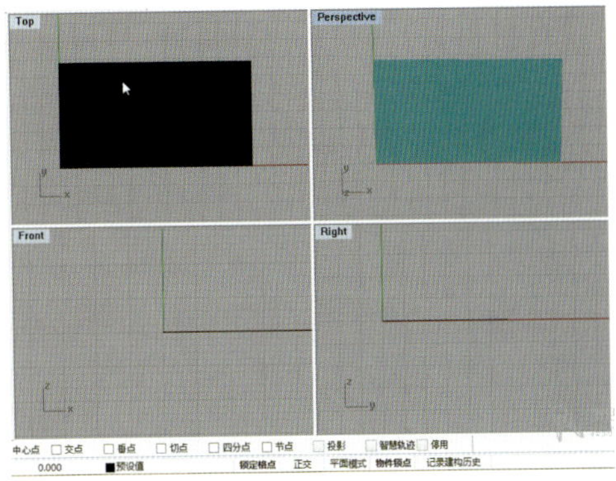

图13.6 设计空间

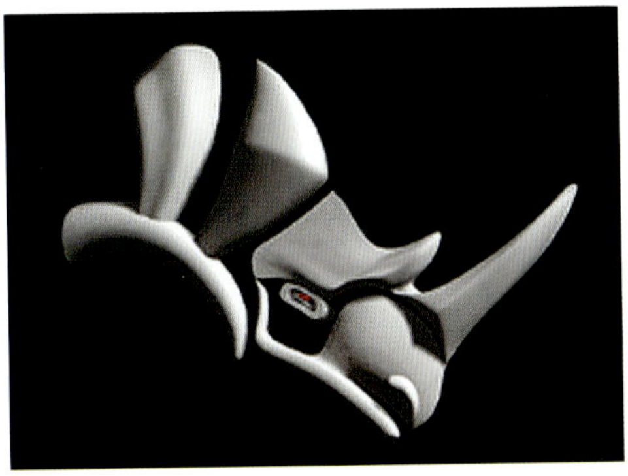

图13.7 位图

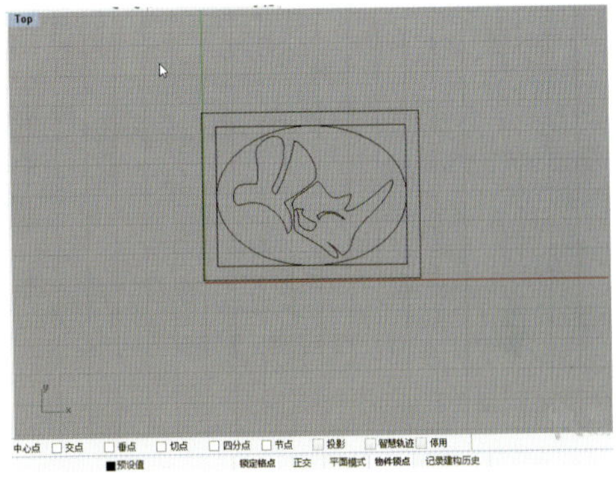

图13.8 曲线

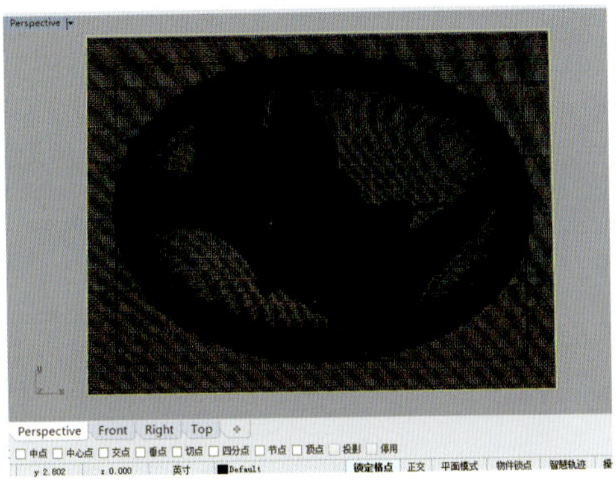

图13.9 浮雕

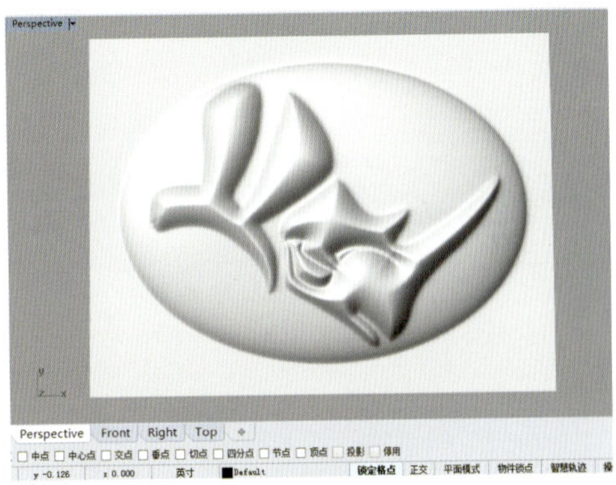

图13.10 浮雕效果图

向右操作即可。

RhinoART浏览器包含两个标签，Projects Tree和Vectors Tree，见图13.5，图13.6Projects主要用于生成浮雕、扫掠和凸起操作，Vectors主要用于生成一个新的矢量操作，任何位图均可被转换成矢量图（其实就是Rhino曲线），并且这些曲线被用来生成浮雕和凸体。最终的浮雕体被导出到Rhino中（Mesh），RhinoCAM等软件可以直接应用这些Mesh文件生成走刀路径。

第一步：点击最左边的Project Setup按钮创建设计空间，见图13.7、图13.8。

第二步：点击CreateCurvesfromImage按钮把位图转换为矢量2D曲线，见图13.9、图13.10。

第三步：点击Create 3D Relief、Create Puffed Volume、Create SweepVolume按钮生成浮雕操作（3D浮雕、凸体、扫掠体），见图13.11。

第四步：点击Export to Rhino按钮将几何

体导出到Rhino，见图13.12。

三、RhinoART浏览器

1．浏览器默认在屏幕左边显示，点击右上角关闭图标可以关闭该面板。在RhinoART菜单栏选择“Browser”可以重新显示该面板。单击拖曳可以任意定位该面板。

2．ROps – Relief Operations（浮雕操作）

RhinoART中，允许使用者在一个文件中生成多重浮雕，也就是说可以控制浮雕操作顺序生成多重浮雕。

（1） 设计方案（Project Setup）按钮

打开对话框，在XY平面上定义设计空间

（2） 从图像生成3D浮雕（Create 3D Relief from Image）按钮

打开选择文件选择对话框，可选择gif、bmp和jpg格式图片。选择图片后，弹出3D浮雕生成对话框，进一步设置参数。

（3）从位图生成生成Rhino曲线（Create Rhino Curves from Raster Image）按钮

打开一个文件选择对话框，可选择gif、bmp和jpg格式图片，然后将选择的图片转化成Rhino曲线。

（4）生成扫掠体（Create Sweep Volume）按钮

沿着路径曲线按设定的横断面扫掠成三维体，用户可以选择曲线生成不同横断面，如：直线、弧线、椭圆等。

（5）生成凸体（Create Puffed Volume）按钮打开凸体生成对话框，允许客户选择2类曲线（边界曲线和细节曲线），并在封闭曲线内生成凸体。

（6）导出到Rhino导出到Rhino（Export to Rhino）按钮

该按钮允许使用者把RhinoART曲线和Mesh导出为Rhino曲线和Rhino Mesh。这样的Mesh就很容易用Rhino来保存，并用于后期的加工，制造和处理等。

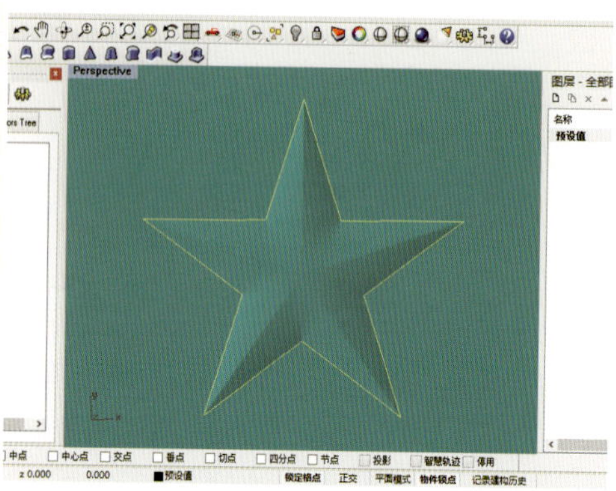

图13.11 新建浮雕

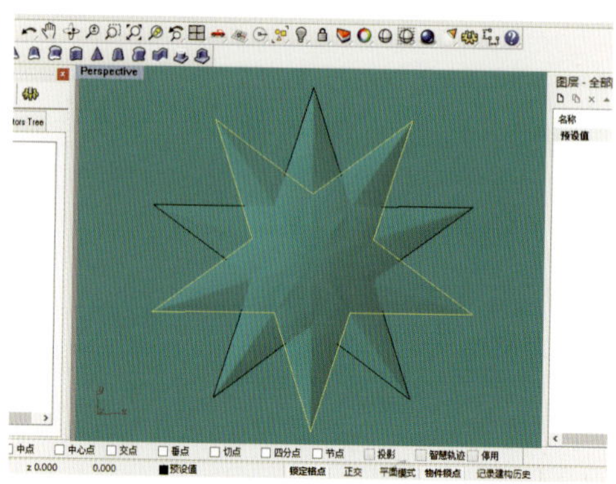

图13.12 联集浮雕

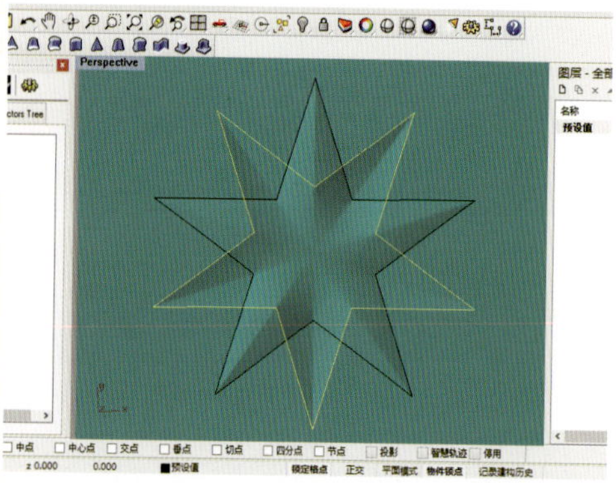

图13.13 差集浮雕

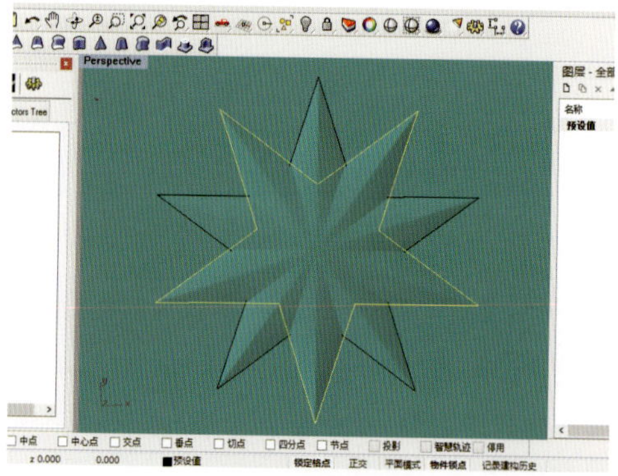

图13.14 交集浮雕

（7）预设（RhinoART Preferences）按钮

此按钮允许使用者自定义显示和文件调用参数。一旦用户设定了这些参数，RhinoART在每次启动时都会应用这些设置。

3.浮雕操作的类型

每种浮雕操作都可以根据布尔运算法则在设计空间中彼此重叠。布尔运算命令在每个浮雕对话窗口的Type（类型）菜单栏里。下面为大家演示每种类型的效果。

（1） Create（ 新建）：此选项会在RhinoART设计空间上生成一个新浮雕覆盖当前已有的浮雕，见图13.13。

（2） Unite （联集）：此选项将新生成的浮雕与已存在的浮雕进行合并，见图13.14。

（3） Subtract（ 差集）：此选项用已存在的浮雕减去新生成的浮雕，见图13.15。

（4） Intersect（交集）：此选项将已有的浮雕与新生成的浮雕进行相交，见图13.16。

13.3 浮雕实例一之装饰石浮雕

先看效果，见图13.17，图13.18。

图13.15 位图

图13.16 浮雕效果图

第一步：启动Rhino4.0后在浏览窗口左边点击RhinoART菜单栏选择“Browser”弹出窗口见图13.19。

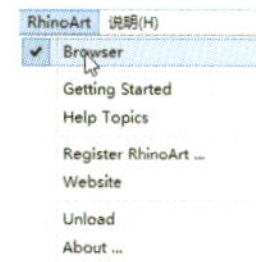

图13.17 RhinoART菜单

图13.18 RhinoART面板

第二步：单击Project Setup（设计方案）按钮弹出参数窗口见图13.20在此窗口设置RhinoART的 Project Extents（设计范围）Length输入30Width输入60及Resolution（分辨率）dots/mm输入7设置好后单击Generate（生成）。得到图13.21。Perspective视图为着色模式。

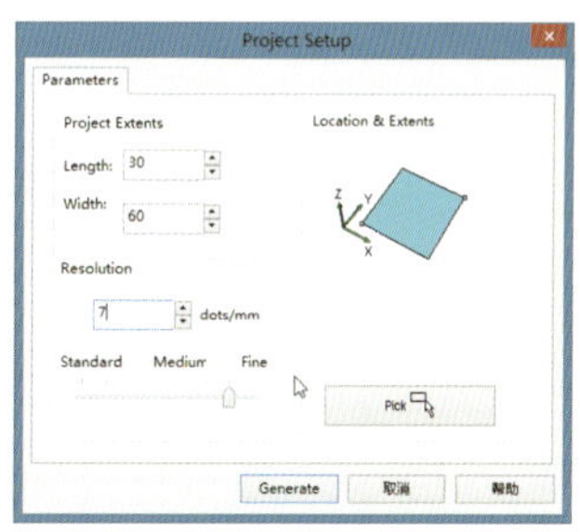

图13.19 设计方案参数窗口

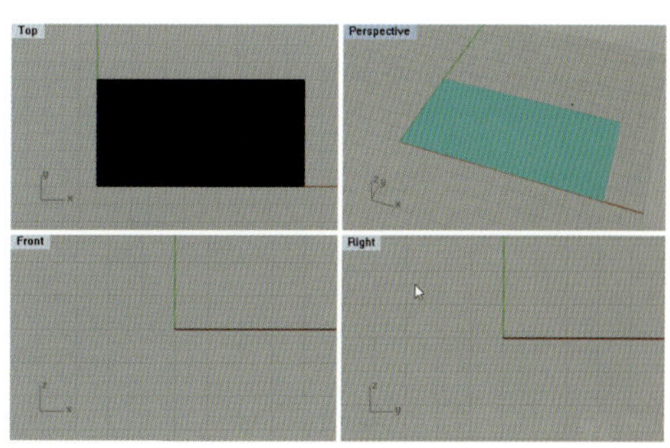

图13.20 设计空间

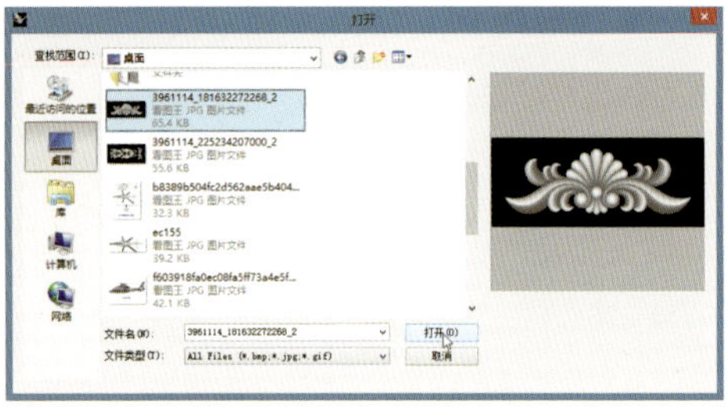

图13.21 选择文件对话框

第三步：单击Create 3D Relief from Image（从图像生成3D浮雕）按钮弹出图13.22选择文件对话框。选择图片后，弹出图13.23，3D浮雕生成对话框，在右边的Operation菜单栏中选择Create（新建）。

第四步：单击3D浮雕生成对话框中的Parameter Edits（参数编辑），见图13.24。在这设置Size（尺寸范围）X输入50Y输入20，Size（尺寸范围）要小于或等于在第一步创建的设计空间。进一步设置Relief Height（浮雕起伏度）输入2.5，Smoothing（平滑度）输入18。

第五步：在键盘敲击回车键。得到图13.25，图13.26。

第六步：在指令栏输入“Rectangle”命令，在TOP视图新建两个矩形，矩形范围同样要小于或等于RhinoART设计空间，见图13.27。

第七步：选中第六步新建的两个矩形然后单击 Create Puffed Volume（生成凸体）按钮弹出图13.28窗口进行参数设置。

第八步：在 图13.28窗口Type（类型）菜单栏中选择Unite（联集）进一步设置Relief Height（浮雕起伏度）在Maximun输入4，

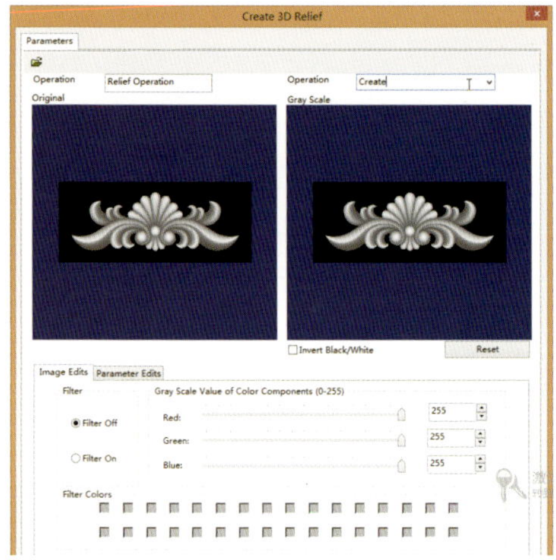

图13.22 3D浮雕生成参数编辑对话框

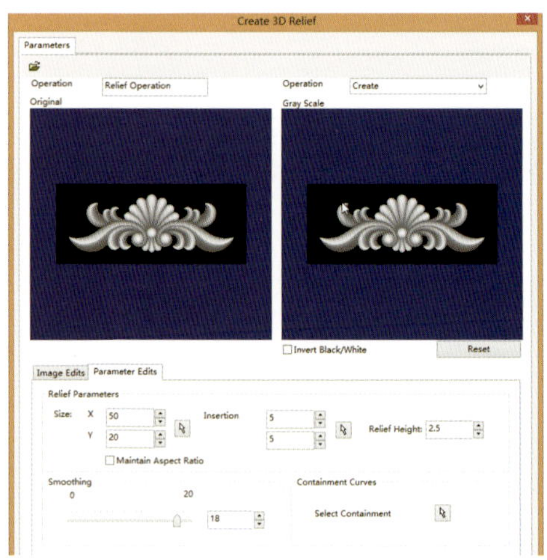

图13.23 3D浮雕生成参数编辑对话框

Smooth Geometry（平滑几何）输入18设置好后单击Generate（生成）。得到图13.29。

第九步：单击RhinoART面板中的Project Tree（项目树状图）菜单栏Project Setup，见图13.30。

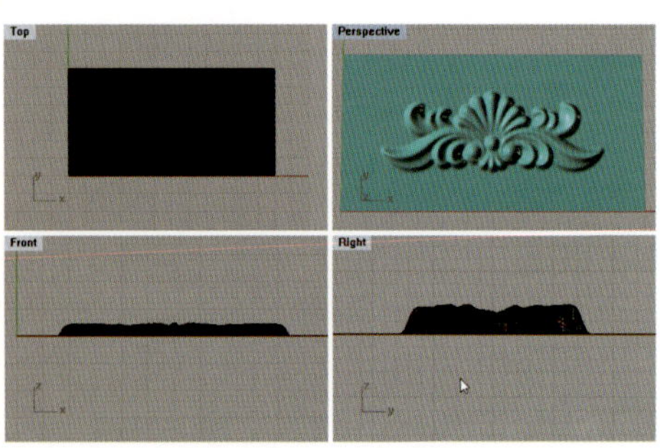

图13.24 位图形成浮雕

图13.25 浮雕

图13.26 在TOP视图画两个矩形

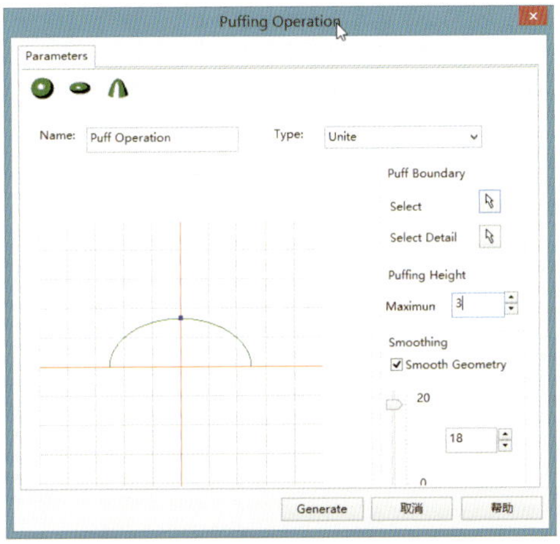

图13.27 生成凸体参数设置对话框

图13.28 矩形浮雕

图13.29 RhinoART菜单

第十步：单击 Export to Rhino（Rhinoart导出到Rhino）按钮然后关闭Rhinoart面板最终得到图13.31。

图13.30 浮雕效果图

13.4 浮雕实例二之犀牛标志浮雕

第一步：启动Rhino4.0后在浏览窗口左边点击RhinoART菜单栏选择“Browser”弹出窗口图13.32。

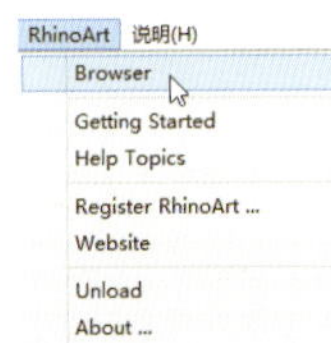

图13.31 RhinoART菜单

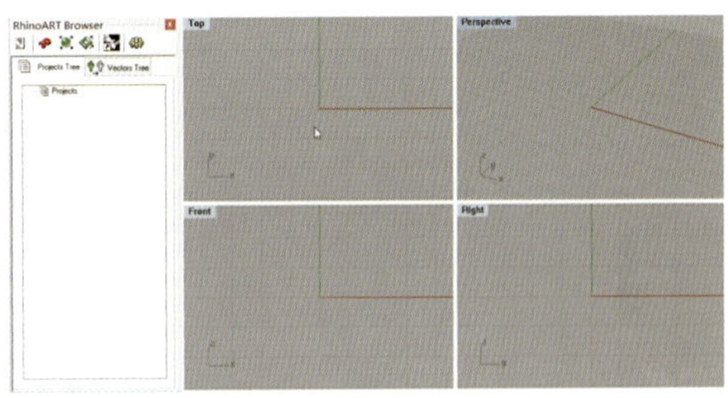

图13.32 RhinoART面板

第二步：创建RhinoART设计空间

单击Project Setup（设计方案）按钮弹出参数窗口图13.33，在此窗口设置RhinoART的 Project Extents（设计范围）。在Length输入40。Width输入62.，也可以直接点击Pick，直接在TOP视图框选范围。Resolution（分辨率）输入7设置好后单击Generate（生成）。得到图13.34。

第三步：点击RhinoART浏览器Vectors标签，然后点击 Create Curves from Image（从位图生成生成Rhino曲线）按钮见图13.35弹出图13.36文件选择对话框，可选择gif、bmp和jpg格式图片，选择好后弹出图

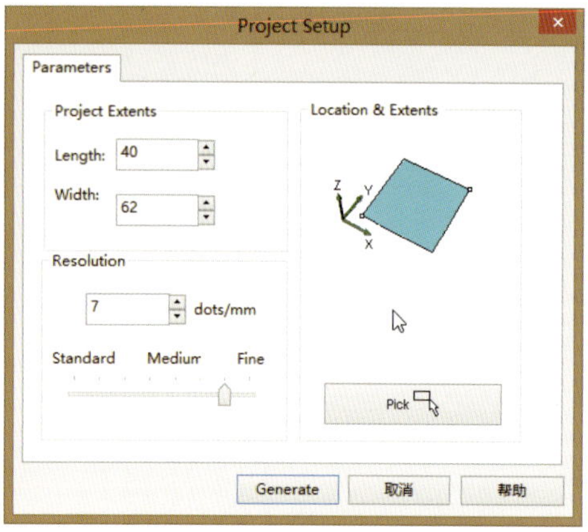

图13.33 设计方案参数窗口

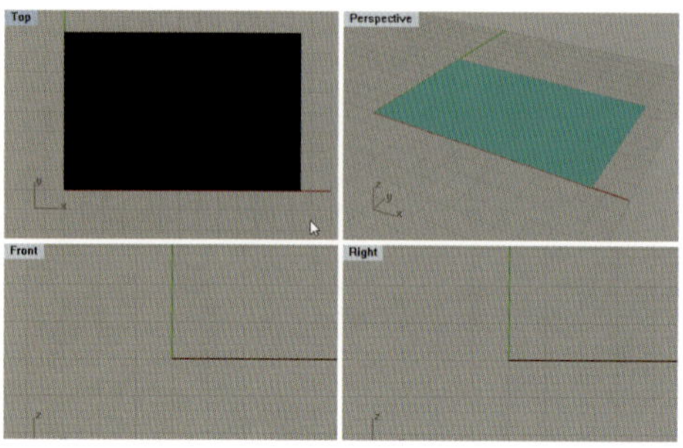

图13.34 设计空间

图13.35 位图生成Rhino曲线面板

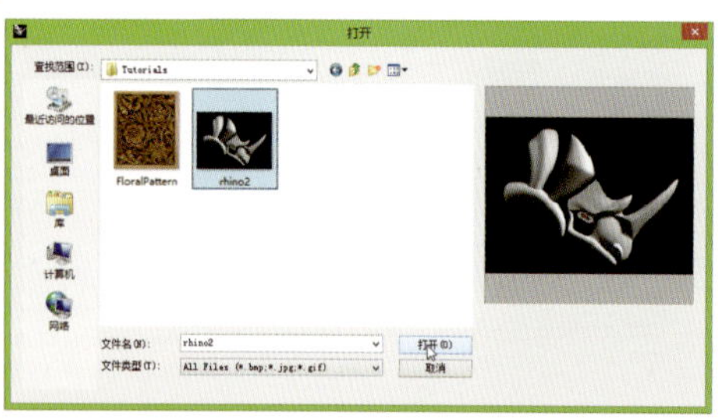

图13.36 文件选择对话框

13.37Create Rhino Curves from Raster Image（从位图生成生成Rhino曲线）窗口在Threshold输入239。

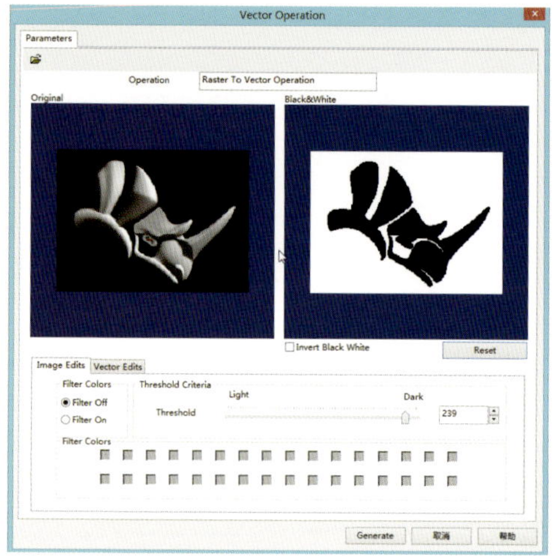

图13.37 从位图生成Rhino曲线

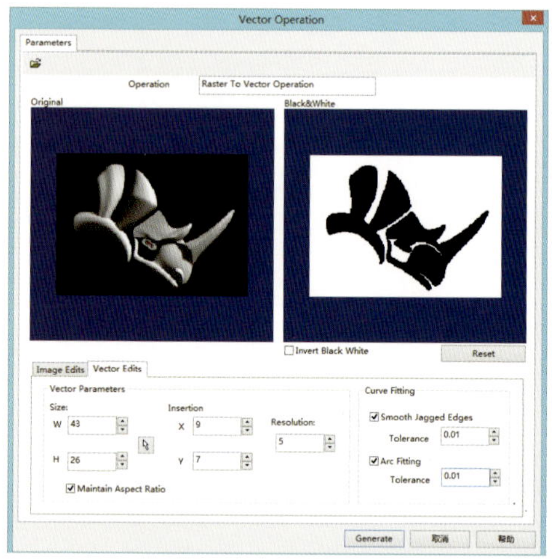

图13.38 矢量编辑对话框

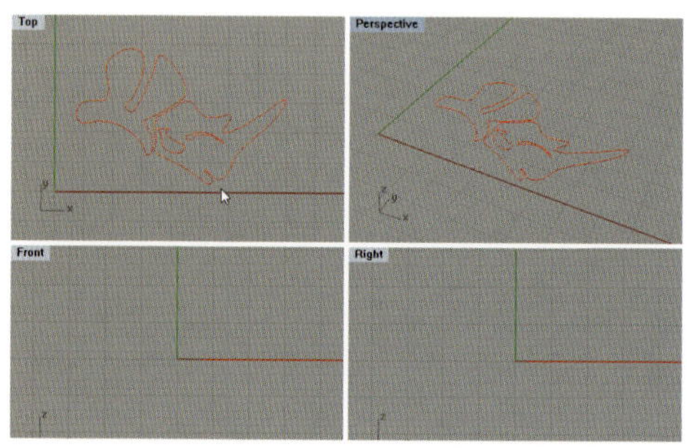

图13.39 位图生成Rhino曲线

第四步：点击 图13.37窗口中的Vector Edits（矢量编辑）见图13.38在W输入43 。H输入26。X输入9。Y输入7。Resolution输入5。两个Tolerance输入0.01。单击Generate（生成），得到图13.39。

第五步：在Vectors标签单击 Export to Rhino（Rhinoart导出到Rhino）按钮，见图

图13.40 RhinoART菜单

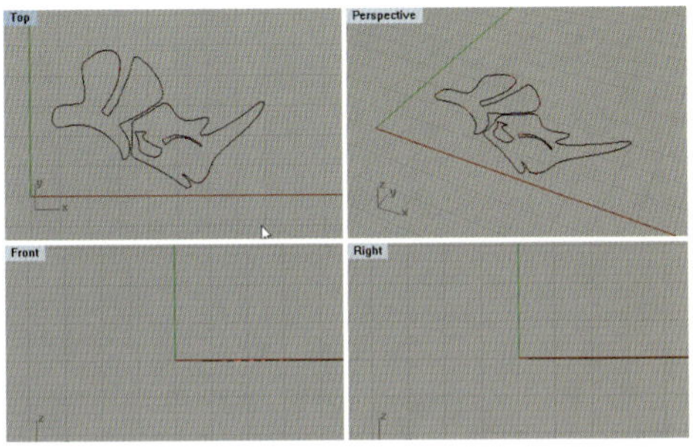

图13.41 曲线

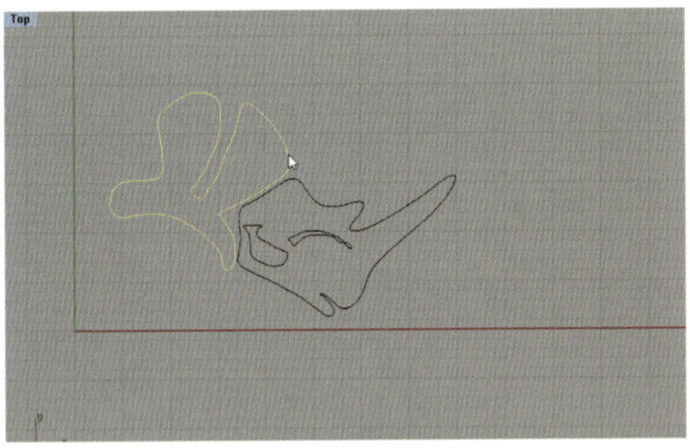

图13.42 曲线

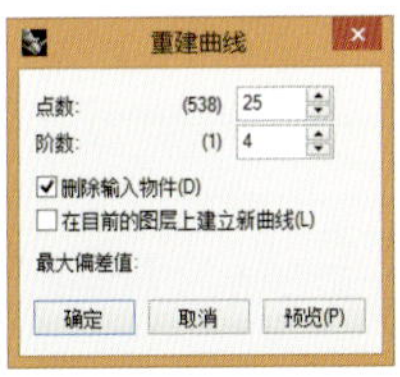

图13.43重建曲线对话框

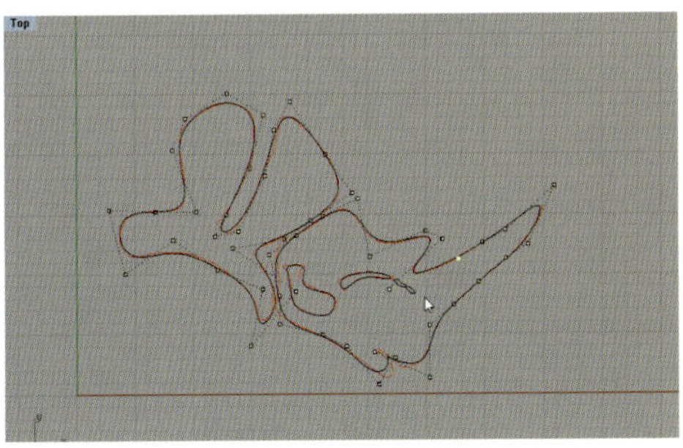

图13.44 开启编辑点

13.40，得到可以编辑的曲线，见图13.41。

第六步：观察曲线的曲率，若曲率不好就得对曲线进行重建选中需要重建的曲线，

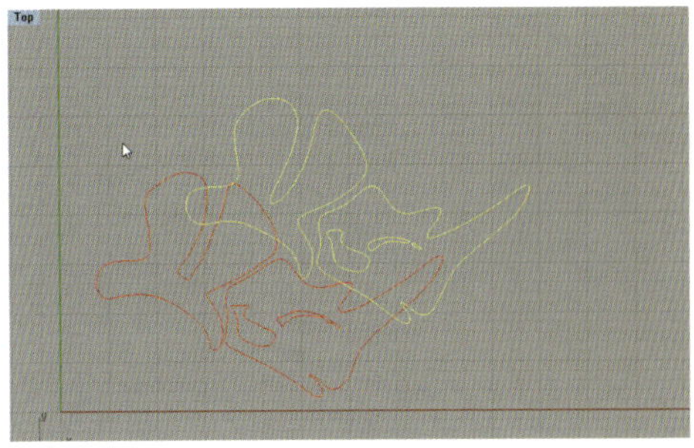

图13.45 曲线放到设计空间中间位置

图13.46 RhinoART面板

见图13.42。

第七步：在指令栏输入“Rebuild”命令用于重建曲线。在弹出的重建曲线窗口中点数输入25，阶数输入4，然后按确定。

第八步：选中继续需要重建的曲线进行重建。选择重建后的曲线，在指令栏输入“EditPtOn”或在键盘按F10（开启编辑点）。

第九步：选择重建后的曲线。在指令栏输入“EditPtOn”或在键盘按F10（开启编辑点）进一步调整曲线轮廓见图13.43。

第十步：调整完毕后在指令栏输入“PointsOff”或者按键盘F11，关闭点。

第十一步：选中所有的曲线放到设计空间中间位置，见图13.44。

第十二步：切换到Projects tree标签见图13.45，观察位置见图13.46。

第十三步：在指令栏输入“Ellipse”命令，新建一个椭圆围住曲线。新建的椭圆一定要小于或等于RhinoART设计空间，见图13.47。

第十四步：选中第十三步新建的椭圆，见图13.48。

第十五步：切换到Projects tree标签。单击 Create Puffed Volume（生成凸体）按钮弹出图13.49窗口进行参数设置。Type（类型）

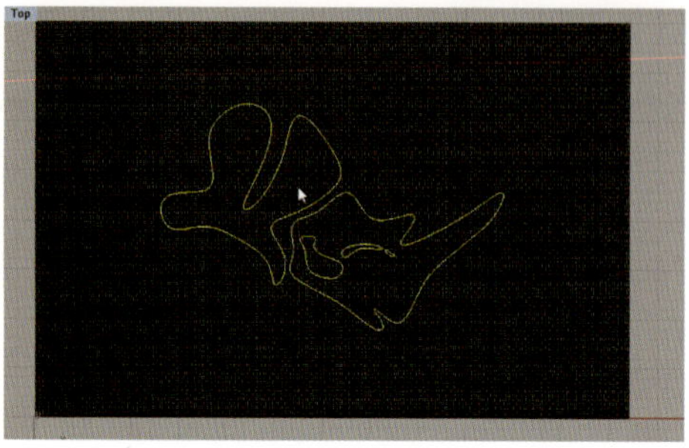

图13.47 曲线放到设计空间中间位置

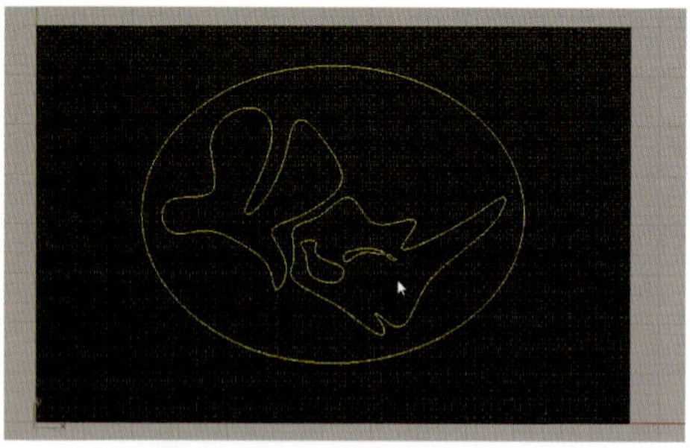

图13.48 选中椭圆

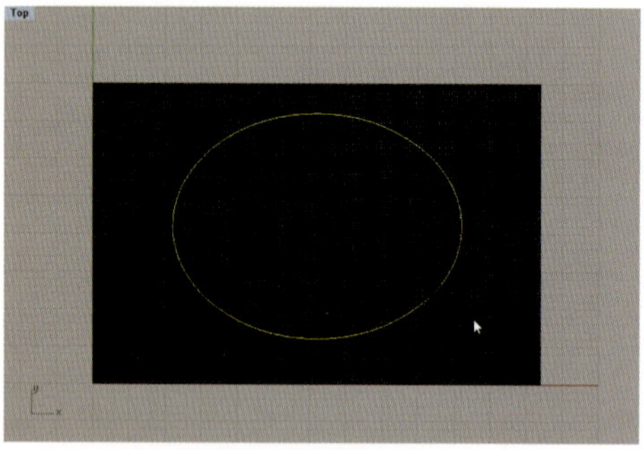

图13.49 选中椭圆

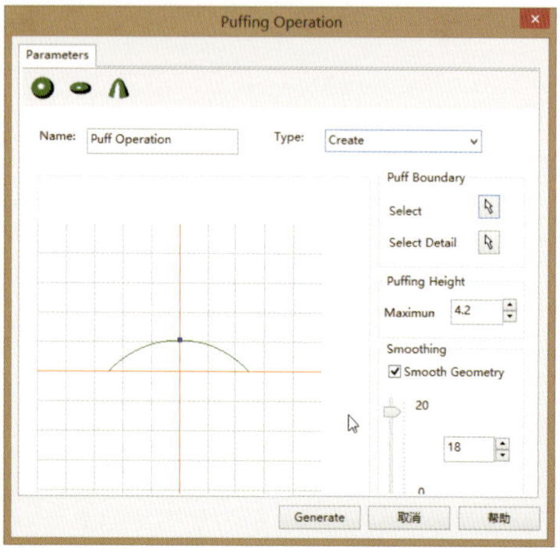

图13.50 生成凸体参数设置对话框

选择Create（新建）Maximun输入4.2.Soomth Geometry输入18。设置好后单击Generate（生成）得到图13.50。

第十六步：切换到Vectors Tree标签见

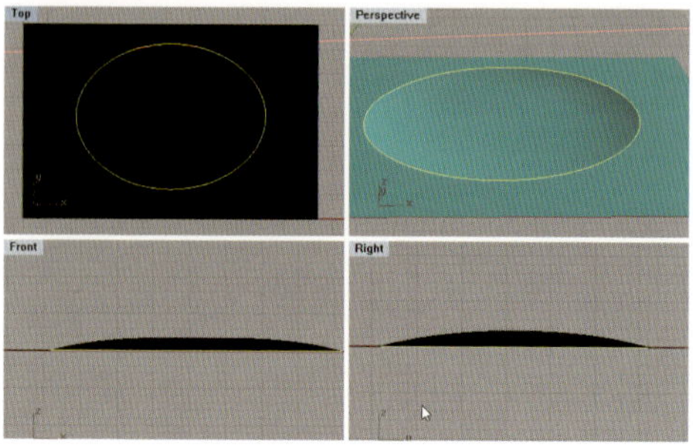

图13.51椭圆浮雕

图13.52 RhinoART

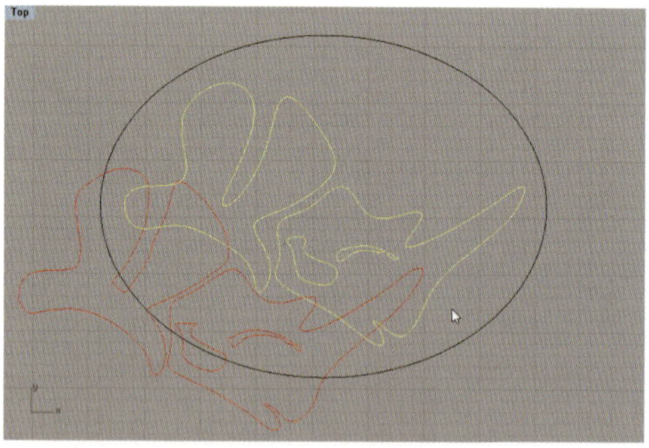

图13.53 选中除椭圆外的所有曲线

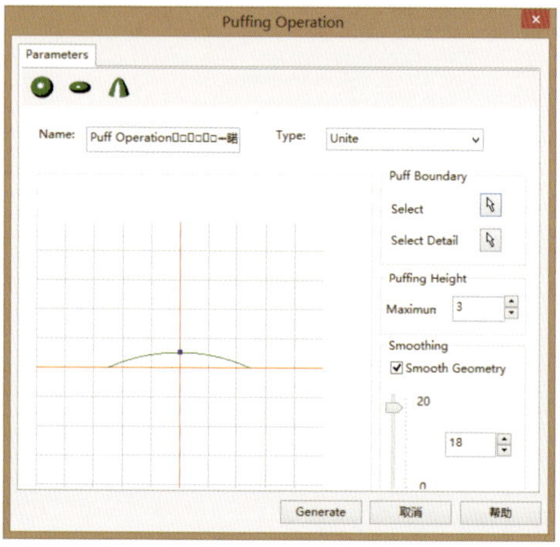

图13.54 生成凸体参数设置对话框

图13.51，选中除椭圆外的所有曲线，见图13.52。

第十七步：切换到Projects tree标签。点击 Create Puffed Volume（生成凸体）按钮弹

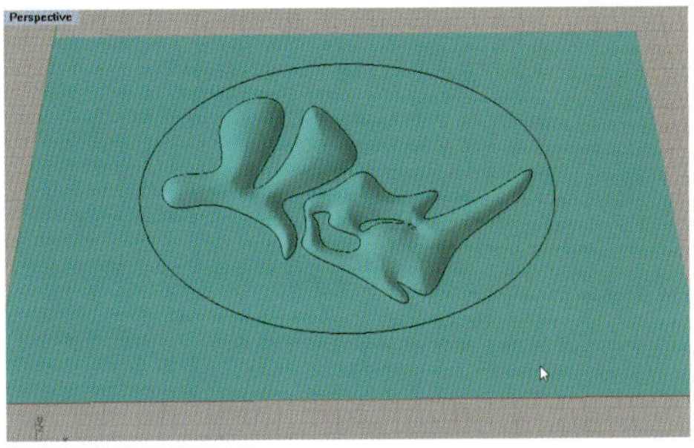

图13.55 联集浮雕

图13.56 Rhinoart面板

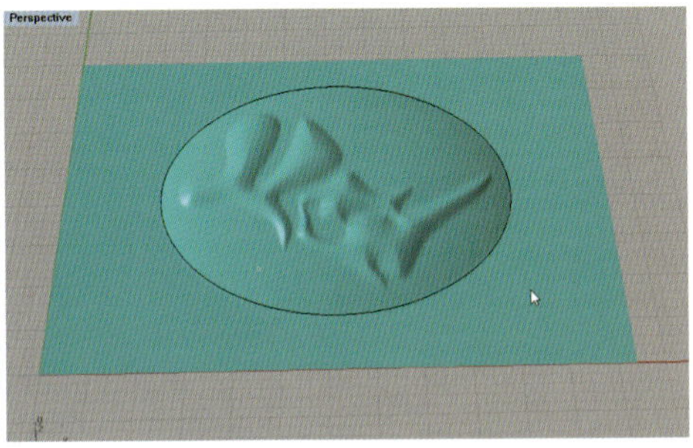

图13.57 浮雕叠加效果

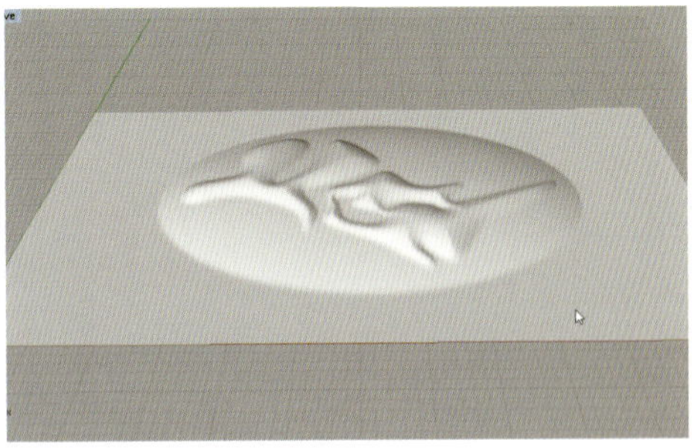

图13.58 浮雕效果图

出图13.53窗口进行参数设置。Type（类型）选择Unite（联集）Maximun输入3.Soomth Geometry输入18。设置好后单击Generate（生成），得到图13.54。

第十八步：单击RhinoART面板中的Project Tree（项目树状图）菜单栏Project Setup，见图13.55，点击后发现浮雕叠加效果，见图13.56。

第十九步：单击 Export to Rhino（Rhinoart导出到Rhino）按钮然后关闭Rhinoart面板，最终得到图13.57。

课程实训

单元课题实训

1.尝试通过2D位图直接转换成3D浮雕，并导出到Rhino3D。

2.应用位图转换为矢量2D曲线，再通过生成浮雕按钮生成浮雕模型并导出到Rhino3D。

要求与提示

通过对2D位图直接转换成3D浮雕的练习来掌握浮雕操作的流程中，参数的设置很重要，应尝试不同的参数下生成的浮雕效果。如果通过位图生成矢量2D曲线，注意对生成的曲线质量，可以对生成的曲线进行重建的方式提高曲线的质量，则相应地可以提高浮雕生成的质量。

第十四章　动画插件Bongo

本章教学目标

1.在本章教学进程中，将着重讲解动画插件bongo的基本工具，包括时间轴面板、bongo关键帧编辑器、反向运动的运用，以学习动画创建的流程。

2.本章还提供了创建bongo产品动画的若干实例。

14.1 Bongo概述

Bongo是Rhino3d的一个动画插件，它操作简单，能制作和预览较复杂的物件和视窗动画，物件和视窗动画均可以在Rhino窗口通过简单的拖放操作来完成编辑，还可以简单快速地用Rhino3d的任何一种显示模式预览和演示动画，并可用犀牛支持的渲染器输出视频文件，见图14.1、图14.2所示，就是由bongo完成的齿轮运动动画。

在Bongo激活的时候，可以赋予物件和视窗动作。动画日志把物件的变动和物件的位置都记录在时间轴滑块当前所对应的关键帧里。这些关键帧显示在时间轴上，可以用时间轴编辑对话框对其进行编辑。除了自身的变动，物件可以被赋予父子关系属性，使得子物件可以和父物件具有相同的变化。

图14.1 转动的齿轮

图14.2 转动的齿轮

14.2 Bongo工作流程

第一步：启动bongo时间轴，在bongo菜单栏下选择时间轴，选择后弹出图14.3。

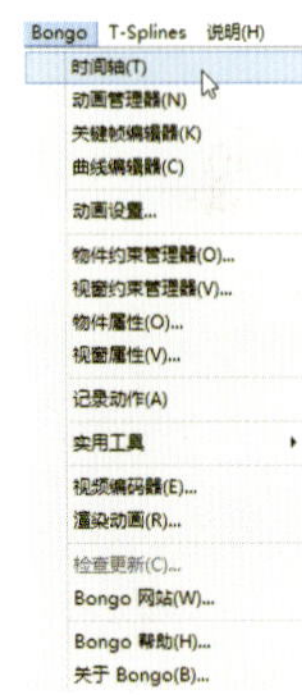

图14.3 Bongo菜单

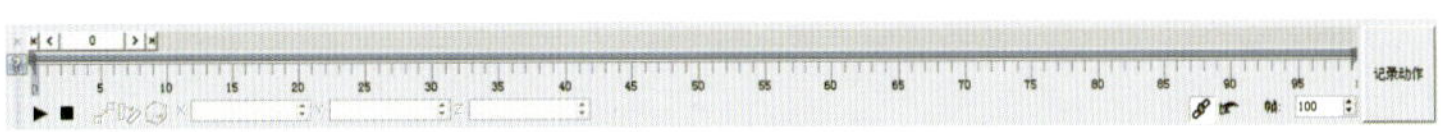

图14.4 时间轴

第二步：点击时间轴上的记录动作（Animate）按钮激活时间轴，见图14.4。

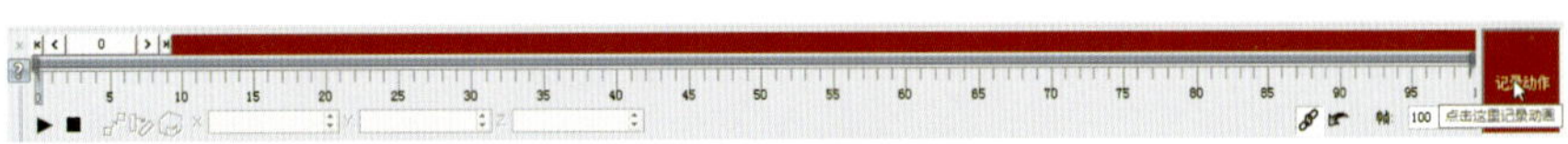

图14.5 时间轴被激活模式

第三步：移动时间滑块到某一帧，见图14.6。

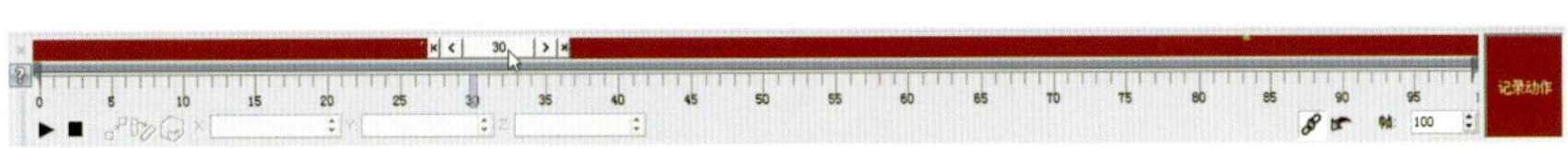

图14.6 时间滑块被移动模式

第四步：选中物件，见图14.7。

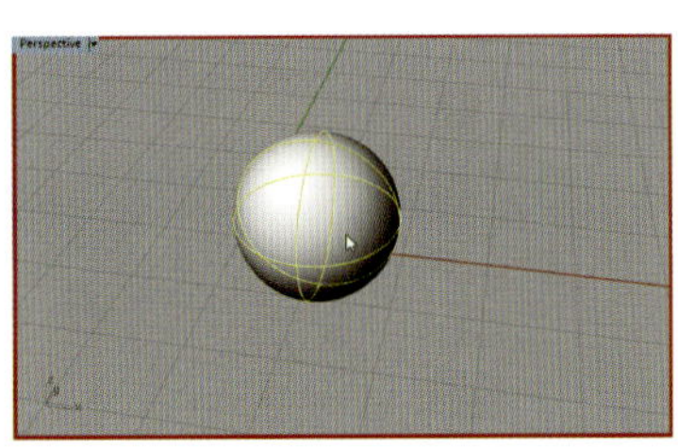

图14.7 记录动作模式

第五步：在bongo变换控制栏中对物件进行移动，旋转，缩放操作。

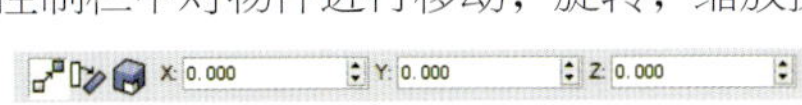

图14.8 变换控制栏

第六步：点击时间轴上的播放按钮预览动画。

第七步：渲染动画，见图14.9、图14.10。

图14.9 Bongo菜单

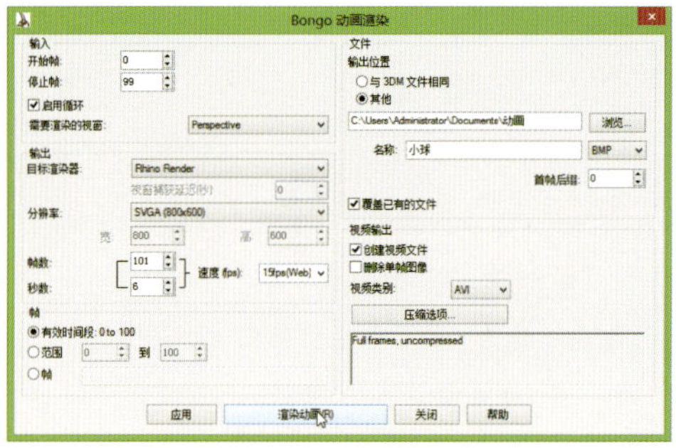

图14.10 渲染动画对话框

14.3 Bongo面板介绍

见图14.11、图14.12、图14.13。

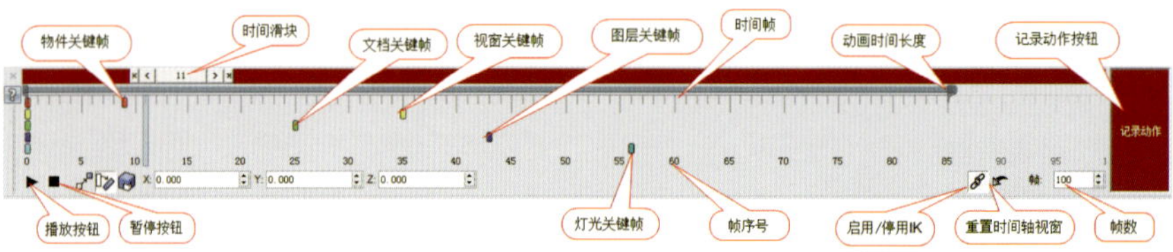

图14.11时间轴

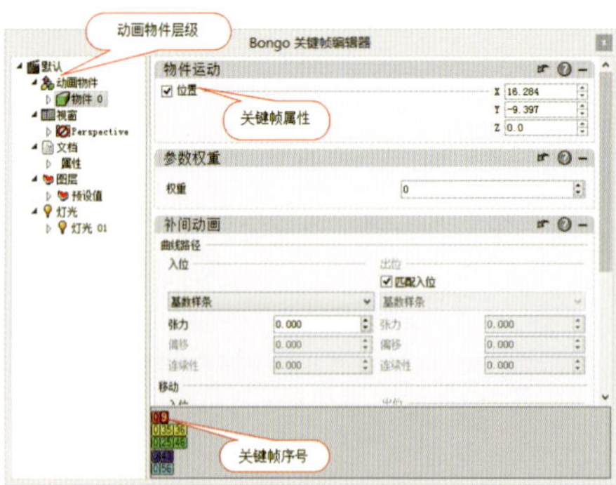

图14.12 Bongo关键帧编辑器对话框

图14.13 Bongo属性面板

14.4 产品动画实例一之移动和旋转U盘

预期完成的动画效果是使U盘在第0帧到第20帧之间发生位移，在第20到40帧之间旋转。

第一步：打开U盘模型文件，见图14.14。

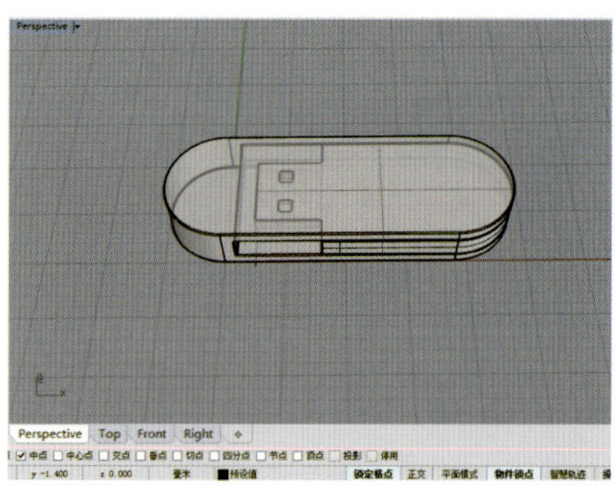

图14.14 U盘模型

第二步：打开Bongo，如果时间轴没有显示在界面上，则从Bongo菜单栏点击时间轴。时间轴面板默认在屏幕的底部，见图14.15。

第三步：在时间轴上，点击记录动作按钮，此时出现图14.16。

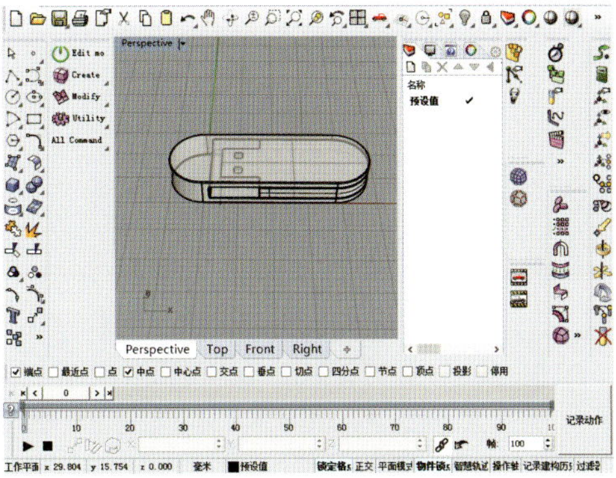

图14.15 Bongo时间轴界面

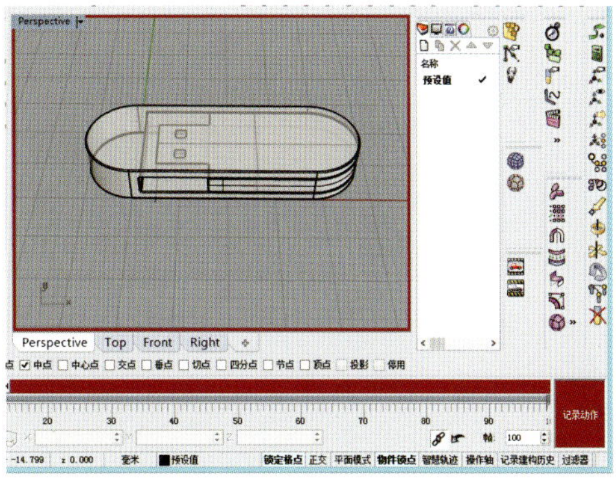

图14.16 时间轴被激活模式界面

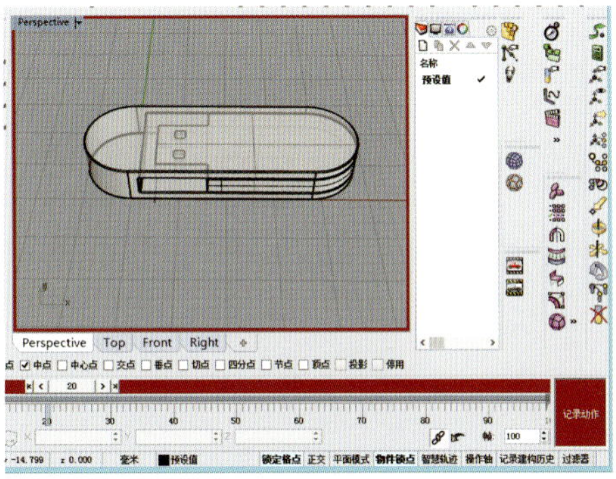

图14.17 时间滑块被移动

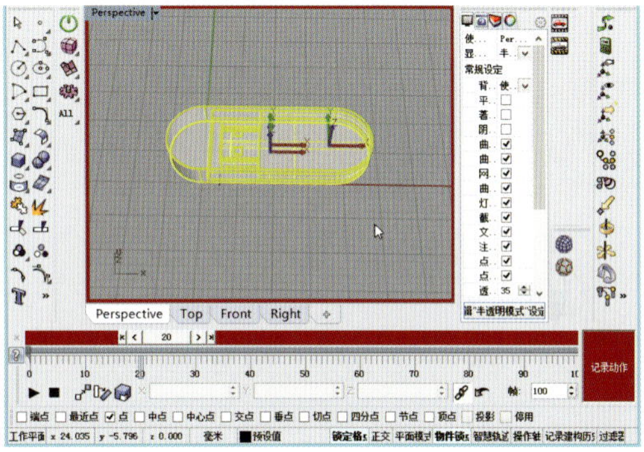

图14.18 选中U盘结构

第四步：移动时间滑块到20帧处，见图14.17。

第五步：选中U盘全部结构，见图14.18。

第六步：激活屏幕底部工作平面栏的正交模式，并拖动物体到右边。或者按住shift键，把物体拖动到右边，见图14.19。

第七步：把动画长度帧移动到53帧处，见图14.20。

第八步：移动时间滑块到40帧处，见图14.21。

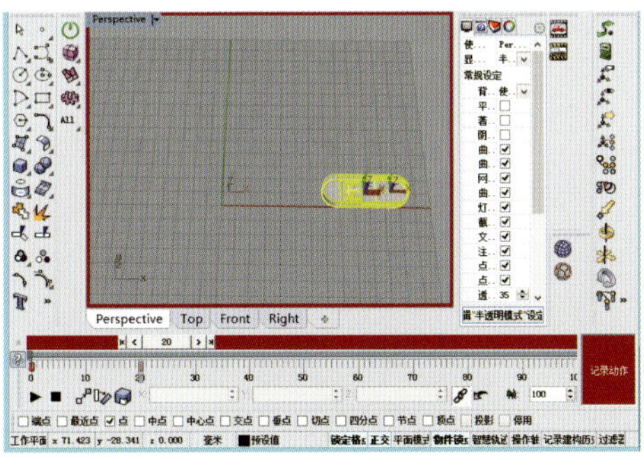

图14.19 拖动U盘

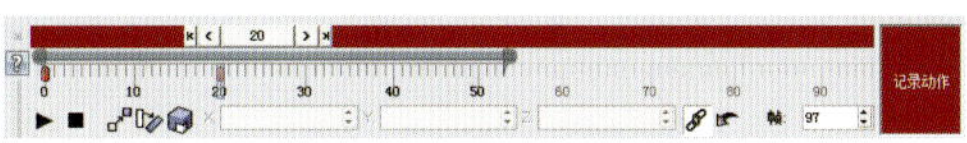

图14.20 移动动画长度帧

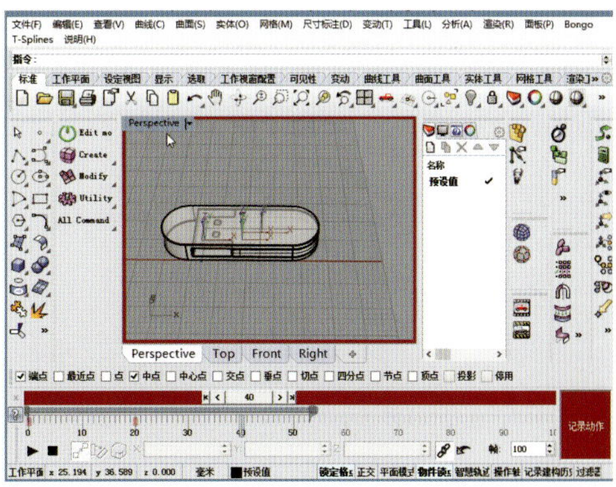

图14.21 移动时间滑块

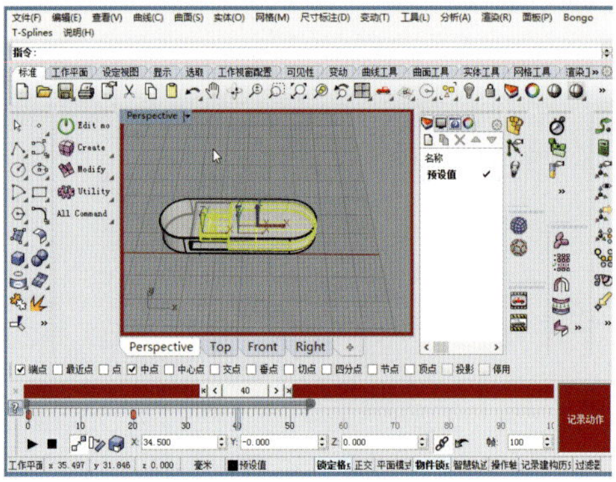

图14.22 选中U盘内部结构

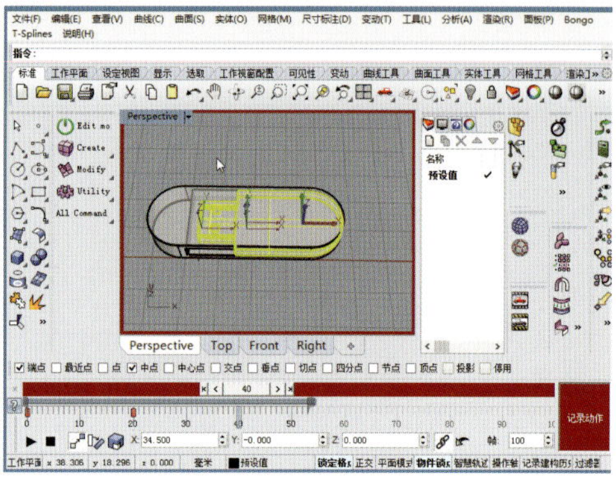

图14.23 移动物件基准点

第九步：选中U盘内部结构，见图14.22。

第十步：点击Bongo工具列表中的移动物件基准点按钮，把基准点向右移动到合适位置，作为物件旋转的中心，见图14.23。

第十一步：点击Bongo工具列表中的记录物件旋转按钮，在TOP选择旋转起点和旋转终点，见图14.24。若此时点击播放，你会看到U盘全部结构从0帧开始移动并且内部结构也同时发生旋转，到第20帧的时候U盘全部结构停止向前移动，但是U盘内部结构到第40帧才停止旋转。显然这不是想要的结果。

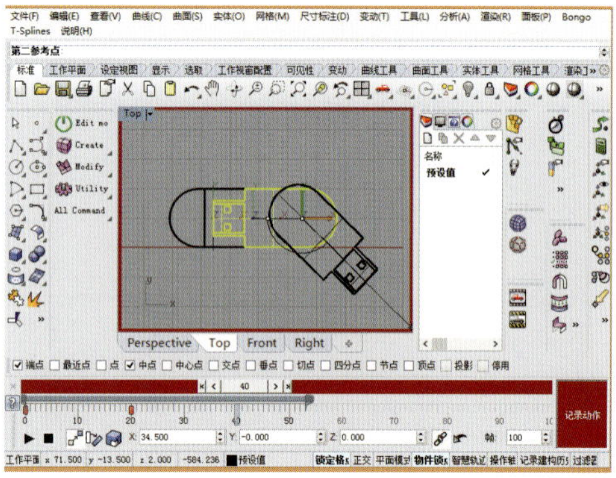

图14.24 选择物件旋转起点与终点

第十二步：选中U盘内部结构，见图14.25所示。双击第20帧，弹出图14.26Bongo所示的关键帧编辑器，勾选Z轴旋转并输入0，然后关闭编辑器。

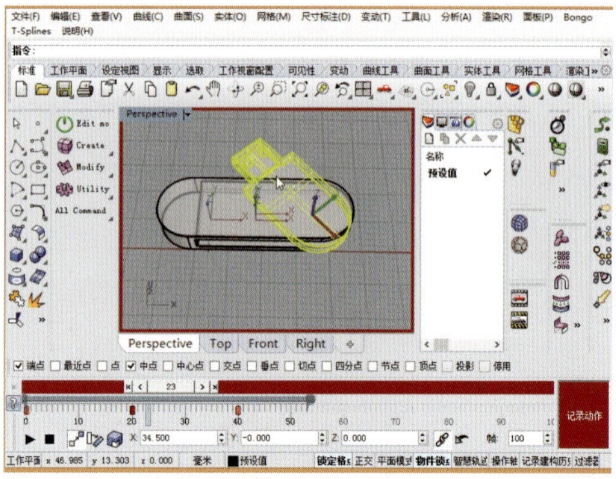

图14.25 选中U盘内部结构

第十三步：点击记录动作按钮关闭激活模式。点击播放，此时U盘全部结构在第0帧到第20帧之间移动。在第20到40帧之间旋转。

第十四步：点击菜单栏Bongo，选择渲染动画见图14.27。弹出14.28窗口。勾选启用循环，点击浏览选择输出路径，勾选创建视频文件，选择视频类别AVI。

第十五步：点击渲染动画。点击后出现屏幕闪动，并提示渲染所需时间。

第十六步：到保存的路径打开渲染

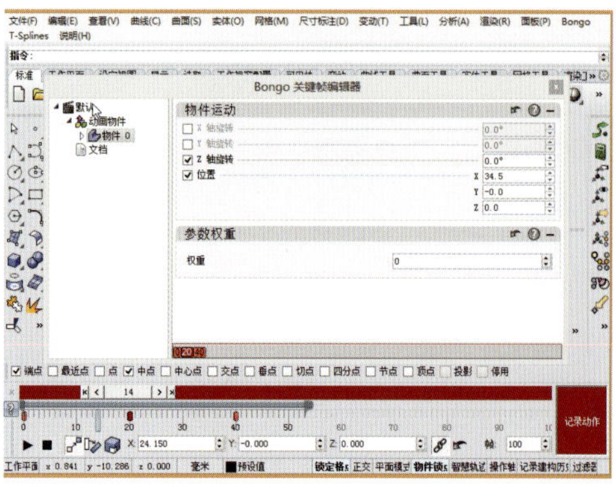

图14.26 勾选Z轴旋转并输入0

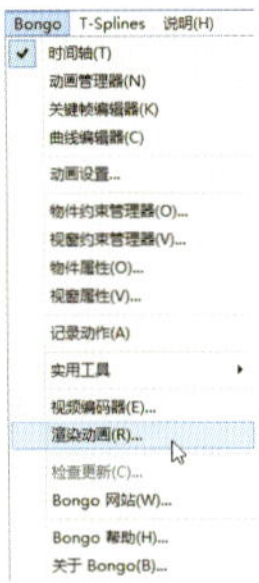

图14.27 Bongo菜单

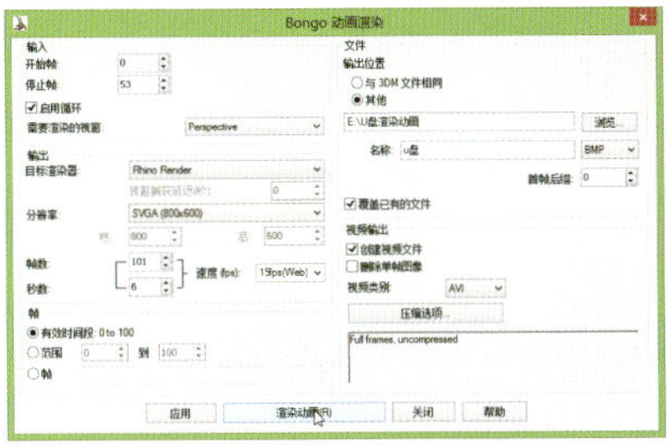

图14.28 渲染动画对话框

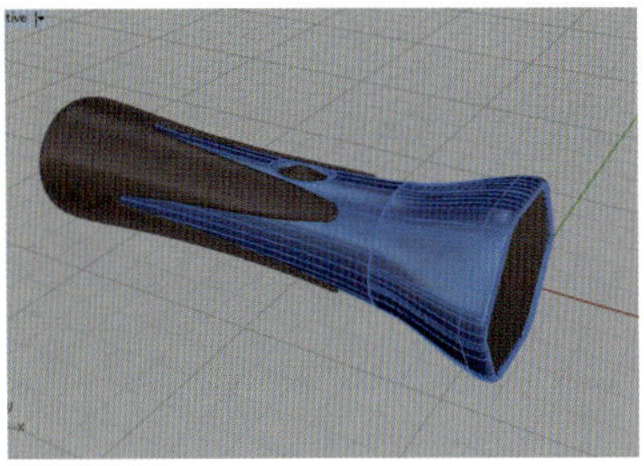

图14.29 手电筒模型

的动画视频。

14.5 建模实例二之手电筒爆炸图动画

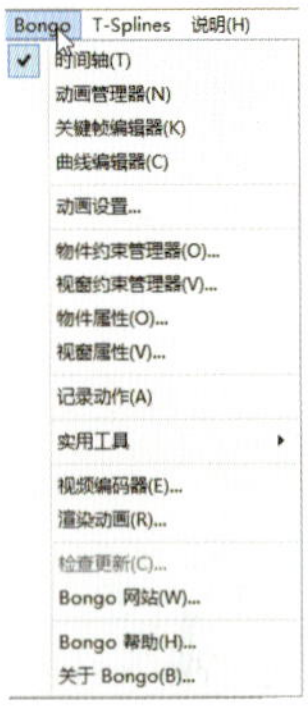

图14.30 bongo菜单

第一步：打开手电筒模型文件，见图14.29所示。

第二步：打开Bongo时间轴。

如果时间轴没有显示在界面上，则从Bongo菜单栏点击时间轴。时间轴面板默认在屏幕的底部。见图14.30、图14.31。

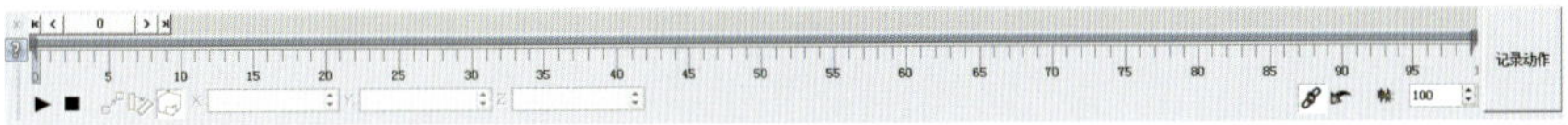

图14.31 时间轴

第三步：在时间轴上，点击记录动作按钮，此时出现图14.32。

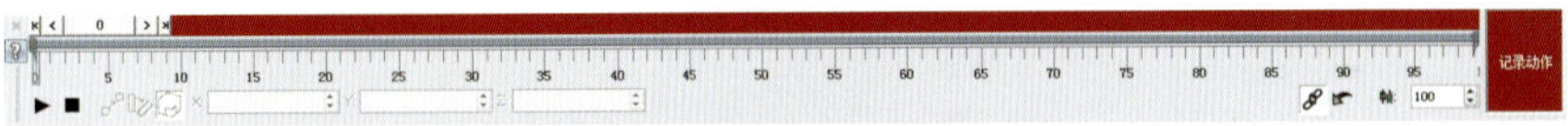

图14.32 时间轴被激活模式

第四步：移动时间滑块到15帧处，见图14.33。

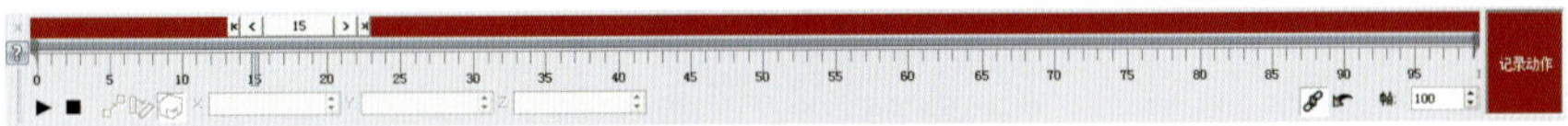

图14.33 时间滑块被移动模式

第五步：选中手电筒头部，见图14.34。

第六步：激活屏幕底部工作平面栏的正交模式，并拖动物体到右边。或者在没有激活正交模式下按住shift键，把物体拖动到右边，见图14.35。

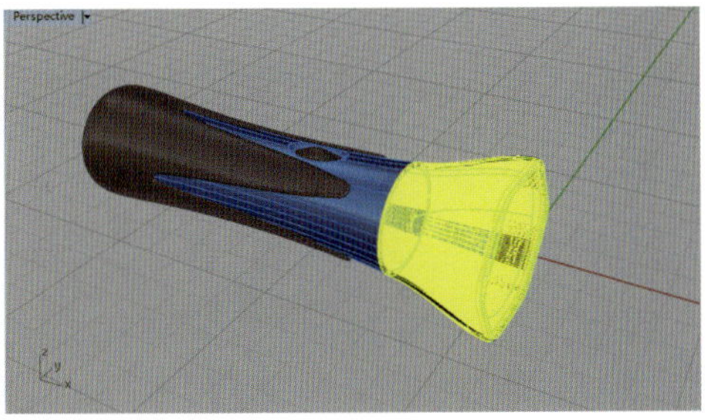

图14.34 选中手电筒头部

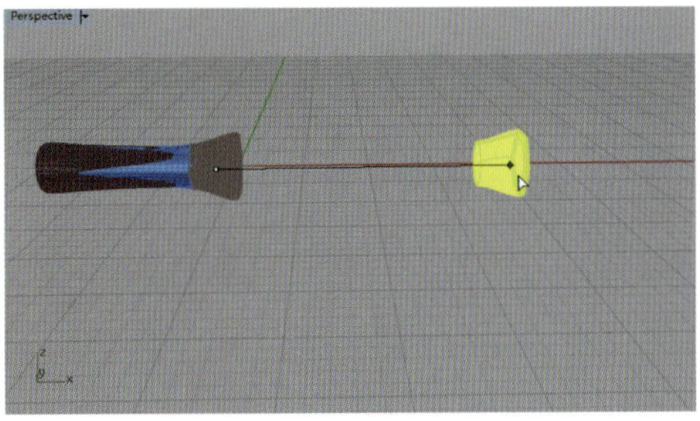

图14.35 拖动手电筒头部

第七步：同样在15帧处在时间轴上，切换到旋转模式，并在X处输入180，见图14.36。因为只想让物件围绕X轴旋转。此时移动时间滑块，物件在0帧和15帧之间做边移动边旋转动画。

图14.36 点击旋转模式

第八步：选中两节电池，见图14.37。

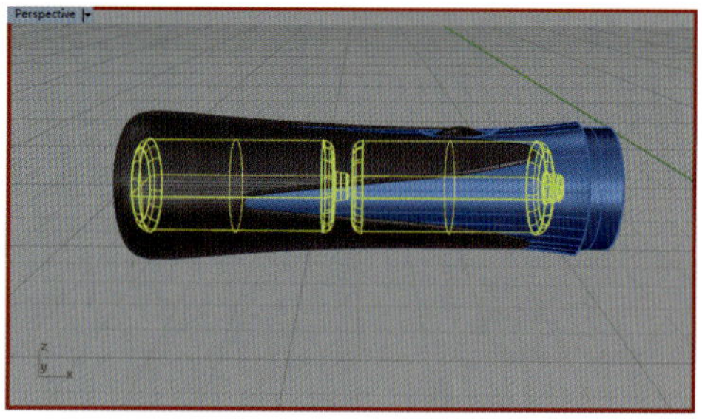

图14.37 选中两节电池

第九步：在激活时间轴的情况下，将时间滑块移动到第16帧。并在时间轴上右键添加空关键帧，见图14.38，得到图14.39。

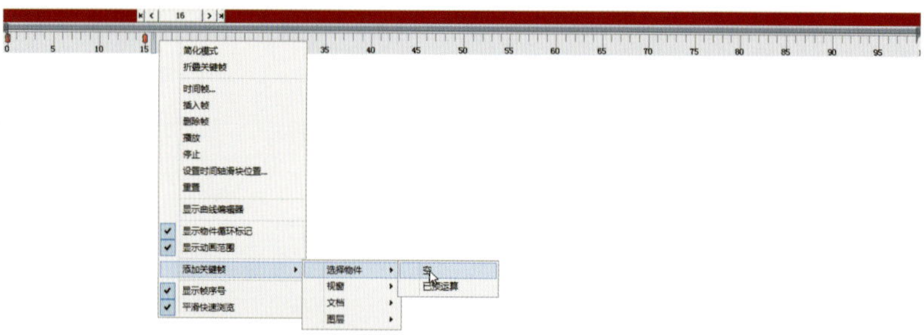

图14.38 移动时间滑块并添加空关键帧

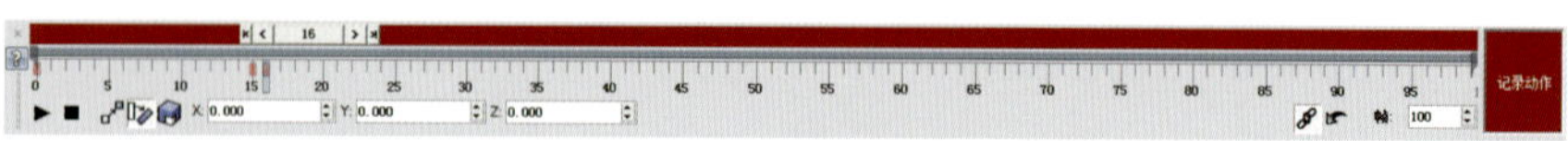

图14.39 空关键帧添加完成

第十步：将时间滑块移动到第30帧处，见图14.40。

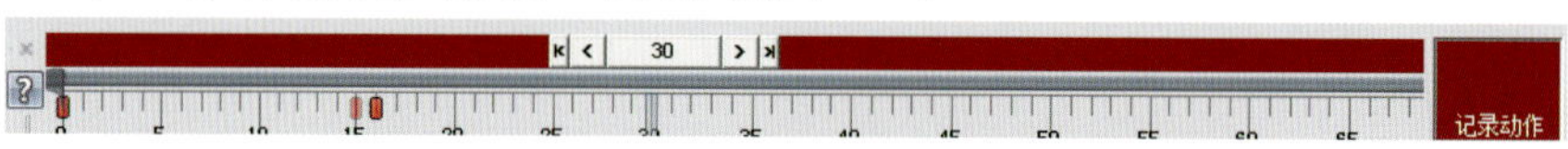

图14.40 移动时间滑块

第十一步：选中两节电池，见图14.41。

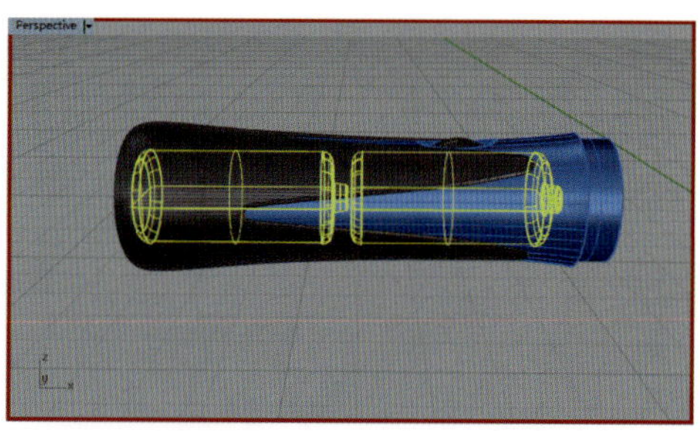

图14.41 选中两节电池

第十二步：激活屏幕底部工作平面栏的正交模式，并拖动物体到右边。或者在没有激活正交模式的情形下按住shift键，把物体拖动到右边合适处单击，见图14.42、图14.43。此时移动时间滑块发现0到15帧手电筒头部发生位移并旋转，电池也同时发生位移，到15帧手电筒头部停止动画，电池继续发生位移，直到30帧停止动画。显然这不符合生活所观察到的现象。

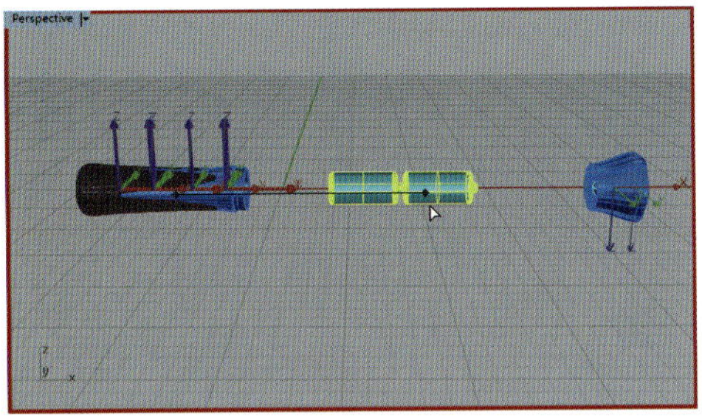

图14.42 拖动两节电池

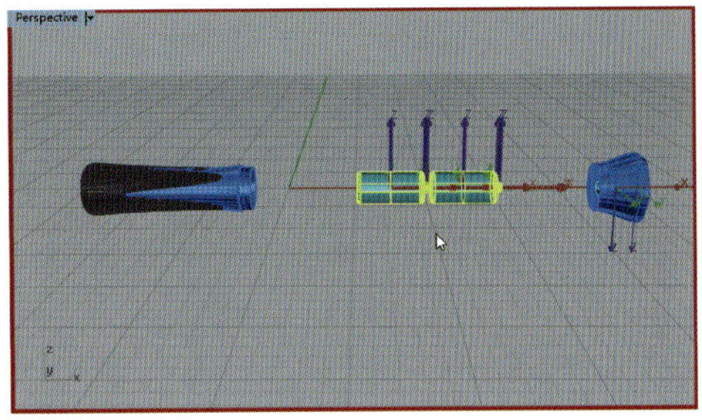

图14.43 移动时间滑块

第十三步：选择两节电池，见图14.44。

第十四步：双击第16帧空关键帧弹出图14.45所示窗口。

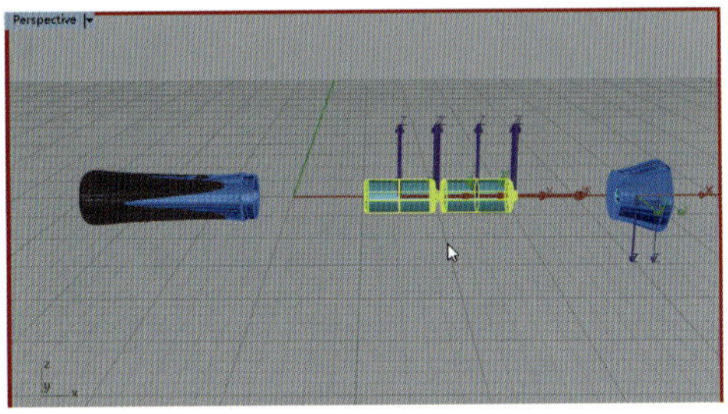

图14.44 选择两节电池

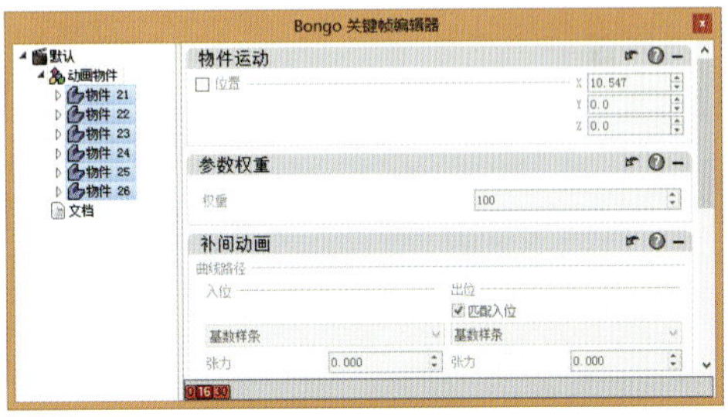

图14.45 Bongo关键帧编辑器对话框

第十五步：在图14.46窗口勾选位置，并在X处输入0，然后关闭窗口。

第十六步：点击动画长度帧不放拖动到第33帧处，见图14.44。

第十七步：点击记录动作按钮，完成动画。此时观察动画0和15帧之间只有手电筒头部同时在做位移和旋转动画，15和30帧之间只有两节电池在做位移动画。

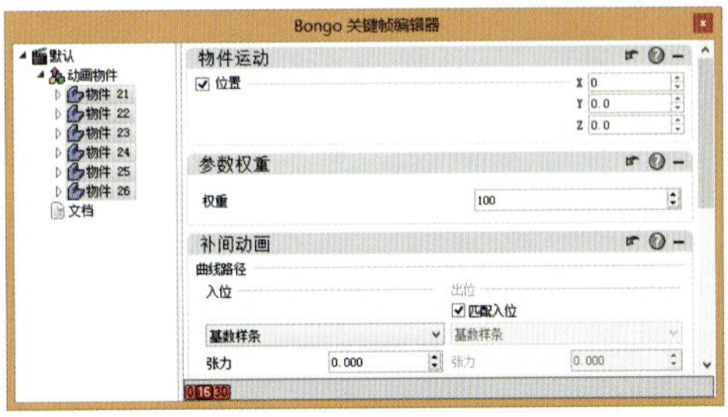

图14.46 勾选位置并在X处输入0

第十八步：点击菜单栏Bongo，选择渲染动画见图14.48。弹出图14.49窗口。勾选启用循环，点击浏览选择输出路径，勾选创建视频文件，选择视频类别AVI。

图14.47 拖动动画长度帧

第十九步：点击渲染动画。点击后出现屏幕闪动，并提示渲染所需时间。

第二十步：渲染完后到保存的路径打开渲染的动画视频。

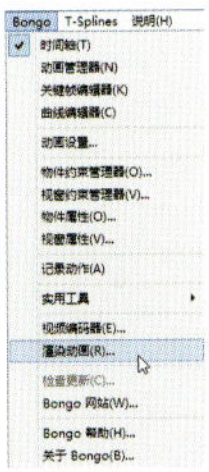

图14.48 Bongo菜单

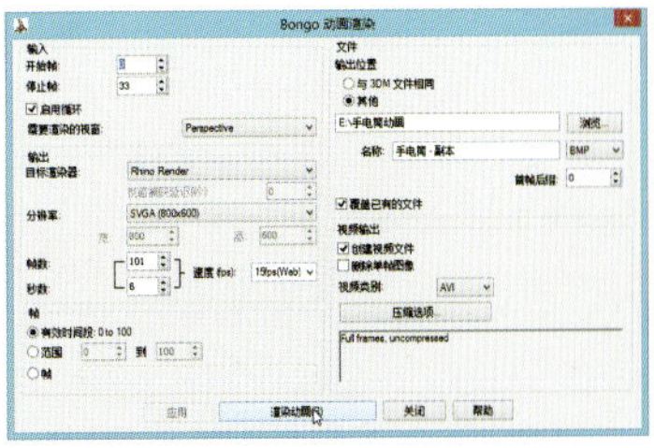

图14.49 渲染动画对话框

14.6 Bongo动画实例三之机械手臂画圆

第一步：用犀牛5.0打开机械手臂模型，见图14.50。

第二步：打开Bongo时间轴。如果时间轴没有显示在界面上，则从Bongo菜单栏点击时间轴。时间轴面板默认在屏幕的底部。

第三步：点击Bongo工具列表中的链接按钮。若没有显示工具栏图标，则从Rhino菜单栏中的工具栏，选择选项，弹出窗口，在左手边选择工具列，右边选择Bongo，勾选调出Bongo工具栏，见图14.47。

第四步：观察命令栏，提示选择父物件，来点击第一个物件，点击后，命令栏提示选取新基准点位置，见图14.52，直接按右键确定，不需要移动，因为基准点位置已经在中心。

第五步：根据命令栏提示选择新链接，点击下一个物件，点击后命令栏提示选取新基准点位置，直接按右键确定，不需要移动，因为基准点位置已经在中心，见图14.53。

第六步：根据命令栏提示选择新链接，点击下一个物件，点击后命令栏提示选取新基准点位置，此时在工作平面栏激活物件锁点，勾选点。然后把默认的基准点移动到点上，见图14.54、图14.55。

第七步：根据命令栏提示选择新链接，点击下一个物件，点击后命令栏提示选取新基准点位置，然后把默认的基准点移动到点上，见图14.56，图14.57。

第八步：根据命令栏提示选择新链接，点击下一个物件，点击后命令栏提示选取新基准点位置，然后把默认的基准点移动到点上，见图14.58、图14.59。

第九步：根据命令栏提示选择新链接，点击下一个物件，点击后命令栏提示选取新基准点位置，然后把默认的基准点移动到点上，见图14.60、图14.61。

第十步：根据命令栏提示选择新链接，点击下一个物件，点击后命令栏提示选取新基准点位置，然后把默认的基准点移动到点上，见图14.62、图

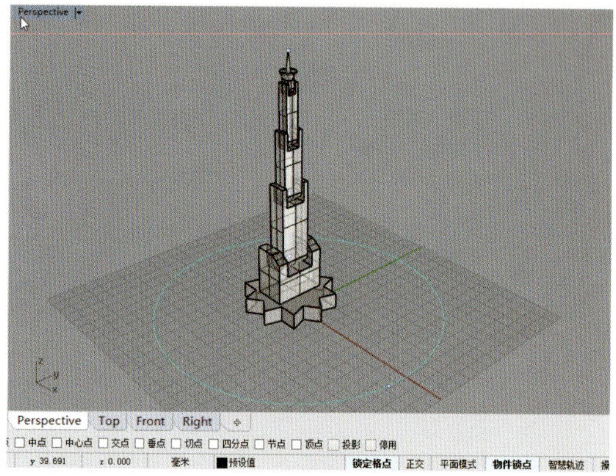

图14.50 机械手臂模型

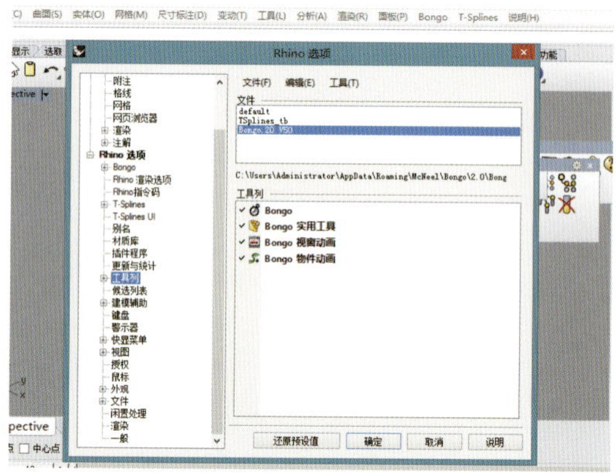

图14.51 工具列对话框

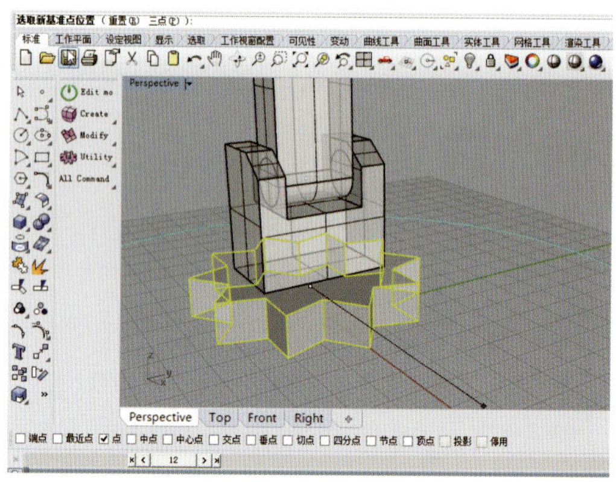

图14.52 选中父物件

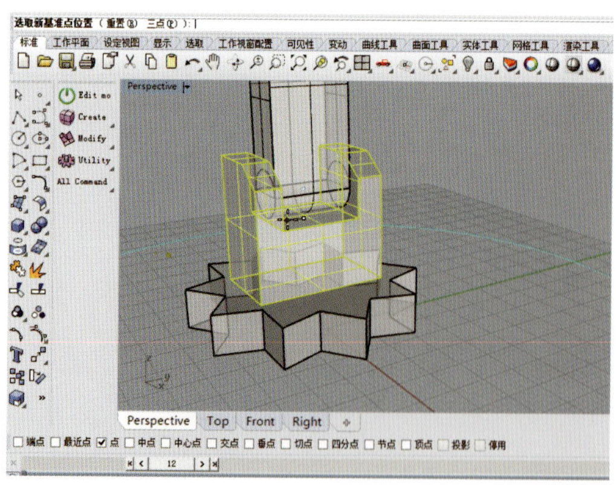

图14.53 选中新链接

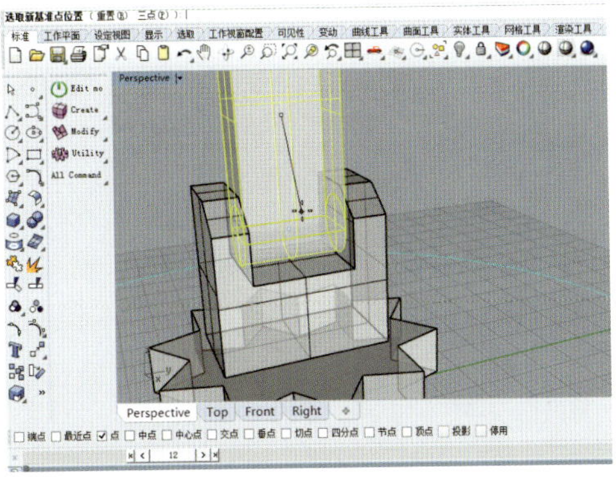

图14.54 选中新链接

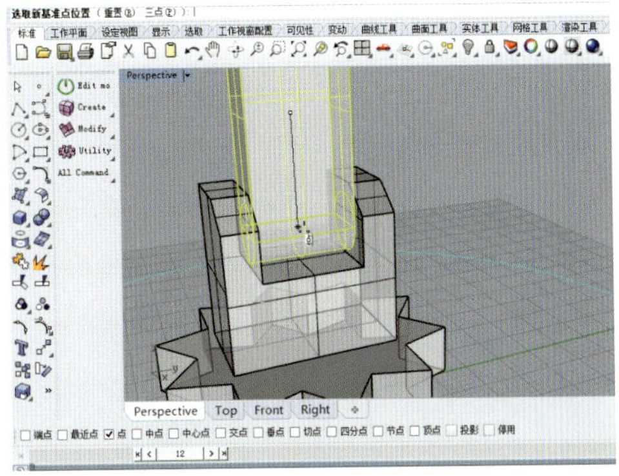

图14.55 选取新基准点位置

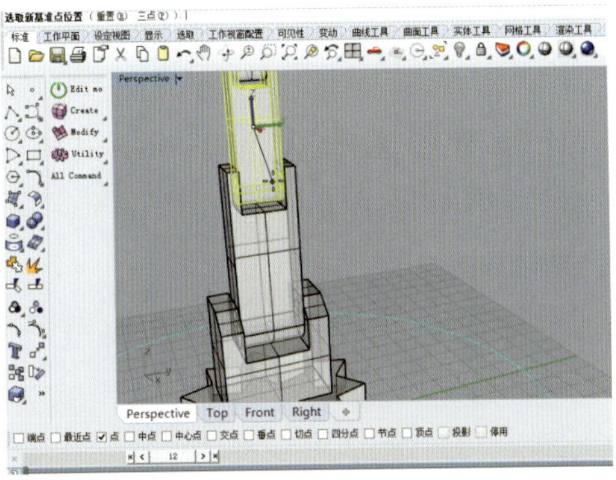

图14.56 选中新链接

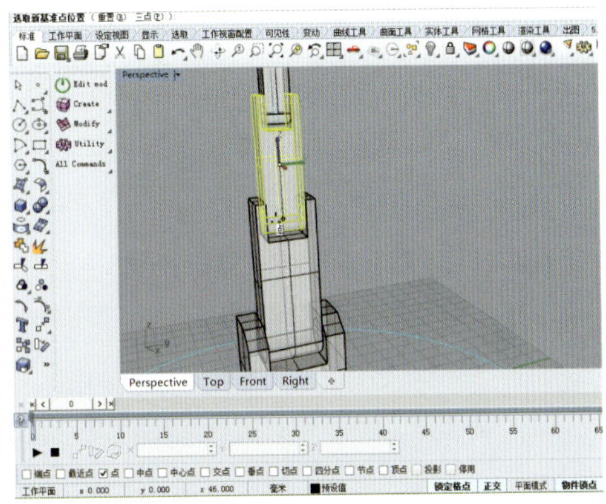

图14.57 选取新基准点位置

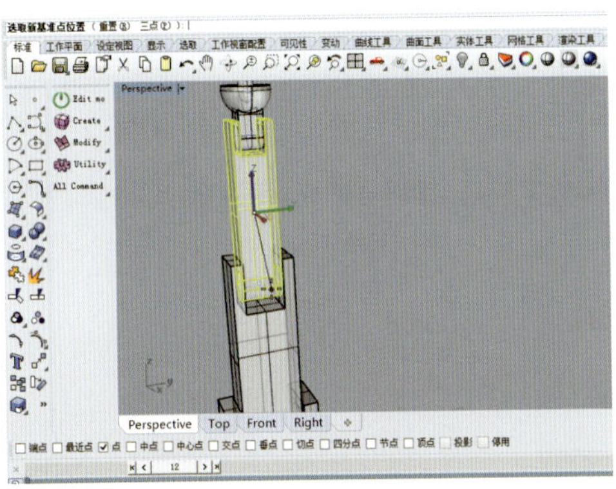

见图14.58 选择新链接

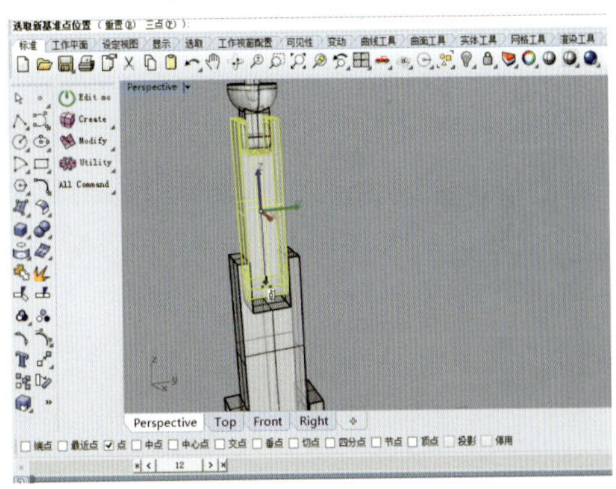

图14.59 选取新基准点位置

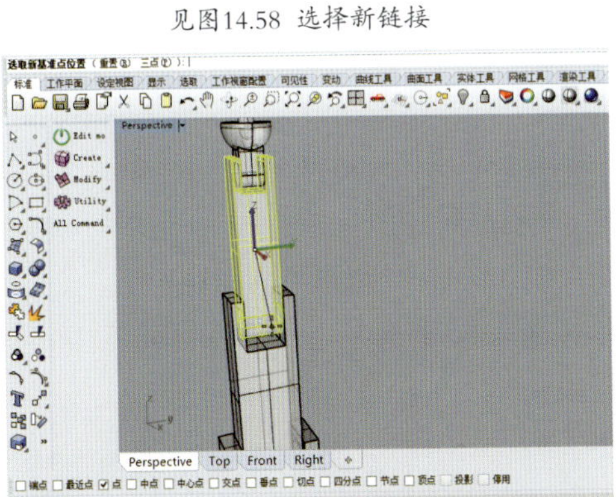

图14.60 选择新链接

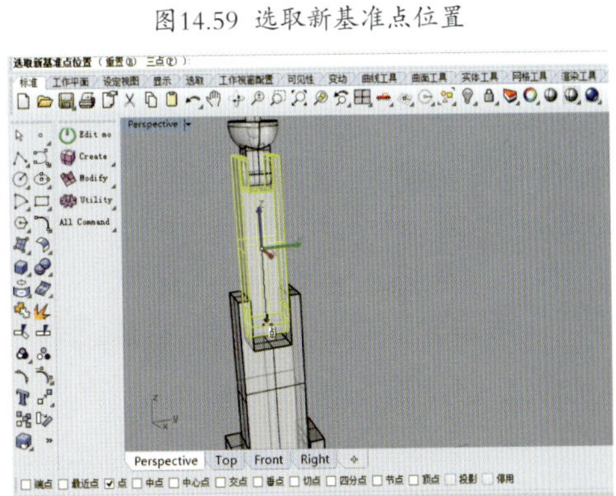

图14.61 选取新基准点位置

14.63。

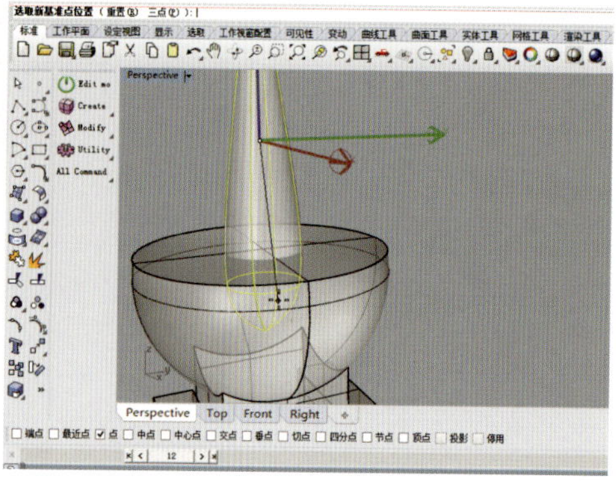

图14.62 选择新链接

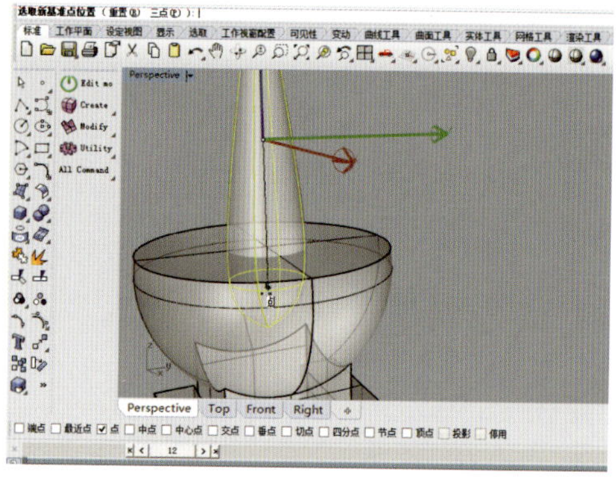

图14.63 选取新基准点位置

第十一步：根据命令栏提示选择新链接，点击选点，点击后命令栏提示选取新基准点位置，直接按右键确定，不需要移动，因为基准点位置已经在中心，见图14.64。

第十二步：按回车键结束。此时观察机械手臂，你会看到机械手臂中心位置有白色的虚线，见图14.65。

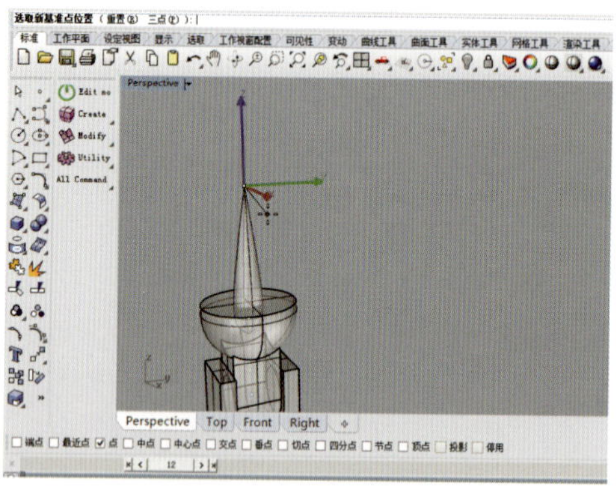

图14.64 选择新链接

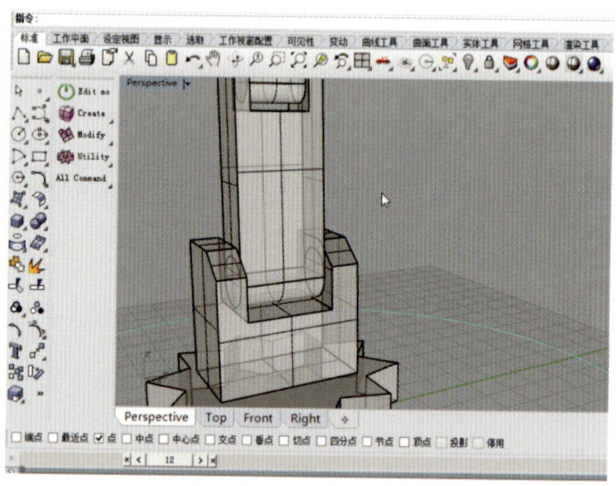

图14.65 机械手臂中心白色虚线

第十三步：给机械手臂增加运动，选择圆上的点，见图14.66。

第十四步：点击属性面板，继续点击属性面板下的Bongo按钮。

再继续点击Bongo按钮下的记录已选择物件的动作按钮，点击后按钮上出现一个X激活Bongo物件设置面板，见图14.63。

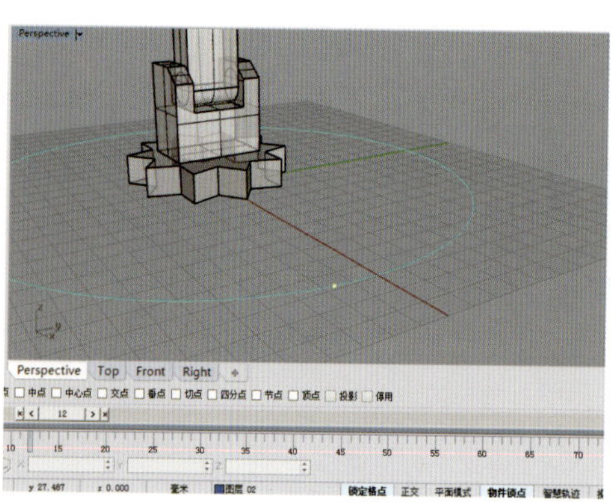

图14.66 选择圆上的点

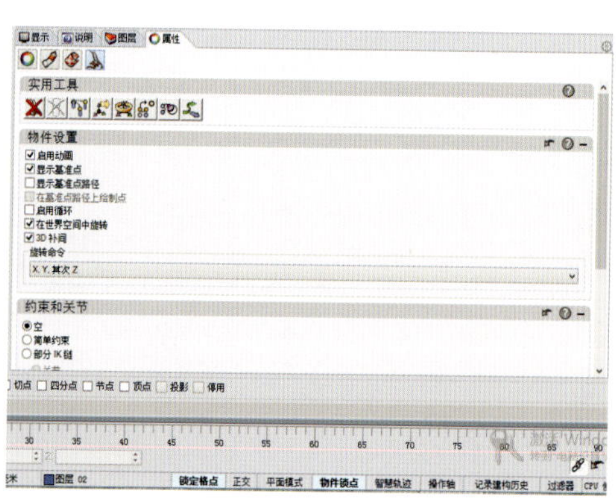

图14.67 激活Bongo物件设置面板

第十五步：在约束和关节栏下选择简单约束。然后点击简单约束栏左下角的添加约束按钮选择到路径。观察命令提示栏选择曲线，就选择圆曲线，见图14.64，选好后简单约束面板就出现图14.65。

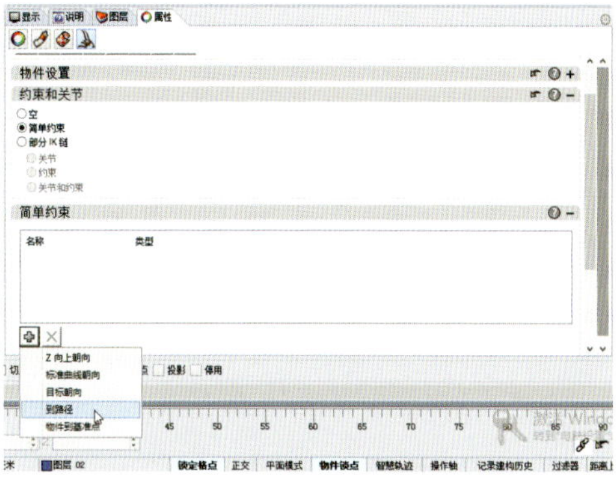

图14.68 简单约束到路径

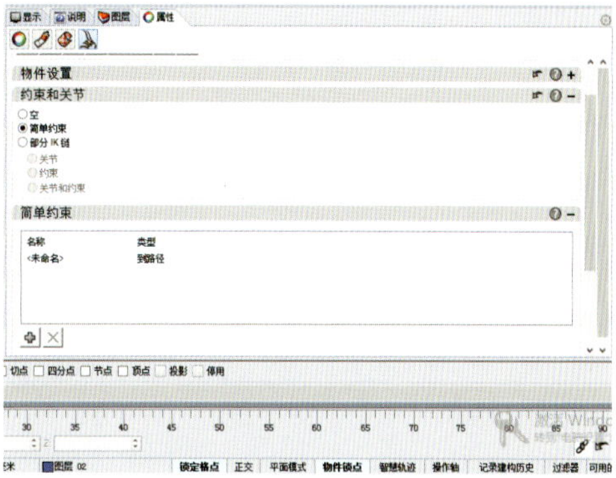

图14.69 完成简单约束到路径

第十六步：移动时间滑块，或者点击播放，可见点在绕着圆圈转动。

第十七步：给机械手臂运动点添加链接，将联系手臂动点和控制机器人手臂的运动通过反向设置。选择机械手臂最底下物件。见图14.70。

第十八步：点击属性面板继续点击属性面板下的Bongo按钮。

再继续点击Bongo按钮下的记录已选择物件的动作按钮，点击后按钮上出现一个X激活Bongo物件设置面板。点击约束和关节栏里的部分IK链，点击关节。在关节属性栏型式选择铰链。旋转选择Z因为想要的对象只在Z轴的方向旋转，见图14.67。

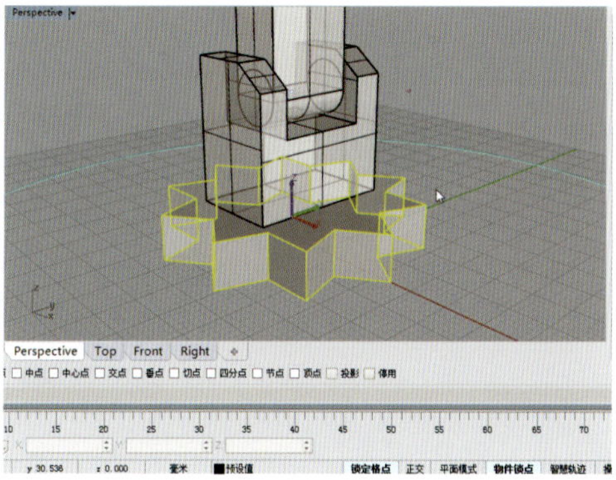

图14.70 选中物件

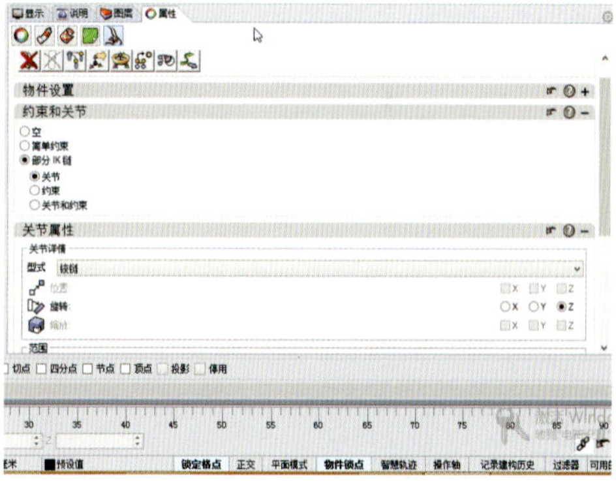

图14.71 关节属性面板

第十九步：选择下一个物件，见图14.72。

第二十步：继续在Bongo物件设置面板。点击约束和关节栏里的部分IK链，点击关节。在关节属性栏形式选择铰链。旋转选择Z，见图14.73。

第二十一步：选择下一个物件，见图14.74。

第二十二步：继续在Bongo物件设置面

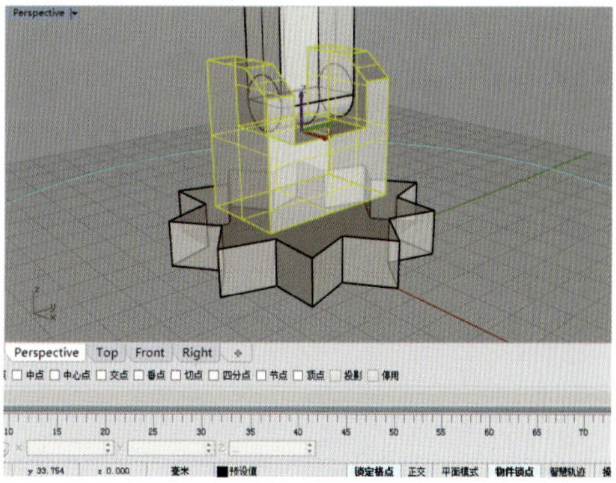

图14.72 选中物件

板。点击约束和关节栏里的部分IK链，点击关节。在关节属性栏形式选择铰链。旋转选择Y，见图14.75。

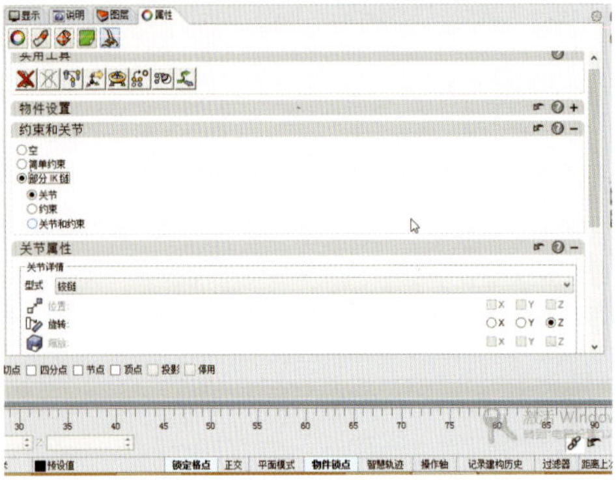

图14.73 选中物件

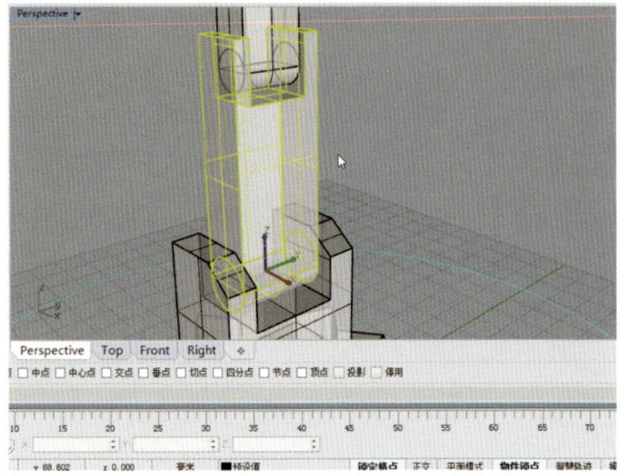

图14.74 选中物件

第二十三步：选择下一个物件，见图14.76。

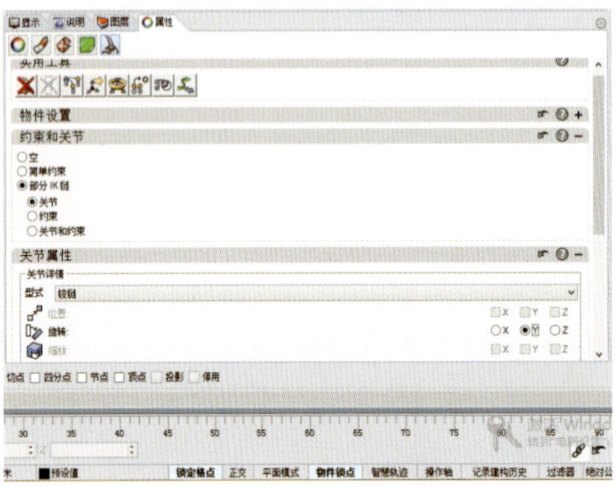

图14.75 关节属性面板

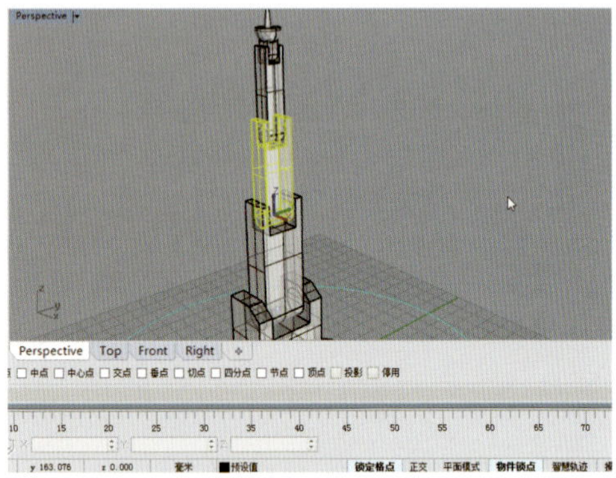

图14.76 选中物件

第二十四步：继续在Bongo物件设置面板。点击约束和关节栏里的部分IK链，点击关节。在关节属性栏形式选择铰链。旋转选择Y，见图14.77。

第二十五步：选择下一个物件，见图14.78。

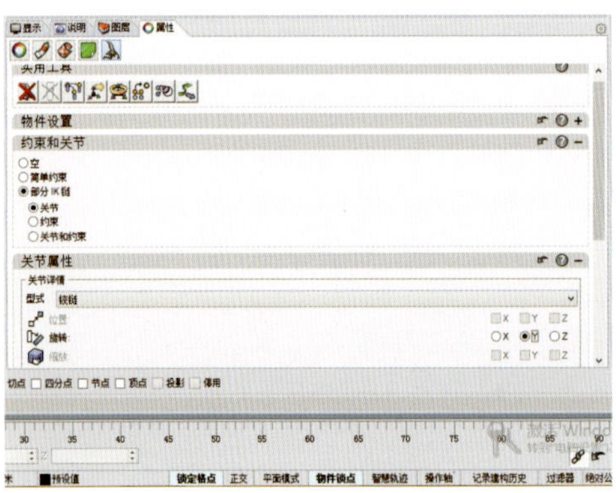

图14.77 关节属性面板

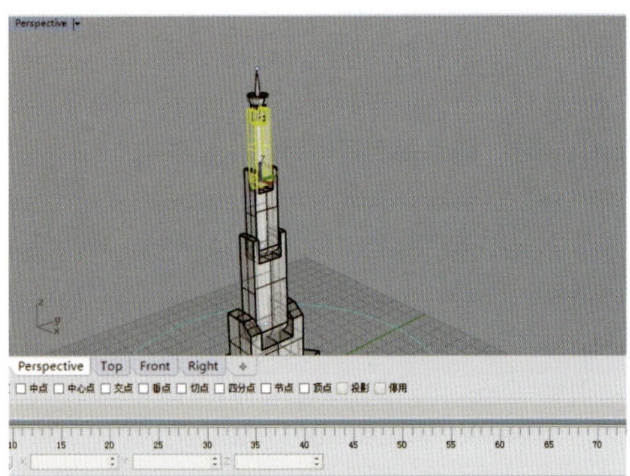

图14.78 选中物件

第二十六步：继续在Bongo物件设置面板。点击约束和关节栏里的部分IK链，点击关节。在关节属性栏形式选择铰链。旋转选择Y，见图14.79。

第二十七步：选择下一个物件，见图14.80

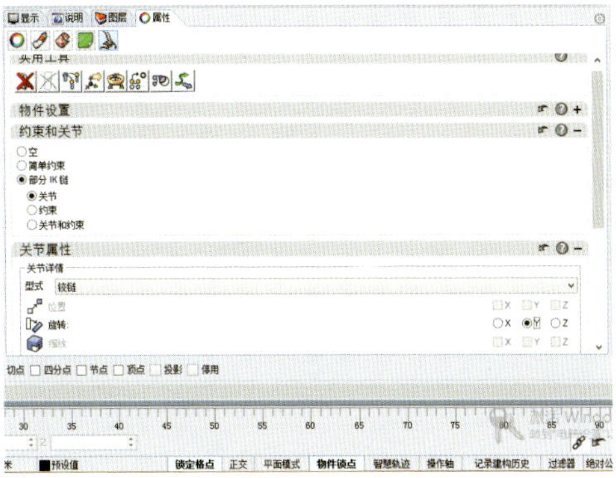

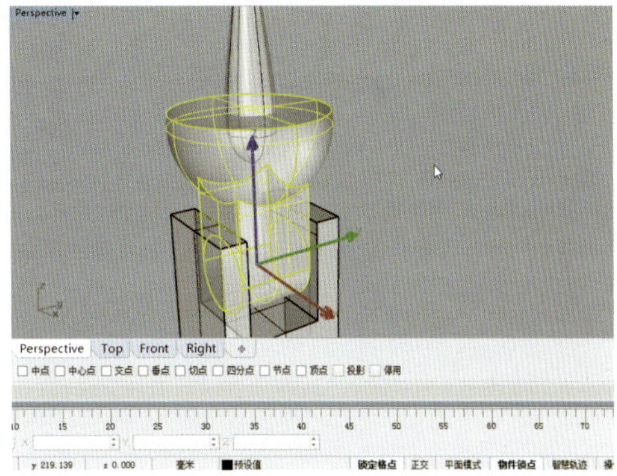

图14.79 关节属性面板　　图14.80 选中物件

第二十八步：继续在Bongo物件设置面板。点击约束和关节栏里的部分IK链，点击关节。在关节属性栏形式选择铰链。旋转选择Y，见图14.81。

第二十九步：选择下一个物件，见图14.82。

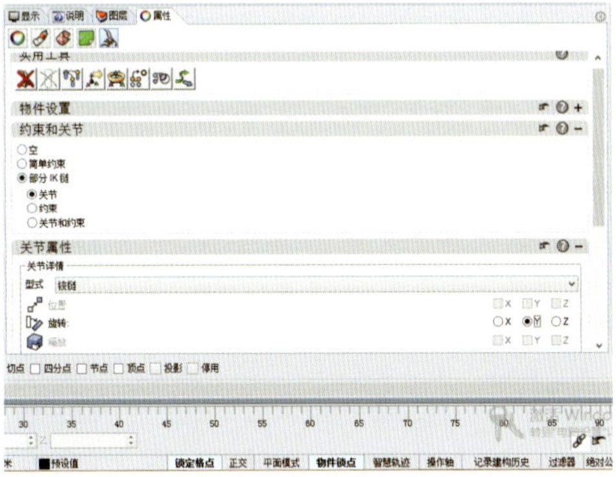

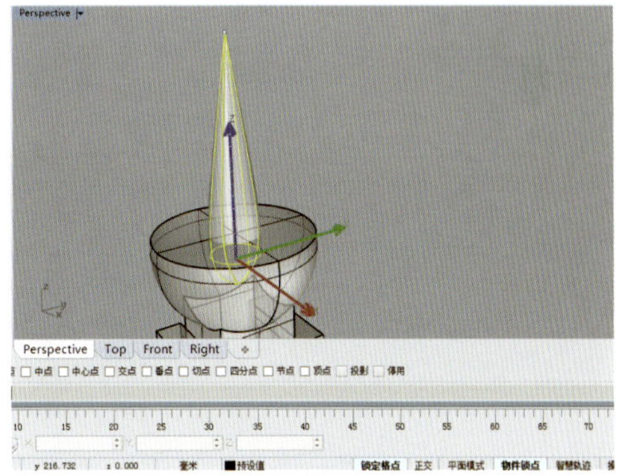

图14.81 关节属性面板　　图14.82 选中物件

第三十步：继续在Bongo物件设置面板。点击约束和关节栏里的部分IK链，点击关节。在关节属性栏形式选择铰链。旋转选择Y，见图14.83。

第三十一步：选择机械手臂的顶点，见图14.84。

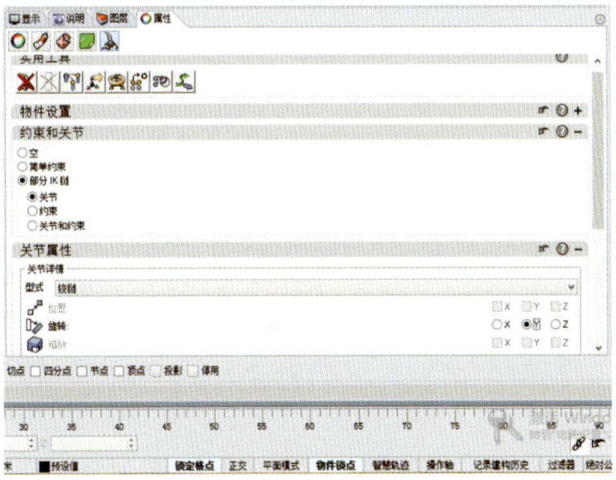

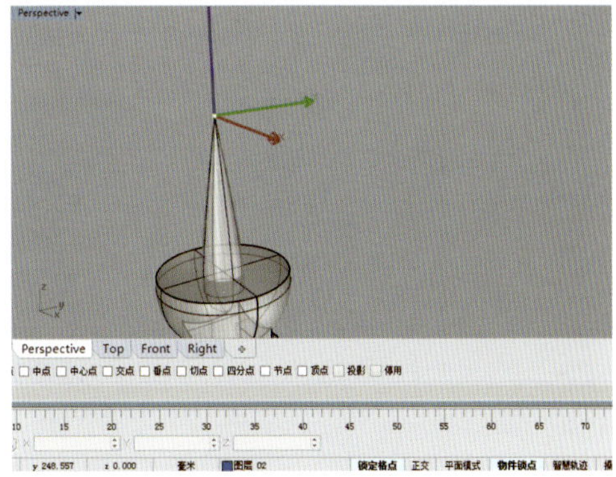

图14.83 关节属性面板　　图14.84 选中物件

第三十二步：继续在Bongo物件设置面板。点击约束和关节栏里的部分IK链，点击约束。然后点击基准点约束栏右下方的约束到物件按钮，见图14.85。点击后命令提示栏提示选择物件，选择圆曲线。选择曲线后机械手臂弯腰，见图14.86。

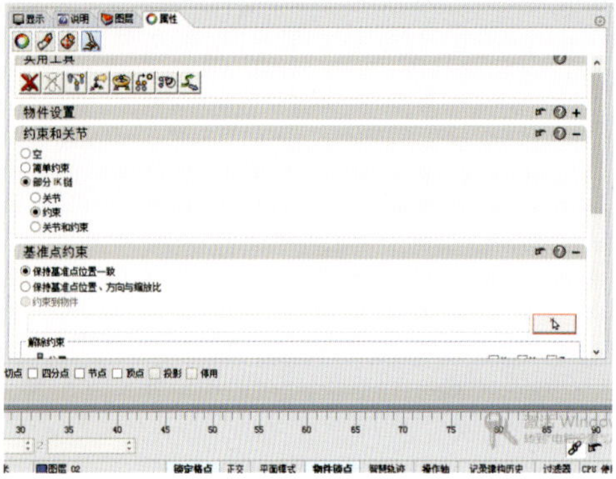

图14.85 基准点约束面板

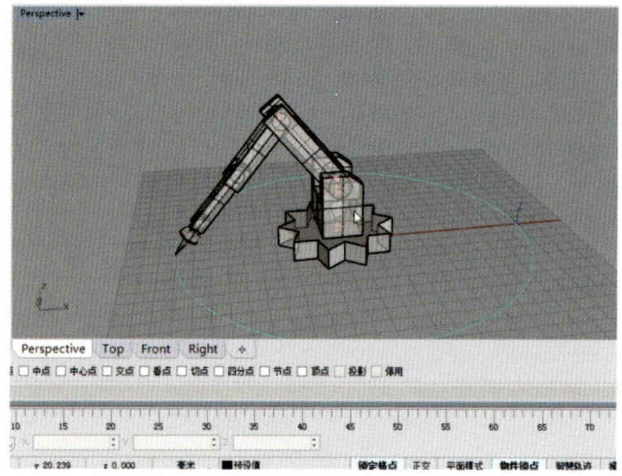

图14.86 选中物件

第三十三步：选择机械手臂顶点，见图14.87。

第三十四步：继续在Bongo物件设置面板。点击约束和关节栏里的部分IK链，点击约束。在基准点约束栏右下方点击约束到物件按钮，见图14.84。点击后命令提示栏提示选择物件，选择曲线上的点，见图14.85。

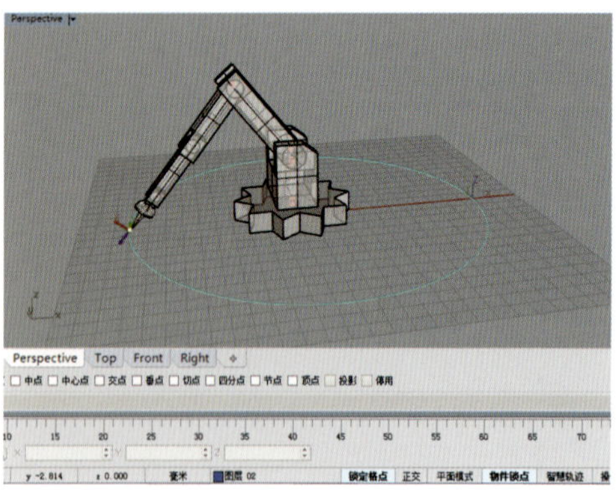

图14.87 选中物件

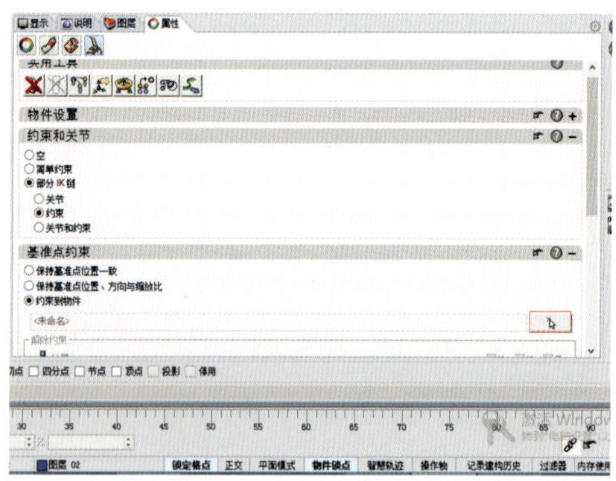

图14.88 基准点约束面板

第三十五步：移动时间滑块，或者点击时间轴上的播放按钮。机械手臂在绕着圆圈转。

第三十六步：点击菜单栏Bongo，选择渲染动画。弹出图14.91窗口。勾选启用循环，点击浏览选择输出路径，勾选创建视频文件，选择视频类别为AVI。

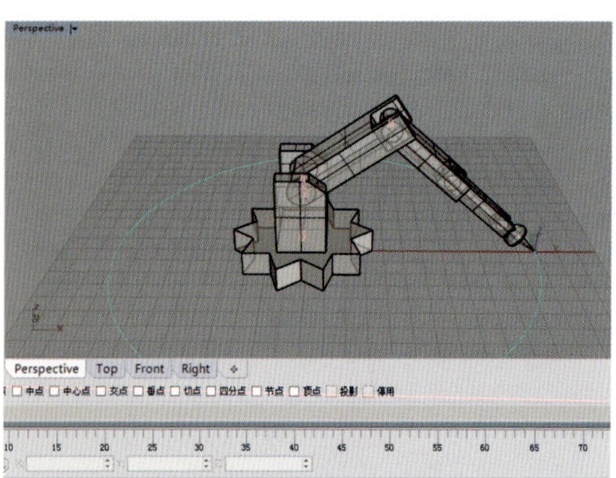

图14.89 选择曲线上的点

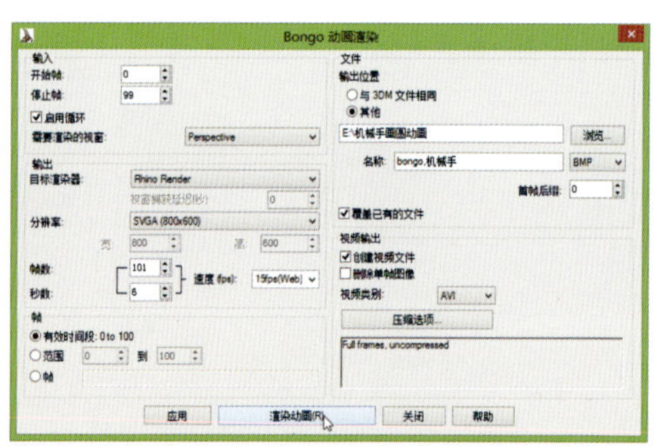

图14.90 渲染视频对话框

第三十七步：点击渲染动画。点击后出现屏幕闪动，并提示渲染所需时间。

第三十八步：到保存的路径打开渲染的动画视频。

课程实训

单元课题实训

自行选择需要制作动画的产品模型，使用bongo完成动画的创建和视频输出。

要求与提示

1.在创建动画之前，应先思考并绘制简单的产品动画脚本，再在bongo中选择适当的动画工具，完成动画制作，再渲染输出。

2.掌握bongo的反向运动的运用有一定的难度，需要根据实例多加练习，加深理解，再在其他的产品模型中尝试运用。

后　HOUJI　记

几年来，承担了Rhino3d计算辅助产品设计的课程，始终觉得手边没有称手的教材。很感谢江西美术出版社提供了这个机会，让我能够按自己的心意组织一本教材。教材主要是三大块内容，分别是基本命令和工作流程的介绍、产品建模的典型案例和常用的犀牛扩展插件应用。在内容框架上，基本符合我对课程教材的需要。在此，感谢教材编写过程中出版社编辑老师给予的无私帮助。同时，因为个人工作较多，编写进展比较慢，幸好得到了一些优秀学生的辅助，他们是邱荣幸、陈文督、贾萌萌、黄依琪、刘奕祈、王楷和张天赐。希望该教材能成为学生们学习Rhino3d辅助设计技术的好帮手。因时间仓促，本教材还有很多不尽如人意之处，恳请读者多批评指正。